小城镇规划原理

（北京林业大学研究生院组织编写）

主　编　陈丽华　苏新琴
编　委　李晓凤　肖　洋　牟　锐
吴彦林　姜丽丽

中国环境出版社 · 北京

图书在版编目（CIP）数据

小城镇规划原理/陈丽华，苏新琴主编．—北京：中国环境出版社，2007.2（2015.1 重印）
北京林业大学研究生教学用书建设基金资助
ISBN 978-7-80209-465-9

Ⅰ．小… Ⅱ．①陈…②苏… Ⅲ．城镇—城市规划—研究生—教材 Ⅳ．TU984
中国版本图书馆 CIP 数据核字（2006）第 153104 号

出 版 人 王新程
责任编辑 周 煜 王婷婷
封面设计 龙文视觉

出版发行 中国环境出版社
（100062 北京东城区广渠门内大街 16 号）
网 址：http://www.cesp.com.cn
电子邮箱：bjgl@cesp.com.cn
联系电话：010-67112765（编辑管理部）
发行热线：010-67125803，010-67113405（传真）
印 刷 北京中科印刷有限公司
经 销 各地新华书店
版 次 2007 年 3 月第 1 版
印 次 2015 年 1 月第 3 次印刷
印 数 5001—7000
开 本 787×1092 1/16
印 张 17.5
字 数 340 千字
定 价 48.00 元

目　录

第一章 绪 论

第一节 小城镇的基本概念

一、小城镇的基本概念

小城镇即规模最小的城市聚落。它是指农村地区一定区域内工商业比较发达，具有一定市政设施和服务设施的政治、经济、科技和生活服务中心。目前，在中国它已经是一个约定俗成的通用名词，即指一种正在从乡村性的社区变成多种产业并存的向着现代化城市转变的过渡性社区。对于小城镇的概念，目前尚无统一的定义，不同的国度、不同的区域、不同的历史时期、不同的学科和不同的工作角度，各有不同的理解。

（一）不同国家、地区对小城镇的界定

美国的“小城镇”有两种概念：一种叫小城市即“small city”；还有一种叫小城镇即“little town”。美国的小城镇往往是由居民住宅区演变而来的，一般200人的社区就可申请设“镇”，如有足够的税源，几千人的社区就可以申请设“市”。因此，美国的城市大多规模不大。

日本的地方行政管理分为都、道、府、县和市、町、村两级，市、町、村的规模控制在 10 万人以下，相当于我国的小城镇。市、町、村在行政上是一个级别，互不隶属，所有的市、町、村又可以分为四个规模等级：3 万～10 万人、1 万～3 万人、0.5 万～1 万人和 0.5 万人以下。

前苏联的城市分为 8 级，其中人口规模在 10 万人以下的有 4 级，小城市的人口规模为 2 万人以下；朝鲜的城市分为 6 级，其中小城市的人口规模为 5 万人以下。

由此可见，国外小城镇的规模一般不大，多数由居民点演化而来。到目前为止，世界各国也尚未有划分城镇的统一标准，在 163 个国家和地区中，约有 2/5 的国家和地区没有明确规定设市标准，1/5 的国家和地区以行政中心作为划分城市的条件，2/5 的国家和地区以居民人口数量作为划分城市的依据。

（二）不同学科的小城镇释义

行政管理学：从行政管理角度看，在经济统计、财政税收、户籍管理等诸多方面，建制镇与非建制镇都有明显区别，因此小城镇通常只指包括建制镇这一地域行政范畴。

社会学：从社会学角度看，小城镇是一种社会实体，是由非农人口为主组成的社区。1984 年费孝通在《小城镇、大问题》一文中，把“小城镇”定义为“一种比乡村社区更高一层次的社会实体”，这种社会实体是以一批并不从事农业生产劳动的人口为主体组成的社区。他们既具有与乡村相异的特点，又与周围的乡村保持着不可缺少的联系。我们把这样的社会实体用一个普通的名字加以概括，称之为“小城镇”。文中对小城镇性质的规定，做了严密的科学表述：“小城镇”是新型的正在从乡村性的社区变成多种产业并存的向着现代化城市转变的过渡性社区。它基本脱离了乡村社区的性质，但仍未完成城市化的过程。

地理学：将小城镇作为一个区域城镇体系的基础层次，或将小城镇作为乡村聚落中最高级别的聚落类型，认为小城镇包括建制镇和自然集镇。

经济学：将小城镇作为一个区域城镇体系的基础层次，或将小城镇作为乡村经济与城市经济相互渗透的交汇点，具有独特的经济特征，是与生产力水平相适应的一个特殊的经济集合体。

形态学：从形态学的角度看，小城镇一般泛指小的城市、建制镇和集镇。就城乡居民点的区别而言，小城镇介于城市和乡村之间，是城乡居民点的过渡与连接，兼具城乡居民点的某些特征。

（三）本书对小城镇的定义

正是由于小城镇客观上处于城乡过渡的中间状态，我国至今尚未对小城镇的概念和范围做出明确的界定，但总体上来看小城镇的主要含义应包括人口、经济、地域行政和环境四方面的意义。即小城镇是指人口在 2 万～6 万人，并占有一定的用地规模，以人工环境为主，拥有一定数量和质量的生产、生活服务设施的社区；是农村小区域内行政、经济和文化的中心，具有城乡结合的特点，是联系农村与城市的纽带。

（四）区域规划、小城镇规划与小流域规划

区域规划是在一定范围内对整个国民经济建设进行总体的战略部署，是以工业为主体的地域生产综合体内部结构的确定和地域组织的合理安排。区域规划的任务就是在规划地区，从整体和长远利益出发，统筹兼顾，因地制宜，正确配置生产力和居民点，全面安排好地区经济和社会发展长期计划中有关生产性和非

生产性建设，使其布局合理、比例协调，快速发展，为居民提供最优的生活环境、生产环境和生态环境。

小城镇规划是在一定时期内对小城镇各项建设的综合部署，也是建设与管理的依据。小城镇规划的任务是在调查了解小城镇所在地区的自然条件、历史演变、现状特点和建设条件的基础上，根据国民经济发展计划和区域规划以及国家对小城镇发展和建设的方针及各项技术经济政策，布置小城镇体系，合理的确定小城镇的性质和规模，确定小城镇在规划期内经济和社会发展的目标，统一规划与合理利用小城镇的土地；综合部署小城镇经济、文化、公用事业等各项建设，统筹解决各项建设之间的矛盾，相互配合，各得其所，以保证小城镇按规划有秩序、有步骤、协调地发展。

小流域规划是水土保持学科的概念，是对一个自然区域进行水土保持综合治理和生态环境规划，这个自然区域是按照流域分水岭来划分的，一般都是一个封闭的区域。

三者规划的范围和内容不同，但方法和结果相似，区域规划不仅为城镇规划创造必要的条件，还为城镇规划和专业工程规划提供宏观的技术经济依据。

二、小城镇的分类

由于自然、经济等条件的不同，各个小城镇表现为不同的特征类型。依据不同地区的特点，多层面、多视角的对小城镇进行以下类型划分。

（一）按地理特征分类

平原小城镇：平原大都是沉积或冲积地层，具有广阔平坦的地貌，便于城市建设与运营，因此平原小城镇数量众多。

山地小城镇：这类小城镇多数布置在低山、丘陵地区，由于地形起伏较大，通常呈现出独特的布局效果。

滨水小城镇：历史上最早的一批小城镇多数出现在河谷地带，此外滨水小城镇还包括滨海小城镇，这类小城镇在城镇布局、景观、产业发展等方面都体现着滨水的独特性。

（二）按功能分类

按照小城镇比较突出的功能特征，可将小城镇划分为：行政中心小城镇、工业型小城镇、农业型小城镇、渔业型小城镇、牧业型小城镇、林业型小城镇、工矿型小城镇、旅游型小城镇、交通型小城镇、流通型小城镇、口岸型小城镇、历史文化古镇 12 类，见表 1-1。

表 1-1　小城镇按功能分类表

类　型	特　　征
行政中心小城镇	一定区域内的政治、经济、文化中心。包括县政府所在地的县城镇、镇政府所在地的建制镇、乡政府所在地的乡集镇（将来能升为建制镇）
工业型小城镇	产业结构以工业为主，在农村社会总产值中，工业产值占的比重大，从事工业生产的劳动力占劳动力总数的比重大
农业型小城镇	产业结构以第一产业为基础，多数是我国商品粮、经济作物、禽畜等生产基地，并有为其服务的产前、产中、产后的社会服务体系
渔业型小城镇	以捕捞、养殖、水产品加工、储藏等为主导产业
牧业型小城镇	以保护野生动物、饲养、放牧、畜产品加工为主导产业，主要分布在我国的草原地带和部分山区
林业型小城镇	以森林保护、培育、木材综合利用为主导产业，同时也是林区生产、生活、流通服务中心，主要分布在江河中上游的山区林带
工矿型小城镇	具有矿产资源的开采与加工能力，基础设施建设比较完善，商业、运输业、建筑业、服务业也比较发达
旅游型小城镇	具有名胜古迹或自然风景资源，城镇发展以名胜区为依托，通过旅游资源的开发及其配套设施的建设和为旅游提供第三产业服务，形成旅游服务型小城镇
交通型小城镇	一般具有位置优势，多位于公路、铁路、水运、海运的交通枢纽或沿海、沿路等交通便利地区，形成一定区域内的客流、物流中心
流通型小城镇	以商品流通为主，运输业和服务业比较发达，多由传统的农副产品集散地发展而来，服务半径一般在 15～20 km，设有贸易市场或专业市场、转运站、客站、仓库等
口岸型小城镇	位于沿江、沿海港口口岸的小城镇，以发展对外商品流通为主，也包括那些与邻国有互贸资源和互贸条件的边境口岸的城镇，这些小城镇多以陆路或界河的水上交通为主
历史文化古镇	历史悠久，具有一些有代表性的、典型民族风格或鲜明地域特点的建筑群，有历史价值、艺术价值和科学价值的文物

注：引自《小城镇发展与规划概论》（汤铭潭等，2004）。

（三）按空间形态分类

从空间形态上划分，我国小城镇整体上可分为两大类：一类是城乡一体、以连片发展的“城镇密集区”形态存在；另一类是城乡界限分明，以完整独立形态存在。

以连片发展的“城镇密集区”形态存在的小城镇，城与乡、镇域与镇区已经没有明显界线，城镇村庄首尾相接、密集连片。城镇多具有明显的交通与区位优势，以公路为轴沿路发展。这类小城镇目前主要存在于我国沿海经济发达省份的局部地区。

以完整独立形态存在的小城镇大致可分为：

1. 城市周边地区的小城镇，包括大中城市周边的小城镇和小城市及县城周边的小城镇，这类小城镇的发展与中心城紧密相关。

2. 经济发达、城镇具有带状发展趋势地区的小城镇，这种类型小城镇主要沿交通轴线分布，具有明显的交通与区位优势，最具有经济发展的潜能，即有可能发展形成城镇带。

3. 远离城市独立发展的小城镇，这类小城镇远离城市，目前和将来都相对比较独立，除少部分实力相对较强，有一定发展潜力外，大部分的经济实力较弱，以为本地农村服务为主。

（四）按发展模式分类

按发展模式分类，包括地方驱动型、城市辐射型、外贸推动型、外资促进型、科技带动型、交通推动型和产业聚集型。

三、小城镇的基本特点

（一）“城之尾，乡之首”

小城镇被称为“城之尾，乡之首”，是城乡结合的社会综合体，是镇域经济、政治和文化中心。因而它应该具有上接城市、下引乡村、促进区域经济和社会全面进步的综合功能。从城镇体系看，小城镇是城镇体系和城市居民点中的最低层次。从乡村地域体系看，小城镇又是乡村地域体系的最高层次。目前大多数小城镇为乡镇行政机构驻地，也是乡镇企业的基地及城乡物资交流的集散点，一般都安排有商业与服务业网点、文教卫生及公用设施等，因此小城镇既不同于乡村又不同于城市。在经济发展与信息传递等方面，小城镇都起着城市与乡村之间的纽带作用。

（二）数量大、分布广

我国小城镇数量大，分布广。由于接近农村，其服务对象除镇区居民外，还包含了周围的村庄。我国的小城镇不但类型多，内涵广，而且作为区域城镇体系的基础层次，数量众多，分布面广。江苏、山东、湖南、广东和四川的建制镇个数都已经超过 1 000 个。

（三）区域性差异明显

由于我国长期以来经济发展不平衡，经济实力东强西弱，乡村产业化进程和乡村市场经济发展东快西慢，乡镇企业东多西少。小城镇的发展存在明显的空间差异，从东到西小城镇建设水平和经济实力逐步递减。

（四）人口结构复杂

人口结构复杂，城镇用地与农业用地交织在一起。在以矿业为主的小城镇中，非农业人口占城镇人口的大多数，但在大多数建制镇中，亦工亦农与农业人口却占有较大的比重。城镇流动人口多，瞬时高峰集散人口多，是其重要特点。小城镇用地特征是城镇建设用地与农业用地相互穿插，在居住区中，往往混住着许多以农业生产为主的农民住户，由于生活及生产的要求不同，因而给城镇建设和用地管理增加了难度。

（五）基础设施不足、建筑质量较差

小城镇的交通特点是外部联系频繁而内部交通组织较为简单，道路系统分工不明确，路面质量较差。还有不少的小城镇沿公路两侧建设，拉得很长，影响交通。小城镇一般供水和排水设施差，供电、通信设施基础薄弱，公用工程设施标准较低，镇区内公共绿地少，环境保护问题尚未引起广泛的注意。小城镇原有建筑层数较低，以平房和低层建筑为主，有些旧区的居住建筑很有地方特色，但年久失修，缺乏维护和管理，建筑质量差。

四、小城镇体系

小城镇体系是指在一定地域内，由不同等级、不同规模、不同职能但彼此相互联系、相互依存、相互制约的小城镇组成的有机系统。目前，我国的小城镇体系是由县城镇及县城镇以外的建制镇和集镇构成，见图 1-1。

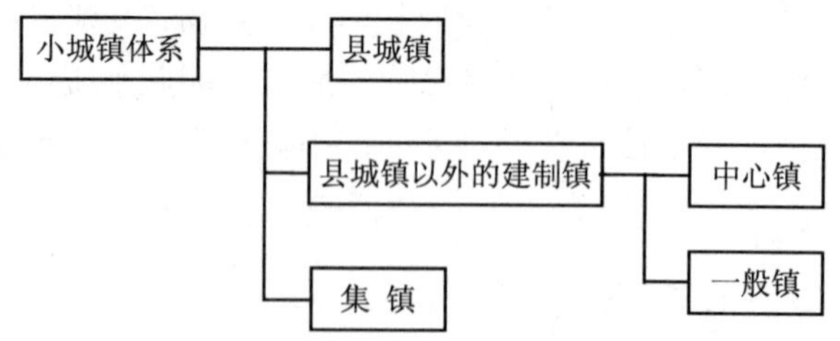

图 1-1　小城镇体系结构

注：引自《小城镇发展与规划概论》（汤铭潭等，2004）。

（一）县城镇

县城镇即县域中心城，是对所辖乡镇进行管理的行政单位，作为县人民政府所在地，必然聚集县域各种要素。作为县域政治、经济和文化中心，县城镇在发挥上联城市、下引乡村的社会和经济功能中起最重要的核心作用。

（二）县城镇以外的建制镇

县城镇以外的建制镇是县域的次级小城镇，是本镇域的政治、经济和文化中心，对本镇的生活、生产起着领导和组织的作用。其又可分为中心镇和一般镇，一个县一般设 1～2 个中心镇。

（三）集镇

集镇通常是乡镇府所在地或是乡村一定区域内政治、经济、文化和生活服务的中心。

第二节 小城镇的产生与发展

城镇并不是人类社会一开始就有的，城镇是社会发展到一定历史阶段的产物，它随着生产力和生产关系的社会分工而变化。

一、聚落的形成与分化

（一）聚落的形成

聚落，也称为居民点。它是人们定居的场所，是配置有各类建筑群、道路网、绿化系统、对外交通设施以及其他各种公用工程设施的综合基地。聚落是社会生产力发展到一定历史阶段的产物，它是人们按照生活与生产的需要而形成聚居的地方。在原始社会，人类过着完全依附于自然采集和猎取的生活，当时还没有形成固定的住所。人类在长期与自然的斗争中，发现并发展了种植业，于是出现了人类社会第一次劳动大分工，即渔业、牧业同农业开始分工，从而在耕地附近出现了以农业生产为主的固定居民点，如西安半坡村等。

（二）居民点的分化与城镇的产生

随着人类对生产方式的改进，生产力不断提高，劳动产品有了剩余，产生了交换的条件，人们将剩余的劳动产品用来交换，进而出现了商品通商贸易，商业、手工业与农业、牧业劳动开始分离，出现了人类社会第二次劳动大分工。这次劳动大分工使居民点开始分化，形成了以农业生产为主的居民点——乡村，以商业、手工业生产为主的居民点——城镇。

二、小城镇的历史沿革

（一）中国古代的小城镇

我国的小城镇是在村落的基础上随着商品交换的出现而逐渐形成发展的。早在原始社会，就形成了最早的村落，由于生产水平不断改进，生产力不断发展，劳动产品有了剩余，出现了产品交换。尤其是到了周代，我国由奴隶社会开始进入封建社会，私有制进一步发展，随着商品交换的更为频繁，集市贸易应运而生。这些自发出现的较小范围的物质交换中心，称为“有市之邑”。

南北朝时期，北方先进的生产工具和技术与南方优越的农业自然条件相结合，极大地促进了农业生产力的提高。加上河网密布的便利的水运条件，集市贸易扩大并且日趋活跃，开始出现规模稍大的农副产品和手工业产品的定期交换场地——草市。

唐中叶后，草市的发展促进了集市贸易活动的普及推广。此时虽然集市还没有形成常住人口的聚集，但它作为基层经济中心的作用日趋明确，集期也以各地经济发展状况而定。到北宋时期，随着分工、分业的细化，集市贸易的兴旺，定期集更改为常日集，小城镇有了更大发展。由于集市贸易规模的不断扩大，人流不断聚集，统治者为了收税和防卫需要，在一些集市修筑围墙，派官吏监守市门，由知县管辖，于是市升级为镇。此时的镇已经成为一个颇具规模的地理实体和经济实体。据《元丰元域志》记载，当时已有小城镇 1 884 个，除此之外，尚有草市上万个，形成了全国性的集镇网络。

宋代以后镇是指县以下的以商业、聚居为主的小都市，这个概念沿袭至今。所以现代意义的城镇应该追溯到 10 世纪前后的宋代，是在唐末乡村出现的大量居民聚居的草市的基础上形成的日常生活、商业、社交的场所。

到了明清时期，社会经济进一步发展，各地陆续出现了新兴小城镇，发展较快，密度与规模都有所增加，尤其是在商品经济发达的地区，民族资本主义工商业和银行的出现，大大地促进了小城镇的繁荣，小城镇的发展进入了兴盛时期，出现了景德镇、佛山镇、朱仙镇等一批中外闻名的城镇。在江南更是每隔十里就有市，每隔二三十里就有镇。

1840 年由于鸦片战争的爆发，小城镇尤其是城市经济处于半殖民地化，小城镇的发展受到了阻碍，进入了衰败时期。

我国小城镇的形成与演变过程是在低级的草市、墟、场的基础上发展起来的，这是与我国手工业和产品交换的发展相适应的结果。但由于受到政治、宗教等的影响，我国小城镇还具有特殊的形成过程，存在众多其他来源的小城镇。例如由历史上的政治军事中心、宗教寺庙、交通枢纽等演变发展起来的。

（二）新中国成立以后中国小城镇的发展

尽管城镇的发展具有上千年的历史，但一般来说，真正意义上镇的建制设置是从新中国成立后开始的，解放以来我国小城镇建设城镇化的进程具有明显的波状起伏特点。

1．改革开放前，我国城镇化由于受高度集中的计划经济体制和有关政策的影响，几经波折，进展缓慢，城镇化水平较低。主要经历了以下两个阶段：

1949—1957 年，新中国成立伊始，面对旧中国留下的满目疮痍，各项事业百废待兴，基层政权的组织建设已摆上议事日程。这个时期是国民经济恢复和第一个五年计划执行时期，大规模基本建设蓬勃发展，城镇人口增长迅速。1950 年 12 月，政务院颁布《乡（乡政府）人民政府组织通则》，强调了乡级政府组织的农村基层政权性质。1955 年，国务院颁布《关于设置市、镇建制的规定》，根据这个规定撤销了一部分不够标准的建制，扩大了乡辖范围，乡镇管理趋于成熟。至 1957 年城镇总人口已达 9 949 万人，城镇化水平为 15.4%。

1958—1977 年，1958 年受“大跃进”和“人民公社化”的影响，建制镇出现了超常规发展。全国建制镇由 1958 年的 3 621 个增加到 1961 年的 4 426 个。随后由于“左”的错误政策，国民经济遭受严重挫折，被迫进行调整，从而导致小城镇数量大幅度下降，到 1965 年，全国建制镇减少为 2 905 个。此后，由于受到“文化大革命”的严重影响，城镇的发展受到抑制。

2．1978 年改革开放以后，城镇化进程加快，小城镇发展进入了一个新的阶段。党的十一届三中全会以来，农村经济的繁荣，带动了小城镇的恢复和发展。其发展大体可分为两个发展阶段：

1978—1984 年，是过渡恢复时期。1979 年第一次农村房屋建设工作会议提出对农村房屋建设进行规划，1981 年第二次农村房屋建设工作会议提出扩大到村镇建设范畴，1982 年国家建委与国家农委发布《村镇规划原则》。1982 年 4 月，党中央、国务院发出人民公社政社分开问题的通知，同年 12 月，新修订的宪法又明确规定镇为我国的基层政权。国务院 1984 年 11 月发出通知，同意民政部《关于调整建镇标准的报告》，对 1955 年和 1963 年规定的标准作了调整，提出撤乡建镇，实行镇管村的模式，也就是乡建制改镇的模式，从而使建制镇得到迅速发展。

1985 年至今，这个阶段小城镇发展经历了数量增长期到健康发展期。1993 年 10 月，召开了全国村镇建设工作会议，确定了以小城镇为重点的村镇建设工作方针，提出了到 20 世纪末中国小城镇建设发展目标。1995 年全国开展了推进乡村城市化进程的“625 试点工程”，其中 “5”是指 500 个小城镇建设试点。到 1999 年年底，镇的总数达 19 756 个。2000 年以来，小城镇处于健康发展时期。根据中共中央、国务院《关于促进小城镇健康发展的若干意见》的具体要求，各地的小城镇建设不再单纯追求数量，采取了灵活多样的规划、建设、管理方式，使小城镇的质量、规模进一步提高。

三、国外小城镇的发展

（一）国外小城镇发展概述

当今世界上大多数国家都在努力实现或者已经实现工业化和城市化，但重视广大农村地区，特别是小城镇的发展仍然是发达国家及发展中国家的普遍国策。由于社会生产力和产业结构的不同，各国在小城镇的发展道路上有着各自的特点。

发达国家的小城镇发展，由于大城市的恶性膨胀，发达国家在城市化初、中期产生了许多难以解决的经济和社会矛盾。随着认识的不断深化、技术的不断发展、政策的不断完善，农村和小城镇的发展日益得到重视，出现了“逆城市化”的现象。

1．把提高小城镇生活质量作为一种新的社会价值观念。20 世纪 70 年代以来，发达国家的城市化趋势是人口向郊区转移。因此发达国家把提高小城镇的生活质量，作为一种新的价值观念的体现。

2．把发展小城镇建设作为稳定乡村人口的战略措施。发展中国家的小城镇建设与发展同发达国家相比，城市化起步较晚、水平低、受殖民主义影响较大，加之经济的整体推动力薄弱，导致大城市膨胀，广大中小城镇和农村地区发展缓慢。于是，发展中国家普遍认识到，没有乡村经济的同步发展，势必造成城乡对立的扩大和加深。因此，许多发展中国家积极推行综合发展战略，把建设重点转向农村。一些国际组织也呼吁，发展中国家要改变自己的地位，必须从自己的实际出发，编制综合发展规划，在促进农村地区非农业性生产活动繁荣的基础上，开发和建设小城镇，促进城市化正常和健康地发展。

综上所述，无论发达国家还是发展中国家，重视中小城镇的建设已成为保证城市化健康发展的共同经验和认识。1984 年联合国城镇发展中心曾召开十国会议，会议指出：

（1）小城镇的发展是国家建设和全面发展的先决条件；

（2）发展中国家只有通过发展小城镇才能为绝大部分本国人民服务；

（3）小城镇可以作为政府行政管理系统上的一个层次来制订规划、组织实施，调配资源；

（4）从国家经济发展的战略意义上看，应选择某些重点城镇作为优先发展的目标。

（二）国外小城镇规划的主要理论及规划建设思想

小城镇规划理论的发展是建立在有关学科研究基础之上的，并从不同学科的研究成果中吸取营养。有关城市与乡村的研究、有关经济和社会发展的研究、有关城市规划理论的研究等，都是小城镇规划理论的基石。

对小城镇规划影响较大的理论有：区域整合思想（Regional Integration）、中心地理论（Central Place Theory）、城乡融合论、可持续发展论等，其中尤以中心地理论影响较大。

中心地理论是德国地理学家华尔特·克里斯塔勒于 1933 年提出的。这一学说将各级城镇看做是由合理的供应、行政管理和交通关系构成的多层次的中心，是相互有机联系的居民点的网络，经过几十年的发展、修正和补充，已经成为不少国家特别是发达国家指导区域发展规划的重要原理。中心地理论最初是以平原地区农业地带的“均质”条件作为建立理论模型出发点的。现在出现了与城市规模分布理论、增长极理论等其他理论相互结合的趋势。在具体应用时，根据当地条件加以修正，并在总结过去经验教训的基础上，提出了新的设想：

1. 小城镇规划建设必须与区域发展紧密联系起来；

2. 应当力求使小城镇成为当地的交通枢纽，并与其他公共设施结合，形成多功能的综合体；

3. 努力探索小城镇规划新思路、新方法，采取更加灵活的市镇结构，以适应现代生活的变化；

4. 规划方案应强调战略性，对未来发展应避免过分具体化，应允许地方根据当时的实际情况加以调整；

5. 小城镇应具有多种功能，这是增强小城镇吸引力的决定因素，也是推动小城镇发展的有效途径。

（三）国外小城镇建设的经验

1. 重视规划的权威性和按规划实施建设

世界上大多数国家都十分重视小城镇的规划工作，因为小城镇规划不仅是一种科学性活动，而且是一种政策性活动，设计并指导小城镇和谐发展。因此要求小城镇规划不但具有综合性、科学性、超前性、务实性，而且还具有权威性，规划一旦得到批准，就必须按规划实施，不能随意更改。

2. 重视基础设施和社会服务设施的建设

衡量小城镇建设的质量和水平，并不仅在于房屋建筑面积的多少，更在于方便、舒适、优美的环境。许多国家始终把创造一个比城市更优美舒适的小城镇生活居住环境放在首位，十分注重改善小城镇的交通设施、通信设施、能源供给设施以及社会服务设施等，努力为居民创造一个良好的生活与工作环境。

3. 重视人文环境的继承和生态环境的保护

许多国家在小城镇规划和建设中，强调保持小城镇原有特色，尊重历史。特殊的人文环境和生态景观是历史传承和大自然赐给的宝贵遗产，也是人类赖以生存的基础，应该珍惜爱护。且保护好人文环境和生态景观，也可以突出小城镇的主要特色。

4. 政府鼓励公众参与小城镇建设

鼓励公众参与不但使小城镇建设的整个过程都能充分反映民意，同时在参与过程中也促进了公众对小城镇建设的理解和支持，既加深了公众的归属感，又可以防止腐败现象发生，也保护了地方的人文环境和生态环境。

5. 大力发展经济，有效推动城镇化进程

城镇化进程是社会经济发展的一种体现，是社会生产力发展的一种客观进程。无论国外国内，经济发展是推动城市化进程的根本动力，随着经济的发展，乡村城市化水平的日益提高是一个总的趋势。因此，发展经济，以此来促进城镇化，是各国普遍采取的战略。

第三节　小城镇的发展前景

在新的历史时期，小城镇已经成为农村经济发展和社会进步的重要载体，成为带动一定区域农村经济社会发展的中心。党和国家历来十分重视小城镇发展，特别是党的“十五大”以来，提出了一系列重要方针、原则和新的要求，发展小城镇，是带动农村经济和社会发展的一个大战略，必须充分认识发展小城镇的重大战略意义。小城镇建设要各具特色，切忌千篇一律，要注意保护文物古迹和文化自然景观；编制小城镇规划，要注重经济、社会和环境的全面发展，合理确定人口规模与用地规模，既要坚持建设标准，又要防止贪大求洋和乱铺摊子。

发展小城镇，是从中国的国情出发，借鉴国外城市化发展趋势做出的战略选择。发展小城镇，对带动农村经济发展，推动社会进步，促进城乡与大中小城镇协调发展都具有重要的现实意义和深远的历史意义。

参考文献

[1]　陈有华，赵民. 城市规划概论[M].上海：上海科学技术文献出版社.
[2]　汤铭潭，宋劲松，刘仁根，李永洁. 小城镇发展与规划概论[M]. 北京：中国建筑工业

出版社，2004.

[3] 叶堂林. 小城镇建设的规划与管理[M]. 北京：新华出版社，2004.

[4] 李德华. 城市规划原理[M]. 北京：建筑工业出版社，2001.

[5] 金英红. 小城镇规划建设管理[M]. 南京：东南大学出版社，2002.

[6] 刘亚臣，汤铭潭. 小城镇规划管理与政策法规[M]. 北京：中国建筑工业出版社，2004.

[7] 王雨村，杨新海. 小城镇总体规划[M]. 南京：东南大学出版社，2002.

第二章　小城镇的性质和规模

准确把握小城镇的性质和规模，对于明确小城镇发展方向，进行小城镇合理布局，取得较好的社会经济效益，都有着极其重要的意义。因此编制小城镇总体规划时首先要解决的问题就是对小城镇性质与规模的准确定位。

第一节　小城镇的性质

小城镇的性质是指小城镇在地区政治、经济、社会和文化生活中所处的地位与作用及担负的主要职能，即小城镇的个性、特点和发展方向。

正确确定小城镇的性质，可以明确小城镇的发展方向和目标，突出建设重点，协调布局结构，保持特色风貌，同时也有利于充分发挥优势，扬长避短，促进小城镇经济的持续发展和经济结构的日趋合理。

一、确定小城镇性质的依据

小城镇性质的确定，可以通过对区域地理、资源、地区经济和社会发展计划、小城镇历史和现状等资料进行分析，从它在区域政治、经济、文化生活中的地位和作用，以及促使它形成和发展的基本因素两方面去认识。

（一）区域地理

小城镇所在地区的地理和自然条件，对小城镇的形成和发展有着重要的影响。因此在确定小城镇性质时必须了解区域的地形、地貌、水文、地质、气象及地震等自然条件，了解地理环境的容量、交通运输现状和发展方向，以及城镇网络的分布及发展趋向等。这对小城镇发展用地选择、工业企业的设置、布局起着决定性作用。

（二）资源

资源是小城镇发展的基础，它不仅局限于小城镇本身，区域的资源也是重要的方面。因此须通过对小城镇所在区域的各项资源进行全面分析和评价，并与国内相关地区作对比，搞清小城镇发展在资源供应方面的有利条件与限制因素，这对确定区域与小城镇的发展方向和发展重点有重要意义。

资源的概念极其广泛，广义的资源包括：矿藏、土地、水、气候、生物等自然资源，劳动力、物质生产技术基础和生活福利设施等社会资源以及自然风光与人文要素相结合的旅游资源等多方面内容。狭义的资源主要指：

1．矿藏资源。指已探明的各种矿藏种类、储量、分布情况、开采条件、利用前景等；

2．人力资源。指劳动力资源，包括镇域范围内农村劳动力数量及其转化为小城镇人口的情况和前景，小城镇人口就业状况及其科技、文化水平等；

3．风景旅游资源。指人文和自然景观，自然景观指山川、林木、洞穴等自然形成的风景，人文景观则指由于人的活动而形成的历史古迹、遗迹及宗教活动胜地等；

4．能源资源。指小城镇能源的供应来源、储存及发展所需要的能源。主要包括电力、煤炭和天然气等；

5．水资源。指地表水资源和地下水资源，包括水量、水质、水温及发展所需要的水资源等情况。

（三）国民经济发展计划与国家的方针政策

国民经济发展计划与国家的方针政策直接影响到小城镇工业、交通运输、文教科研事业的发展规模和速度。计划建设的重大项目往往可以决定一个小城镇的性质，因此要对国民经济发展计划与国家的方针政策进行了解。

（四）区域经济结构与经济联系

区域经济结构包括生产结构、消费结构、就业结构等多方面内容。将区域生产结构与资源结构、消费结构相结合，可以认识经济结构现状的利弊，进而明确经济结构调整的重点和方向。经济联系是生产力布局和地域经济结构特点与差异的反映，全面分析区内和区际的经济联系，有助于揭示生产力布局和区域经济结构上的不合理之处，为调整生产力布局和区域经济结构提供重要依据。同时需要对区域内各小城镇的发展条件进行具体比较，分析各小城镇的现状特点（包括小城镇性质和职能分工），从而明确小城镇在地域分工中所起的主要职能。

（五）小城镇的发展历史与现状

小城镇的历史对今后小城镇的发展有着重要的借鉴作用。因此应该着重了解小城镇产生和形成的社会经济背景及其地理位置条件、小城镇职能、规模和影响范围的历史演变以及引起小城镇发展变化的内外部原因等；小城镇的现状是小城镇发展的基础。应重点分析生产、生活水平和设施现状，各类用地的使用特征和比例，各个系统的运转质量和效能，找出影响小城镇发展的主要矛盾，明确发展前景。

二、确定小城镇性质的方法

首先，充分考虑区域条件对小城镇发展的影响。任何一个小城镇都是处在一定的区域之中的，区域条件对小城镇的发展方向和性质有着根本性的影响，因此确定小城镇的性质绝不可以仅仅考虑小城镇自身的条件，而首先应该考虑小城镇所处的区域条件。要从全局出发，以区域规划为依据，展开全面的区域调查与研究，明确小城镇发展的有利条件与不利因素，从而为确定小城镇的发展方向，提供依据。具体步骤如下：

1．全面调查分析小城镇所在地的建设条件，自然条件，政治、经济、文化等历史发展特点和现有基础以及附近的风景、名胜和革命纪念地等；

2．从区域着手，由面到点，调查分析周围地区所能提供的资源条件，农业生产特点、发展水平和对工业的要求，以及与邻近小城镇的经济联系和分工协作关系等；

3．自上而下，充分了解各级主管部门对发展本镇经济和建设事业的意图和要求，特别是这些意图和要求的客观依据；

4．在调查的基础上认真进行科学分析和综合平衡，明确小城镇发展方向，从而确定小城镇性质。

其次，综合运用定性与定量相结合的分析方法，对小城镇本身进行考察。小城镇的性质是由推动小城镇形成与发展的主导因素决定，并由该因素所组成的基本部门的主要职能所体现的。因此确定小城镇性质时，要综合分析小城镇发展的主导因素及其特点，明确它的基本部门及其主要职能。一般而言，新建或新兴小城镇的性质确定比较容易，而现有小城镇的性质确定则相对比较困难，因为这些小城镇都有一定的发展历史，而且多数是在自发的状况下发展起来的，形成了多种功能，这就需要采取科学的分析、比较和论证的手段，对错综复杂的小城镇功能加以区别，明确主要功能。通常采用“定性分析”与“定量分析”相结合，以“定性分析”为主的方法。

定性分析，就是全面分析小城镇在地区政治、经济、文化生活中的地位和作用，探寻促使小城镇形成和发展的基本因素，从而确定小城镇的主要功能。多数小城镇是通过分析其在地区内的经济优势、资源条件、农业生产水平、发展特点、工业发展要求、在小城镇网络中的地位和作用等来确定小城镇的主导工业或主要功能的。

定量分析，就是在定性分析的基础上对小城镇的职能，特别是经济职能作进一步的定量分析，采用一定的技术指标，从数量上论证主导的功能或生产部门。定量分析中通常采用的技术指标有各类产业或各个生产部门的产量、产值、职工人数、用地等，通过不同产业或部门之间上述指标的相互比较，计算分析它们在小城镇经济职能中所占的比重。一般情况下，当某项指标超过总量的 20%～30%时，可确定其为主导部门。

技术指标的选择应视小城镇的实际情况而定。对以加工工业为主的小城镇，部门产值结构指标基本上可以反映小城镇的主要特点；对某些矿业小城镇，采用部门就业结构指标可能比产值结构指标更能反映小城镇的主要职能；对一些旅游小城镇或运输枢纽小城镇，则往往还需要以用地结构指标作补充，才能反映其真实特征。因此，在进行某些功能比较复杂的小城镇性质的定量分析时，应将上述技术指标综合运用。

小城镇性质的定量分析可从以下三个方面着手：

1．分析主要生产部门在地区乃至全国的地位；

2．分析小城镇经济结构的主次。一般采用同一经济技术标准，从数量上去分析，以其超过小城镇整体的 20%～30%作为主导因素，以此作为确定小城镇性质的依据；

3．分析用地结构的主次，以用地所占比重的大小来表示。

三、确定小城镇性质时应注意的几个问题

1．既要避免把小城镇发展的共性作为小城镇的性质来描述，又要注意基本因素的主次，不要将它们一一罗列。这两种倾向容易造成性质雷同，特点不突出，不利于优势的充分发挥，从而使小城镇的性质失去指导规划与建设的意义。

2．要注意小城镇的性质不是一成不变的，一旦小城镇的主要功能发生变化，其性质必然要随之改变。

3．既要避免把现状小城镇功能原封不动地照搬到规划的小城镇性质上，又要防止完全脱离现状小城镇功能，不切实际地将小城镇性质理想化。

对已拟定的小城镇性质或以前确定的小城镇性质，须从以下几个方面去检验：

（1）小城镇性质是否符合国民经济和社会发展计划以及区域规划对该小城镇确定的任务和要求；

（2）小城镇性质的制定与小城镇本身拥有的条件是否相符；

（3）研究区域与小城镇的关系对小城镇性质的影响；

（4）检验小城镇性质分析中主导部门的确定依据；

（5）小城镇性质要充分考虑发展变化的因素；

（6）小城镇性质要充分反映小城镇的个性特点。

第二节　小城镇人口规模

小城镇规模包括两部分内容，即人口规模和用地规模。由于用地规模随人口规模的变化而变化，所以小城镇规模可以以人口规模来表示。小城镇规模的估算与预测是小城镇总体规划的首要工作之一，就小城镇本身而言，各类用地的内容、数量、规模等无不与小城镇人口的数量与构成有着密切的关系。如果人口规模估计得过大，用地必然过多，相应的设施标准也过高，会造成长期的运行不合理和不经济；如果人口规模估计得过小，用地必然过少，相应的设施标准也过低，不能适应小城镇发展的要求，成为小城镇发展的阻碍。因此，一般在小城镇总体规划纲要阶段或总体规划编制前，应对小城镇人口规模和用地规模进行合理估算。

一、小城镇人口规模的含义

从城镇规划的角度来看，小城镇人口应是指那些与小城镇功能活动有着密切关系的人口，他们居住生活在小城镇的范围内，既是小城镇各项设施的使用者，同时也是小城镇服务的对象和小城镇的主人。

小城镇的人口规模应包括两个不同层次的内容：一是小城镇镇域内的总人口；二是镇区人口。本节研究的人口规模是镇区人口。

小城镇镇区人口不仅指镇区范围内常住非农业人口，而且包括镇区范围内常住的农业人口，镇区范围内企事业单位聘用的农民合同工、长年临时工，经工商管理部门批准登记，在镇区有固定经营场所的第二、第三产业经营人员，镇区学校的住宿学生以及部队等单位人员（他们虽不拥有镇区的常住户口，但常年居住在镇区，同样使用着镇区的各项基础设施）。除常住人口外，小城镇还有大量的流动人口和通勤人口（又称摆动人口），如表 2-1 所示。正是由于亦工亦农的特点，小城镇的流动人口和通勤人口不仅数量大，而且随时间、季节以及经济、社会等条件的变化而呈较大幅度的波动。这部分人口占有小城镇人口的相当比重，且有不断加大的趋势，它们直接影响到小城镇的交通、商业、服务行业，甚至影响到居住等设施的规模与布置。因此编制小城镇总体规划时，应根据小城镇人口组成的实际情况，对人口现状和未来进行深入调查、认真分析和分类预测。

表 2-1 小城镇人口组成

人口类别		统计范围	预测计算
常住人口	村 庄	规划范围内的农业户口	按自然增长计算
	居 民	规划范围内的非农业户口	按自然增长和机械增长计算
	集 体	单身职工、寄宿学生等	按机械增长计算
通勤人口		劳动、学习在小城镇内，住在规划范围的职工、学生等	按机械增长计算
流动人口		出差、探亲、旅游、赶集等临时参与小城镇活动的人员	估算

注：引自《村镇规划》(金兆森，1999)。

二、小城镇人口的调查与分析

小城镇人口发展规模估算是一项复杂的、计划性和科学性都很强的工作，要得到比较准确的估算结果必须进行实地调查，以获得第一手材料，并同时向统计、公安部门了解关于人口现状和历年人口变化以及人口机械变动的情况。

小城镇人口调查与分析的内容应包括：

1. 年龄构成

年龄构成是指小城镇人口各年龄组的人数占城镇人口总数的比例。

（1）年龄构成分组

一般按不同年龄分为 6 组：① 托儿组，年龄在 0～3 岁。② 幼儿组，年龄在 4～6 岁。③ 小学组，年龄在 7～12 岁。④ 中学组，年龄在 13～18 岁。⑤ 成年组，男性年龄在 19～60 岁，女性年龄在 19～55 岁。⑥ 老年组，男性年龄在 60 岁以上，女性年龄在 55 岁以上。

为了便于研究，可以根据年龄统计数据做出百岁图和年龄构成图，图 2-1 和图 2-2 是某小城镇的人口百岁图和人口年龄构成图。

（2）影响小城镇人口年龄构成的因素

影响小城镇人口年龄构成的因素有很多，例如，小城镇人口自然增长率、小城镇的不同发展类型、小城镇的不同发展阶段、计划生育的工作成效等都会对人口的年龄构成产生影响。

如果一个小城镇人口的自然增长率高，则表明婴幼儿的人数占总人口的比重会逐渐增加，成年人口的比重会相应减少；如果一个小城镇的单身职工较多，则成年组比重较大，其他年龄组的人口比重就会相对较小；新建小城镇在建设初期，单身职工多，成年人口比重较大，儿童与老年人比重就相对较少。

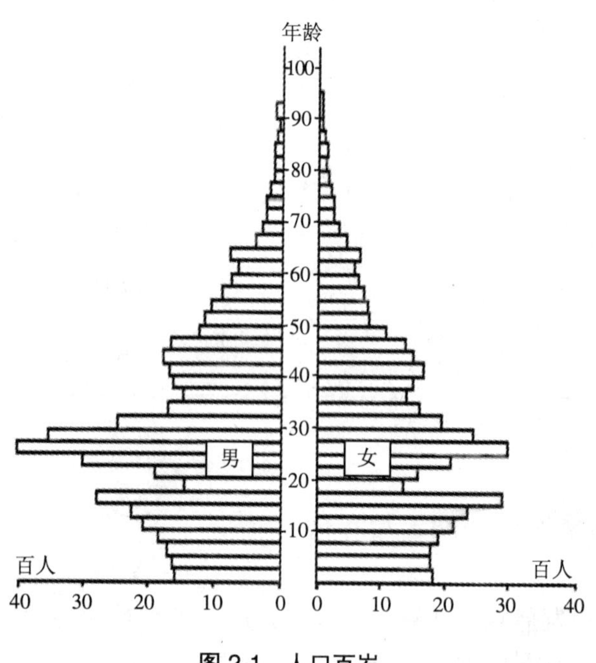

图 2-1　人口百岁

注：引自《小城镇总体规划》（王雨村，杨新海，2002）。

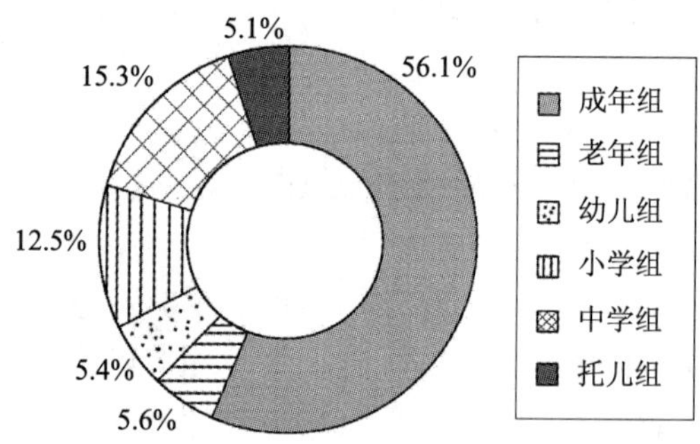

图 2-2　人口年龄构成

注：引自《小城镇总体规划》（王雨村，杨新海，2002）。

（3）分析人口年龄构成的意义

① 分析年龄结构，可以判断小城镇的人口自然增长变化趋势，分析育龄妇女人口的年龄、数量，可以得到人口自然增长的主要依据；

② 比较成年组人口数与就业人数，可以看出小城镇就业率的高低及劳动力的潜力大小；

③ 掌握劳动后备军的数量和被抚养人口（主要指儿童与老年人）的比重，对于估算人口发展规模有着十分重要的作用；

④ 掌握学龄前儿童和学龄儿童的人数和发展趋向，是拟定托儿所、幼儿园、中小学等公共建筑规划指标的依据。

2．性别构成

性别构成反映的是男女人口之间的数量和比例关系。一般说来，小城镇人口中男性多于女性，这是因为部分男职工的家属居住在农村。在矿区小城镇，男职工占职工总数的大部分；而在纺织或其他轻工业小城镇，女职工可能占职工总数的大部分。

性别构成直接影响着小城镇人口的结婚率、育龄妇女生育率和就业结构，在城镇规划工作中必须考虑男女性别比例的基本平衡，这对实现小城镇整体的性别平衡有着重要意义。

3．劳动构成

劳动构成即是人口按照参加工作与否的构成，它可分为劳动人口与非劳动人口（被抚养人口），劳动人口又可按工作性质和服务对象分为基本人口和服务人口。

（1）劳动构成分类

基本人口是指主要为外地服务的厂矿、交通运输、机关、学校等机构工作的人员，基本人口的多少对小城镇规模的大小起着决定性的作用。

基本人口包括：产品主要销往外地的工业企业及手工业职工，对外交通运输业（包括铁路运输、公路运输、水路运输和航空运输）的职工，非镇属的基本建设部门（包括勘察、设计、建筑施工与安装等单位）的职工，非镇属的行政经济单位、文化艺术科研机构和疗养旅游业单位的工作人员和大中专院校师生员工等。

服务人口是指为本城镇服务的企业、行政机关、文化教育、卫生福利设施等机构中的工作人员，服务人口的多少不能决定小城镇规模的大小。相反，它随小城镇规模的大小而变动。

服务人口包括：为本镇服务的工业及手工业职工，镇属的以养护维修为主的建筑业职工，镇内交通运输业职工，镇公用事业机构（包括自来水公司、煤气公司、污水处理站、消防队、环境卫生机构等部门）的工作人员，镇属党政工团等机关职工，镇属商业系统和服务业职工和镇属医疗卫生、文化教育机构的工作人员等。

小城镇为外地服务的厂矿、企业、机关、学校等是小城镇的经济基础，为小城镇本身服务的职工所取得的收入，实质上是小城镇的基本人口在为外地服务中所取得的收入再分配的结果，即从这些企业的利润和职工的收入中，通过税收和镇内的各种服务，将其一部分转给了小城镇的服务人口。因此，在具体判断某个行业或某个职业的职工属于哪类人口时，要以其收入的属性（来源）为最终的判断依据。

非劳动人口是指未成年的、没有劳动力的以及没有参加劳动的人员，它是随着职工人数而变动的。

非劳动人口包括：学龄前儿童和学龄青少年，退休的老年人，从事家务劳动的妇女，丧失劳动能力不能从事社会劳动的人口及其他未就业人口等。

（2）影响劳动构成的因素

① 小城镇性质

小城镇性质不同，劳动构成也不相同。例如：新建的工矿型小城镇基本人口比例一般较高，服务人口比例相应较低；地区中心、交通枢纽和风景游览小城镇流动人口多，服务人口的比重则较高。

② 小城镇规模

大城市附近的小城镇公共服务设施门类齐全且规模大、标准高，服务人口的比例一般要高于远离城市的小城镇。

③ 人口的自然增长率

人口的自然增长情况直接影响劳动构成。自然增长率高，未成年人口多，被抚养人口比例就高。反之，自然增长率低，被抚养人口的比例也随之而降低。

④ 劳动力就业情况

劳动力就业充分，被抚养人口的比重会下降，基本人口和服务人口的比重也随之上升。反之，被抚养人口的比重会较高。

⑤ 小城镇建设的阶段

新兴小城镇的建设初期，一般单身职工较多，带眷职工较少。另外，生活服务设施不够完善，导致基本人口比重较高，被抚养人口和服务人口比重较低。但随着职工家属的迁入，人口自然增长增加，以及生活服务设施的逐步完善，基本人口比重会逐渐有所下降，服务人口和被抚养人口比重则相应有所上升。

4．流动人口

流动人口是指在本城镇无固定户口的人员。流动人口一般分为常住流动人口和临时流动人口两类。前者大多指临时工、季节工以及长期借调人员等，而后者一般指开会、出差、参观学习或路过而作短时间停留的人员。

随着我国社会主义市场经济的发展和开放程度的逐步提高，地方经济的不均衡导致大量的流动人口出现。这一部分人口虽然不具备工作地点所在小城镇的固定户口，但他们却和本地的常住人口一样享受着本地的基础设施。因此，准确调查这一部分人口，对于小城镇总体规划的正确制定以及各项基础设施的准确配置与布置都有十分重要的意义。

5．职业构成

职业构成是指小城镇中从事不同工作性质的劳动者占劳动者总数的比例。

国家统计局现行统计职业的类型包括三大产业、十三类行业（表 2-2）。

职业构成分析可以反映小城镇的性质、经济结构、现代化水平、城镇设施的社会化程度、社会结构的协调程度，是制定小城镇发展策略、调整规划定额指标的重要依据。

表 2-2 职业类型

产业类别	职业类型
第一产业	农、林、牧、副、渔、水利业
第二产业	工业
	地质普查和勘探业
	建筑业
	交通运输业、邮电通信业
第三产业	商业、公共饮食业、物资供销和仓储业
	房地产管理、公共事业、居民服务和咨询服务业
	卫生、体育和社会福利事业
	教育、文化艺术和广播电视事业
	科学研究和综合技术服务事业
	金融、保险业
	国家机关、党政机关和社会团体
	其他

注：引自国家统计局现行职业类型划分标准。

6. 文化教育构成

文化教育构成是衡量小城镇人口素质高低的主要标志之一。由于各级各类教育的发展状况和水平决定着人口的科学文化素质状况，所以常用教育指标来反映人口科学文化素质的高低。这些指标主要有：

（1）人口识字率、文盲率或成年人口文盲率；

（2）学龄人口的义务教育普及程度；

（3）中学入学率；

（4）人口中大学生比例；

（5）人口中科技人员比例；

（6）25 岁以上人口平均受教育的年限。

随着科学技术日益广泛的渗透，人口的科学文化素质愈来愈成为地区社会经济发展的一个关键性因素，亦从一个侧面反映出地区发展水平的高低与潜力。因此必须了解小城镇的文化教育构成，以便为小城镇的发展潜力和规划制定符合实际的目标。

7. 家庭构成

家庭构成反映了小城镇的家庭人口数量、性别、辈分等组合情况。近年来，我国小城镇的家庭结构形式已经日益由传统的复合大家庭开始向现代的核心小家庭方向发展。家庭构成与住宅类型的选择、生活和文化设施的配置、生活居住区的组织等都有密切关系。因此小城镇总体规划时，应详细调查家庭构成的现状，并对未来发展变化的趋势进行科学的分析预测，作为制定有关规划指标的依据。

三、小城镇人口发展规模估算

1. 小城镇人口的变化

小城镇人口的增长来自自然增长和机械增长两个方面，它们的共同作用导致了小城镇人口的变化。

（1）自然增长

自然增长是指人口再生产的变化量，即出生人数与死亡人数的净差值。通常以一年内小城镇人口的自然增长数与小城镇年初总人口数之比的千分率来表示其增长速度，称为自然增长率，其表达式如下：

$$\text{自然增长率}（K_{\text{自}}）=\frac{\text{本年出生人口}-\text{本年死亡人口}}{\text{年初人口总数}}\times 1\,000‰ \qquad (2\text{-}1)$$

（2）机械增长

机械增长是指由于人口迁移所形成的变化量，即一定时期内，迁入小城镇的人口与迁出人口的净差值。机械增长的速度用机械增长率来表示，即一年内小城镇机械人口增长的人口数与年初总人口的千分率，表达式为：

$$\text{机械增长率}（K_{\text{机}}）=\frac{\text{本年迁入人口数}-\text{本年迁出人口数}}{\text{年初总人口数}}\times 1\,000‰ \qquad (2\text{-}2)$$

人口自然增长数与机械增长数之和便是人口的增长数。人口年增长率可用如下公式表示，即：

$$\text{人口年增长率}(K)=\frac{\text{年内人口增长数}}{\text{年初总人口数}}\times 1\,000‰ \qquad (2\text{-}3)$$

2. 估算小城镇人口发展规模的方法

我国小城镇数量大、类型多，人口的劳动构成和人口的增长状况又各有特点，而各地编制国民经济和社会发展计划的详尽程度也不一样，有关人口资料的完备程度也不同，估算小城镇人口规模的方法就不能强求一致。在估算小城镇人口发展规模时，一般采用以某种方法为主进行计算，以其他方法为辅进行校核。下面介绍几种常用的估算小城镇人口发展规模的方法。

（1）劳动平衡法

劳动平衡法是以国民经济和社会发展计划为依据，在分析、确定劳动力合理使用和分配比例的基础上，估算小城镇人口发展规模。其步骤是：

① 分析确定基本人口在规划期末将达到的人数；

② 分析确定小城镇总人口中被抚养人口和服务人口的比例；

③ 在确定了基本人口在规划期末达到的人数和被抚养人口、服务人口的比例后，可按下式推算规划期内小城镇人口发展规模：

$$P=\frac{P_1}{1-(\beta+\alpha)} \tag{2-4}$$

式中：P——规划期末的小城镇人口数（人）；

P_1——规划期末的基本人口数（人）；

β——服务人口的百分比（%）；

α——被抚养人口的百分比（%）。

（2）劳动比例法

劳动比例法的原理与劳动平衡法的原理基本相似，只不过在劳动构成的分类方面与我国现行的小城镇人口和劳动职工的统计口径相一致。用劳动比例法推算人口发展规模的步骤是：

① 分析确定生产性劳动人口在规划期末将达到的人数；

② 分析确定小城镇总人口中劳动人口与非劳动人口的比例，以及生产性劳动人口与非生产性劳动人口的比例；

③ 按下式推算小城镇人口发展规模：

$$P=\frac{P_2}{\chi\times\eta} \tag{2-5}$$

式中：P——规划期末的小城镇人口数（人）；

P_2——规划期末的生产性劳动人口数（人）；

χ——生产性劳动人口占劳动人口的百分比（%）；

η——劳动人口占总人口的百分比（%）。

（3）综合平衡法

它根据小城镇的人口自然增长和机械增长来推算小城镇人口的发展规模。

规划期内人口规模＝小城镇现状人口数＋规划期内人口自然增长数＋规划期内人口机械增长数。

（4）叠加法（平均增长法）

在按叠加法计算人口的发展规模时应分析近年来人口的变化情况，确定人口多年平均自然增长率和机械增长率。

$$P=A(1+\overline{K}_{自}+\overline{K}_{机})^n \tag{2-6}$$

式中：P——规划期末小城镇人口数（人）；

A——现状人口数（人）；

$\bar{K}_{自}$——人口多年平均自然增长率（‰）；

$\bar{K}_{机}$——人口多年平均机械增长率（‰）；

n——规划年限。

（5）带眷系数法

当建设项目已经落实，规划期内人口机械增长稳定的情况下，宜按带眷系数法计算人口发展规模。计算时应分析从业人员的来源、婚育、落户等状况，以及小城镇的生活环境和建设条件等因素，确定增加的从业人员及其带眷人数。

$$P = P_3(1+\alpha) + P_4 + P_5 \tag{2-7}$$

式中：P——规划期末小城镇人口数（人）；

P_3——带眷职工人数（人）；

α——带眷系数，指每个带眷职工所带眷属的平均人数（人）；

P_4——单身职工人数（人）；

P_5——规划期末小城镇其他人口数（人）。

（6）国内生产总值与人口增长的相关性法

$$P \in \left[P_{上}\ P_{下}\right]，其中：P_{上} = A(1+\bar{K}_{上})^n、P_{下} = A(1+\bar{K}_{下})^n \tag{2-8}$$

式中：P——规划期末小城镇人口数（人）；

A——现状人口数（人）；

$P_{上}$、$P_{下}$——分别为规划期末小城镇人口数的上下限；

$\bar{K}_{上}$、$\bar{K}_{下}$——分别为人口平均年增长率的上下限。

$\bar{K}_{上}$、$\bar{K}_{下}$可以依据下列步骤得到：

$$M = {}^{K}\!/_{G} \tag{2-9}$$

式中：M——相关系数；

G——国内生产总值年增长率（%）；

K——人口年增长率（%）。

① 由近几年的国内生产总值年增长率与人口的年增长率，计算出各年的相关系数（M_i）；

② 汇总 M_i，并求出平均相关系数$\frac{1}{n}\sum_{i=1}^{n} M_i$；

③ 由近年国内生产总值增长率的上下限和平均相关系数计算出人口平均年增长率的上下限 $\bar{K}_{上}$、$\bar{K}_{下}$。

（7）剩余劳动力转化法

随着农村经济的发展，机械化程度和劳动生产效率的不断提高，出现了大量的农村剩余劳动力，这些劳动力大量的进城、进镇，使我国城市化水平逐步提高。在预测小城镇人口规模时，必须分析农村剩余劳动力的数量变化和转移去向，分析剩余劳动力进城、进镇的可能性及数量。计算公式如下：

$$P = A(1+\bar{K})^n + Z\left[f \times P_6(1+k)^n - \frac{S}{b}\right] \tag{2-10}$$

式中：P——规划期末小城镇人口数（人）；

A——现状人口数（人）；

$\bar{K}$——小城镇人口的年平均增长率；

Z——农村剩余劳动力进镇比例（%）；

f——农业劳动力占周围农村总人口的比例，一般为45%～50%；

P_6——小城镇周围农村现状人口总数；

k——小城镇周围农村的自然增长率；

S——小城镇周围农村的耕地面积；

b——每个劳动力额定负担的耕地亩数；

n——规划年限。

（8）回归分析法

回归分析法是根据多年人口资料所建立的人口发展规模与其他相关因素之间的相互关系，运用数理分析的方法建立数学预测模型。运用该方法进行预测的做法是：将小城镇人口发展规模与时间、小城镇人口自然增长率、机械增长率、工业产值等因素中的一个因素通过定性分析和定量分析，证明彼此间存在着密切的相关关系（相关系数高），然后通过试验或抽样调查进行统计分析，并运用回归分析的方法，构造出这两要素间的数学函数式。如此就可以以其中一个因素作为控制因素（自变量），以人口数量为预测因素（因变量），进行人口发展规模的预测。

第三节　小城镇用地规模

一、小城镇用地概念

小城镇用地是指用于小城镇建设，满足小城镇功能需要的土地，它既指已经建设利用的土地，也包括已列入城镇规划区范围但尚待开发建设的土地。小城镇中已经建设利用的土地又称建成区，它指各种建筑物、构筑物和基础设施集中连片的地区，往往是一个闭合的完整系统。

小城镇用地既是一项资源，也是一种商品，既具有使用价值，可以承载各种建设工程和各项功能活动，又具有经济价值。因此，小城镇用地具有如下四个方面的属性：

1．自然属性

土地是自然生成的，具有明确的位置性与不可移动性。因此，每个区域的土地都具有各自的土壤构成、地貌特征和相对的地理优势（或劣势）。土地的变化只可能是人为的或自然的改变土地的表层结构或形态，一般情况下土地不可能生长或毁灭，它是不可再生的自然资源。

2．社会属性

世界上绝大多数的土地都有明确的隶属，也就是说，一般情况下土地必然依附于一定的、拥有地权的社会权力。小城镇土地的集约利用和社会权力的控制与调节，无论在土地私有制还是公有制的条件下，都明显地反映出其强烈的社会属性。

3．经济属性

小城镇用地是人类活动的物质载体，这是小城镇用地区别于非城镇用地的本质属性。开发小城镇用地是为了获得生存所需要的集约空间，满足各种城镇活动的空间需求。因此小城镇用地的经济属性主要不是表现在土壤的肥沃贫瘠上，而是更多地表现在它的特定区位条件以及土地产生并发挥其经济潜力和经济效益的能力上。

4．法律属性

在商品经济条件下，土地是一项资产，由于它具有不可移动的自然属性和可以产生经济效益的价值属性，其土地地权的社会隶属需要通过一定的交换形式和相应法律程序得到法律的确认和支持，因而土地具有法律属性。

小城镇用地规模是指规划期末小城镇建设用地范围的大小。估算小城镇用地规模的目的主要是为了进行小城镇用地选择时，能大致确定规划期末需要的用地面积，为规划设计提供依据，并为测量时确定测区的范围服务。

二、小城镇用地条件评定

小城镇用地条件评定是小城镇规划的重要工作内容之一。它的工作内容是在调查分析小城镇基础资料的基础上，对可能成为小城镇发展建设用地的地区进行科学的分析评定，对用地在工程技术与经济性方面进行综合质量评价，确定用地的适用程度，为选择小城镇用地和编制规划方案提供依据。

用地条件评价包括了多方面的内容，主要体现在用地的自然环境条件、建设条件等方面，对这些条件的分析与评价不能孤立进行，必须以全面、系统的思想和方法综合做出。

（一）自然环境条件分析与评定

小城镇用地的自然环境条件评定一般可分为三类。

1. 一类用地

一类用地，即适于修建的用地。这类用地的工程地质等自然环境条件一般比较优越，能适应小城镇各项设施的建设要求，一般不需或只需稍加工程措施即可用于建设的用地。其具体要求是：

（1）平原地区小城镇地形坡度在 10%以下，山区地区小城镇坡度在 20%以下，并符合各项建设用地的地形要求；

（2）土壤地基承载力满足一般建筑物对地基的要求；

（3）地下水位低于一般建筑物、构筑物的基础埋置深度。其中低层建筑的基础埋置深度为 0.8～1 m；三层以上建筑的基础埋置深度为 1.0～1.5 m；设有地下室的建筑的基础埋置深度为 2.5～3.0 m；

（4）没有被百年一遇洪水淹没的危险；

（5）没有沼泽现象，采取简单的工程措施即可排除地面积水；

（6）没有冲沟、滑坡、崩塌、岩溶等不良地质现象。

2. 二类用地

二类用地，即基本上可以修建的用地。是指需要采取一定的工程措施，改善条件后才能修建的用地，它对小城镇设施或工程项目的分布有一定的限制。其具体状况是：

（1）地质条件较差需要采取人工加固措施；

（2）地下水位较高，修建建筑物时需降低地下水位采取排水措施；

（3）洪水轻度淹没区，淹没深度不超过 1～1.5 m，需采取防洪措施；

（4）地形坡度较大（平原地区小城镇坡度在 10%～20%之间，山区地区小城镇坡度在 20%～30%），修建建筑物时，除要采取一定的工程措施外，有时还要实施较大的土石方；

（5）地表面有较严重的积水现象，需要采取专门的工程措施加以改善；

（6）有轻微的、非活动性的冲沟、滑坡、岩溶等不良地质现象，需采取一定的工程准备措施。

3. 三类用地

三类用地，即不适于修建的用地。是指用地条件很差，一般不宜作修建用地，必须采取特殊工程技术措施后才能用作建设的用地。其具体状况是：

（1）地基承载力小于 98 kPa，存在厚度在 2 m 以上的泥炭层或流沙层，需要采取很复杂的人工地基和加固措施后才能修建建筑；

（2）平原地区小城镇地形坡度超过 20%，山区地区小城镇地形坡度超过 30%，布置建筑物很困难；

（3）经常被洪水掩没，且淹没深度超过 1.5 m；

（4）有严重的活动性冲沟、滑坡、岩溶、断层带等不良地质现象，地下水位高，有大片的沼泽地，若采取防治措施需花费很大工程量和工程费用；

（5）具有很高农业生产价值的丰产农田；

（6）具有其他限制条件，如具有开采价值的矿藏，给水水源卫生防护地段，文物保护区，存在其他永久性设施和军事设施等。

上述用地类别的划分，也要根据各小城镇的具体条件来拟定，不同小城镇的用地类别不应强求统一，其类别也不是固定不变的。有的小城镇用地评定可分为三类，而有的则分为两类。因此，用地适用性评定的分类必须因地制宜地加以确定。

（二）建设条件分析与评定

小城镇用地的建设条件是指组成小城镇各项物质要素的现有状况，它们的服务水平与质量以及在近期内建设或改进的可能性。小城镇用地的建设条件评价更强调人为因素所造成的影响。绝大多数小城镇的发展都不可能脱离现有建设的基础，所以小城镇已有的布局条件往往影响着小城镇进一步的发展方向。小城镇的建设条件包括建设现状条件、工程准备条件以及外部环境条件等。

1. 建设现状条件

小城镇用地建设现状条件的分析与评价包括以下几个方面：

（1）用地布局结构是否合理，能否满足小城镇的发展要求及对生态环境的影响；

（2）市政设施和公共服务设施的数量、质量、容量、布局以及进一步改造的潜力；

（3）小城镇各项基础设施的分布、容量同居民需求之间的适应性，以及小城镇经济的发展水平、产业结构和相应的就业结构。

2. 工程准备条件

工程准备条件包括地形改造、防洪、土壤改良、降低地下水位、制止侵蚀和冲沟的形成、防止滑坡以及环境污染防治措施等。

3. 外部环境条件

（1）经济地理条件

小城镇与区域内小城镇群体的经济联系、资源的开发利用以及产业的分布等。

（2）交通运输条件

小城镇对区域内外的交通运输条件，如铁路、港口、公路等交通网络的分布与容量，以及接线接轨的条件等。

（3）能源供应条件

能源供应条件主要是供电条件，包括区域供电网络、变电站的位置与容量等。

（4）供水条件

小城镇所在区域内水源分布及供水条件，包括水量、水质、水温等方面与城乡、工农业等各部门用水需求间的矛盾分析等。

（5）各种废弃物的处理条件

小城镇所在区域内的污水处理厂和固体垃圾回收站的个数、处理能力、分布位置等。

（三）小城镇用地条件评定的步骤和成果

用地条件评定工作是一项综合分析的工作。在实际工作中，可以先根据某一条件做出单项的评定，再将几个单项评定综合起来，最后做出小城镇用地的评定。

1. 用地条件评定的步骤

（1）选择地形图。地形图的比例与小城镇总体规划图的比例应该一致，一般用 1∶5 000～1∶10 000。按不同的坡度将用地进行分类（平原地区小城镇可按 10%以下、10%～20%、20%以上分成三类，山区地区小城镇可按 20%以下、20%～30%、30%以上分成三类），并将用地范围内的沼泽、洼地、冲沟、陡坎等标示出来，对这些地段应分别标明是经过处理可以修建的，还是不适于修建的。

（2）根据洪水资料，在地形图上画出洪水淹没范围，或分别画出五十年一遇洪水淹没范围和百年一遇洪水淹没范围。

（3）根据地下水资料，在地形图上画出地下水等深线图。画法是将已掌握的地下水位数据在地形图上标出，然后分别将地下水位距地面 1.0 m、1.5m 、2.0 m、…的相邻各点顺序连接起来成一平滑的曲线，这就是地下水等深线图。地下水等深线和地形等高线不一定一致，如果地下水资料不够详细，而地形又比较简单、土质和地下水情况变化不大时，可以取地下水位的若干个控制点，而后大体参考地形等高线画出地下水等深线。

（4）根据工程地质资料，在地形图上画出地下不同土壤结构或不同承载能力的分布状况，以及滑坡、溶洞、断裂带等的分布状况。

（5）在地形图上画出地下矿藏分布情况，包括已开采的和尚未开采的，以及矿藏的采空区、塌陷区。此外，露天开采的矿场、采石场、采沙场、取土场等也要画出来。

（6）在地形图上画出地下文物的分布和保护范围，其他限制修建的范围，以及现有水源保护地等不能作修建用地的范围。

（7）现有高产农田、菜地、果园、苗圃等也应在地形图上画出。

2. 用地条件评定的成果

用地条件评定的成果包括图纸和文字说明。

用地条件评定图可以按用地的具体情况分别表示出各项分析与评定的内容，如地下水深线、洪水淹没线、地形坡度、地基承载力等，也可以不表示这些内容，只画出几类用地的范围。图纸的比例宜与规划图纸的比例相一致，以便于对照。

用地条件评定的说明就是将用地条件评定各步骤中考虑的问题，用地分类的理由，各类用地的基本情况，用文字加以简要说明。

三、小城镇用地构成

除了少数大都市、沿海地区或经济开发区附近小城镇的规模、用地布局和用地指标与城市基本一致外，我国目前绝大多数小城镇都是在原来农村的基础上发展而来的，其用地构成和规模与城市相比还有不少差异。因此，本书采用了村镇规划标准作为小城镇用地规划与布置的依据。

小城镇用地按土地使用的主要性质划分为：居住建筑用地、公共建筑用地、生产建筑用地、仓储用地、对外交通用地、道路广场用地、公用工程设施用地、绿化用地、水域和其他用地 9 大类，28 小类（表 2-3）。

表 2-3　小城镇用地分类与代号

类别代号		类别名称	范围
大类	小类		
R		居住建筑用地	各类居住建筑及其间距和内部小路、场地、绿化等用地，不包括路面宽度等于和大于 3.5 m 的道路用地
	R1	村民住宅用地	居民户独家使用的住房和附属设施及其户间间距用地、进户小路用地，不包括自留地及其他生产性用地
	R2	居民住宅用地	居民户的住宅、庭院及其间距用地
	R3	其他居住用地	属于 R1、R2 以外的居住用地，如单身宿舍、敬老院等用地
C		公共建筑用地	各类公共建筑物及其附属设施、内部道路、场地、绿化等用地
	C1	行政管理用地	政府、团体、经济贸易管理机构等用地
	C2	教育机构用地	幼儿园、托儿所、小学、中学及各类高（中）级专业学校、成人学校等用地
	C3	文体科技用地	文化图书、科技、展览、娱乐、体育、文物、宗教等用地
	C4	医疗保健用地	医疗、防疫、保健、休养和疗养等机构用地
	C5	商业金融用地	各类商业服务的店铺、银行、信用、保险等机构，及其附属设施用地
	C6	集贸设施用地	集市贸易的专用建筑和场地，不包括临时占用街道、广场等设摊用地

类别代号		类别名称	范围
大类	小类		
M		生产建筑用地	独立设置的各种所有制的生产性建筑及其设施和内部道路、场地、绿化等用地
	M1	一类工业用地	对居住和公共环境基本无干扰和污染的工业，如缝纫、电子、工艺品等工业用地
	M2	二类工业用地	对居住和公共环境有一定干扰和污染的工业，如纺织、食品、小型机械等工业用地
	M3	三类工业用地	对居住和公共环境有严重干扰和污染的工业，如采矿、冶金、化学、造纸、制革、建材、大中型机械制造等工业用地
	M4	农业生产设施用地	各类农业建筑，如打谷场、饲养场、农机站、育秧房、兽医站等及其附属设施用地，不包括农林种植地、牧草地、养殖水域
W		仓储用地	物资的中转仓库、专业收购和储存建筑及其附属道路、场地、绿化等用地
	W1	普通仓储用地	存放一般物品的仓储用地
	W2	危险品仓储用地	存放易燃、易爆、剧毒等危险品的仓储用地
T		对外交通用地	城镇对外交通的各种设施用地
	T1	公路交通用地	公路站场及规划范围内的路段、附属设施等用地
	T2	其他交通用地	铁路、水运及其他对外交通的路段和设施等用地
S		道路广场用地	规划范围内的道路、广场、停车场等设施用地
	S1	道路用地	规划范围内宽度等于和大于 3.5 m 以上的各种道路及交叉口等用地
	S2	广场用地	公共活动广场、停车场用地，不包括各类用地内部的场地
U		公用工程设施用地	各类公用工程和环卫设施用地，包括其建筑物、构筑物及管理维修设施等用地
	U1	公用工程用地	给水、排水、供电、邮电、供气、供热、殡葬、防灾和能源等工程设施用地
	U2	环卫设施用地	公厕、垃圾站、粪便和垃圾处理设施等用地
G		绿化用地	各类公共绿地、生产防护绿地，不包括各类用地内部的绿地
	G1	公共绿地	面向公众、有一定游憩设施的绿地，如公园、街巷中的绿地，及路旁或临水宽度等于和大于 5 m 的绿地
	G2	生产防护绿地	提供苗木、草皮、花卉的圃地，以及用于安全、卫生、防风等的防护林带和绿地
E		水域和其他用地	规划范围内的水域、农林种植地、牧草地、闲草地和特殊用地
	E1	水域	江河、湖泊、水库、沟渠、池塘、滩涂等水域，不包括公园绿地中的水面
	E2	农林种植地	以生产为目的的农林种植地，如农田、蔬菜、林地等
	E3	牧草地	生长各种牧草的土地
	E4	闲置地	尚未使用的土地
	E5	特殊用地	军事、外事、保安等设施用地，不包括部队家属生活区、公安消防机构等用地

注：引自《村镇规划标准》（GB 50188—93）。

四、小城镇建设用地规模

（一）小城镇规划建设用地标准

小城镇规划建设用地的标准包括数量和质量两个方面的内容，具体分为人均建设用地指标、人均建设用地指标级别、建设用地构成比例以及人均单项建设用地指标。

1．人均建设用地

人均建设用地是指小城镇建设用地面积与小城镇人口之比值，单位为 m²/人。它是控制小城镇建设用地数量规模，保障小城镇生产、生活和环境质量的基本指标。其标准分为五级（表 2-4）。

表 2-4　小城镇人均建设用地指标级别

级别	一	二	三	四	五
人均建设用地指标/（m²/人）	＞50 ≤60	＞60 ≤80	＞80 ≤100	＞100 ≤120	＞120 ≤150

注：1. 引自《村镇规划标准》（GB 50188—93）;
2. 新建的小城镇，其人均建设用地指标宜按第三级确定，当发展用地偏紧时，可按第二级确定;
3. 对已有的小城镇进行规划时，其人均建设用地指标应以现状建设用地的人均水平为基础，根据人均建设用地指标级别和允许调整幅度按表 2-5 确定。

表 2-5　小城镇人均建设用地指标

现状人均建设用地水平/（m²/人）	人均建设用地指标级别	允许调整幅度/（m²/人）
＜50	一、二	应增 5～20
50.1～60	一、二	可增 0～15
60.1～80	二、三	可增 0～10
80.1～100	二、三、四	可增减 0～10
100.1～120	三、四	可减 0～15
120.1～150	四、五	可减 0～20
＞150	五	应减至 150 以内

注：1. 引自《村镇规划标准》（GB 50188—93）;
2. 允许调整幅度是指规划人均建设用地指标对现状人均建设用地水平的增减数值。

2．规划建设用地的构成比例

建设用地构成比例是指小城镇各类建设用地占总建设用地的比例，尤其是指居住建筑用地、公共建筑用地、道路广场用地及公共绿地等四类建设用地占总建设用地的比例，它是衡量小城镇用地构成合理性，进而影响小城镇整体功能协调运转的重要标志。编制小城镇建设规划时，应调整各项建设用地的构成比例，使之符合表 2-6 的规定。

表 2-6 小城镇建设用地构成比例

单位：%

类别代号	用地类别	占建设用地比例		
		中心镇	一般镇	中心村
R	居住建筑用地	30～50	35～55	55～70
C	公共建筑用地	12～20	10～18	6～12
S	道路广场用地	11～19	10～17	9～16
G_1	公共绿地	2～16	2～6	2～4
四类用地之和		65～85	67～87	72～92

注：引自《村镇规划标准》（GB 50188—93）。

对于通勤人口和流动人口较多的小城镇，其公共建筑用地所占比例宜选取规定幅度内的较大值；邻近旅游区及现状绿地较多的小城镇，其公共绿地所占比例可大于 6%。

3．人均单项建设用地

各地的自然条件、土地利用情况、建设现状、生产生活习俗、社会发展需求不同，因此制定一个通用的单项指标并不合适，各单项用地指标必须由当地建设主管部门综合考虑各种因素制定。

（二）小城镇用地规模的主要影响因素

小城镇用地规模受小城镇性质、人口规模、自然地理条件和小城镇布局特点等影响。

1．小城镇性质

小城镇性质不同，其规模也就不同。例如，工矿型小城镇中工业占地较多，交通枢纽型小城镇仓储用地和交通运输用地较大，而风景游览型小城镇中园林绿地占的比重则较大。

2．小城镇的人口规模

小城镇人口规模的大小会直接影响小城镇用地规模。如果小城镇人口规模大，人均用地指标就相对较小。

3. 小城镇布局特点

一般情况下，紧凑布局要比分散布局更节省小城镇用地。团状集中式布局比带状布局与多组分散布局节省道路用地，从而也就会节省小城镇用地。

4. 自然地理条件

在平原沿海地区的小城镇布局一般比较紧凑，占地少，而处于山丘区的小城镇，布局相对比较松散，占地较多。

此外，小城镇用地规模还受小城镇用地的历史情况、新建项目的用地指标等影响。

（三）小城镇建设用地规模估算

城镇建成区总面积就是小城镇用地规模，它是随着小城镇建设的不同发展阶段而变化的。规划期末的建设用地规模估算可用下式表示：

$$F = N \times J \tag{2-11}$$

式中：F——规划期末建设用地面积（m^2）；

N——规划期末小城镇人口数（人）；

J——规划人均建设用地面积（m^2/人）。

在对小城镇用地规模进行估算时，用地计算范围应该与人口计算范围相一致。

（四）小城镇建设用地平衡表

小城镇建设用地平衡表的编制对于小城镇各阶段规划工作十分重要。它可以反映出总体规划方案中各项建设用地的构成比例关系，进而衡量、检验出这种分配比例是否符合有关规定要求，是否能保证小城镇各项功能的协调运转，可为小城镇总体规划提供必要的依据。小城镇建设用地平衡表可参见表 2-7。

各个小城镇的用地规模，往往因所在地区不同、所具备的条件不同而有所差异。但就一个小城镇来说，它是一个有机的整体，各项建设用地都有一定的内在联系，在用地数量上都要保持恰当的比例，以协调各项事业的发展。所以在规划中不仅要对现状用地进行平衡分析，从中寻找出不合理的用地关系，而且要在规划中根据小城镇的发展要求和前述小城镇各类建设用地指标来安排各类用地，并加以平衡分析，最终确定小城镇规划期的用地规模。

表 2-7 小城镇建设用地平衡表

分类代号		用地名称	现状______年			规划______年		
			面积/ hm^2	比例/ %	人均/ （m^2/人）	面积/ hm^2	比例/ %	人均/ （m^2/人）
R		居住建筑用地						
C		公共建筑用地						
其中	C1	行政管理						
	C2	教育机构						
	C3	文体科技						
	C4	医疗保健						
	C5	商业金融						
	C6	集贸设施						
M		生产建筑用地						
其中	M1	无污染工业（一类工业）						
	M2	轻污染工业（二类工业）						
	M3	重污染工业（三类工业）						
	M4	农业生产设施						
W		仓储用地						
T		对外交通用地						
S		道路广场用地						
U		公用工程设施用地						
G		绿化用地						
以上为镇区建设用地								
E		水域和其他用地						
其中	E1	水域						
	E2	农林种植地						
	E3	牧草地						
	E4	闲置地						
	E5	特殊用地						
以上为镇区规划范围用地								

注：引自《小城镇规划与建设管理》（骆中钊，2004）。

参考文献

[1] 王宁. 城镇规划与管理[M]. 北京：中国物价出版社，2002.

[2] 骆中钊，李宏伟，王炜. 小城镇规划与建设管理[M]. 北京：化学工业出版社，2004.

[3] 王雨村，杨新海. 小城镇总体规划[M]. 南京：东南大学出版社，2002.

[4] 汤铭潭，宋劲松，刘仁根，李永洁. 小城镇发展与规划概论[M]. 北京：中国建筑工业出版社，2004.

[5] 袁中金，王勇. 小城镇发展规划[M]. 南京：东南大学出版社，2001.

[6] 金兆森. 村镇规划[M]. 南京：东南大学出版社，1999.

[7] 同济大学. 城市规划原理[M]. 北京：中国建筑工业出版社，1991.

[8] 王宁，王炜，赵荣山. 小城镇规划与设计[M]. 北京：科学出版社，2001.

[9] 刘小生. 城市人口规模预测分析[J]. 有色冶金技术与研究，1999，20（3）：9-12.

[10] 尹文耀，何堤，陆杰华. 小城镇和小城镇体系的基本人口结构[J]. 人口研究，1991（4）：38-42.

[11] 曾怀正，许学强. 城市规划中的人口分类问题[J]. 经济地理，1981（1）：69-73.

[12] 徐旭. 小城镇发展论[J]. 贵州财经学院学报，2003（6）：57-62.

[13] 陈玉梅. 小城镇功能论[J]. 社会科学战线，2000（2）：25-31.

[14] 孔凡文，刘亚臣，冯明凯. 城镇用地技术指标与用地规模问题研究[J]. 中国土地科学，2002，16（5）：24-29.

[15] 邵波. 对城市人口规模问题的再研究[J]. 城市规划，1995（5）：25-26.

[16] 陈玮. 我国城镇人口的发展预测[J]. 国外城市规划，1984（4）：8-17.

[17] 胡开华，陈玮. 我国城镇人口统计的有关问题[J]. 1984（3）：39-42.

[18] GB 50188—93《村镇规划标准》. 北京：中国计划出版社，1994.

[19] 河北省建设委员会. 河北省村镇规划技术规定[S]. 1999.

第三章　小城镇总体布局

小城镇的性质与规模确定之后，就要对小城镇的各类建筑用地在平面和立面上加以合理规划布置，完成小城镇的总体布局工作。

本章包括三个内容。首先介绍小城镇用地功能组织的原则、要求、各类用地的具体布置方式（道路、广场以及绿化用地等将在后面章节中进行讨论）和用地功能组织的方法，然后介绍小城镇的竖向规划，最后一节阐述小城镇的总体布局形态。

第一节　小城镇用地功能组织

任何一个小城镇的总体布局形态总是要通过一定的用地关系体现出来。因此，用地功能组织（平面布置）是小城镇总体布局的核心内容，是为小城镇长远合理发展奠定基础的全局性工作，是保障小城镇健康、协调运转的基础，是指导小城镇建设和管理的基本依据。

一、小城镇用地功能组织的基本原则

1. 全面安排各类功能用地，重点协调主要功能用地

小城镇作为一个经济与社会的综合体，在进行用地功能组织时一定要作为一个统一的整体来把握。既要统筹考虑各类用地的布置，又要有重点的安排好主要功能用地，协调好二者的关系。

2. 合理安排各功能用地间的交通联系，防止功能用地混杂和穿插

各类用地功能混杂是小城镇规划的大忌，用地功能组织应力求做到用地布局集中紧凑，妥善安排好各功能用地之间的道路联系，避免用地功能的穿插和混杂等问题发生。

3．充分利用小城镇自身的优势

在对小城镇进行用地功能组织时应注意把本城镇的优势（包括自然的、历史的等）组织到小城镇中来，力争为居民创造一个舒适、优美、有文化韵味和富有地方特色的生活环境。

4．阶段配合协调，留有发展余地

小城镇用地功能组织应遵从延续发展的规律，做到在各个发展阶段都能互相衔接，配合协调。合理的远景规划反映小城镇发展规律的必然趋势，又可以为近期建设指明方向。因此，必须重视远期规划的重要性及其对近期建设的指导作用，采取由远及近的建设策略，既要加强各个阶段小城镇建设的完整性，又要保证小城镇远期建设目标的平稳实现。

5．正确处理利用和改造的关系，兼顾新旧区的发展需要

当前我国小城镇的经济实力尚不雄厚，小城镇的用地组织必须充分利用现有的生活服务设施和市政设施，将旧镇区的用地及早纳入总体规划并与新区建设统一考虑，全面安排，使合理的规划布局在旧区不断改造和新区不断建设的过程中逐渐显现出来。

二、小城镇用地功能组织的一般要求

小城镇具有规模小、地方性、延续性强等特点。在对小城镇用地进行功能组织时，应充分体现小城镇的这些特点。一般要求包括如下几个方面：

1．以提高小城镇的经济效益为目标

小城镇作为农村地区商品生产和流通基地的特殊地域位置性决定了小城镇在用地功能组织时要以推动农村经济发展为原则，以提高小城镇的用地经济效益为目标。

2．有利生产，方便生活

小城镇用地功能组织既要满足小城镇各项功能的正常运转，又要安排好居民的生活，协调好生活与生产的关系，为小城镇居民创造安宁、清洁、优美的生产生活环境服务。

3．保护环境

小城镇用地功能组织必须考虑小城镇功能活动对环境的影响和对资源的利用，在保证小城镇用地结构合理，有利于小城镇发展的同时，应保证不对环境构

成破坏。

三、各类功能用地布置的基本要求

（一）工业用地布置的基本要求

小城镇工业用地布局不仅应考虑工业用地的自身要求，满足工业发展的需要，同时还应考虑与小城镇各项用地的关系，有利于小城镇各项功能的运转。

1．工业用地的自身要求

（1）良好的用地条件

工业生产自身的特点，决定了工业用地必须具备良好的用地条件。在面积和地形方面，应以满足生产工艺流程为基本要求，一般应保证足够的面积和平整的地势，场地坡度在 0.5%～2%为宜。在工程地质和水文地质方面，工业用地应避开 7 级及以上震区，避开不良地质地段，选择有较高的地基承载力，地下水位低于厂房基础，并能满足地下工程要求的地段。在防洪方面，工业用地应避开洪水淹没区、雨水积涝区和大型水库下游地区，用地标高应高出当地最高洪水位 0.5 m 以上，大、中型企业采用最高洪水频率为一百年一遇，小型企业采用五十年一遇。在供水供电方面，工业用地应靠近水质和水量都能满足生产需要的水源，并注意处理好与农业用水、生活用水的关系。

（2）方便的交通运输条件

大量设备、原材料与产品的运输费用一直在工业生产中占据相当大的比重，合理、便捷的交通运输条件对于工业来说相当重要。因此，应根据工业企业的运输要求和当地的交通运输条件，按各种运输方式的不同将其布置在具有相应运输条件的地段。

（3）适宜的其他特殊条件

除以上一般条件外，有些工业对气压、湿度、空气含尘量、防磁、防电磁波等有特殊要求，如精密仪器、电子等企业。有些工业对地基、土壤、防爆、防火等有特殊要求，如大型机械、化工等企业，用地布置均应予以满足。此外，文物古迹埋藏地区、有开采价值的矿物蕴藏区、矿物采掘区、生态保护与风景旅游区、埋有复杂地下设备的地区，以及重要的战略目标地区等，应避免布置工业用地。

2．小城镇对工业用地布置的要求

除了工业用地自身的技术要求之外，还应该从小城镇整体层面上对工业用地的布置进行总体考虑。

（1）避免干扰小城镇其他功能用地

协调考虑工业用地同其他用地之间的关系，避免小城镇功能之间的相互影响和干扰。特别要处理好工业用地与居住、公共建筑等生活用地的关系，既要方便小城镇居民的上下班，减少小城镇上下班交通客流，又要减少工业用地的污染和影响，避免有污染的工业用地与居住用地过于接近，甚至混杂。

（2）注意工业排放对小城镇及其环境造成的影响

避免和防止工业对小城镇环境污染的根本办法是在严格控制对环境有污染的工业在小城镇建设的同时，加强工业污染的治理。减少工业污染对小城镇环境的影响，应做到以下几点：

① 综合考虑风向、风速等自然条件的影响，将工业用地布置在水体的下游或主导风向的下风向或一侧；

② 工业用地的布置应适当集中，以方便污染的统一治理；

③ 污染环境的工业企业不要布置在小城镇居住用地内或附近，也不要布置在小城镇水源地和农业高产区附近；

④ 在小城镇工业区与生活区之间设置一定距离的绿化防护带，它能在一定程度上改善环境，是保护小城镇环境的现实措施。

（二）交通用地布置的基本要求

1．合理安排客运部分与货运部分

在尽量减少对外交通运输对小城镇卫生、交通等方面产生干扰的同时，应尽量使客运部分与镇区靠近，而使货运部分与工业区、仓储区等接近。

2．充分发挥小城镇对外交通设施的效能

充分考虑各项交通设施的技术经济要求和技术运营特点、货流条件，以便能综合利用它们的设施，使各类对外交通运输能相互协作、相互补充，发挥出最大的效能。

3．保证小城镇与对外交通的密切配合，共同发展

在总体布局上，应做到小城镇与各种对外交通运输方式都具备一定的发展可能性，互不干扰。

（三）仓储用地布置的基本要求

1．满足仓储用地布置的一般技术要求

仓储用地应布置在地势较高，地形较平坦，有较好的地基承载力，有一定排水坡度的地方。

2．有利于交通运输

仓库用地必须具备方便的交通运输条件，最好能接近货源和供应服务地区以最方便地为生产、生活服务。

3．有利于建设和经营使用

不同类型的仓库最好能分别布置在小城镇的不同地段，同类型仓库应尽可能集中、紧凑布置，但居民用品供应仓库应均匀分布，以便接近供销网点。

4．注意保护小城镇的环境

仓储用地的布置应注意小城镇环境保护，防止产生污染，确保小城镇安全。

（四）居住用地布置的基本要求

1．有良好的自然条件

居住用地应选择在工程地质和水文地质条件优越，地势较高，自然通风较好的地段。避免洪水、地震、滑坡等不良条件的危害，以节约工程准备和建设的投资。尽量少占或不占良田，在可能的条件下，最好接近水面和环境优美的地区，并布置在大气污染源的上风或侧风位以及水污染源的上游，与畜牧业用地、易燃易爆的生产建筑和仓储设施的距离要符合有关规定。

2．注意与工业用地的关系

居住区与工业用地的关系，应该综合考虑环境、工业区的性质等因素。既应该与有污染物产生的工业保持一定的距离，又应该在保证卫生、安全的条件下，尽量接近工业区以减少城镇居民上下班的时耗，提高小城镇的运行效率。

3．要有足够的用地数量与适宜的用地形态

居住用地面积大小应符合规划用地所需，用地形态应该集中而完整，以利于集中紧凑布置，节约公用工程管线的费用。

4．以现有镇区为依托，留有适当的发展余地

小城镇居住用地的布局应尽量利用小城镇现有设施，与小城镇现有功能结构协调配合。同时小城镇居住用地应留有必要的发展余地，使小城镇的规划与建设具有一定的主动性。

（五）公共建筑用地布置的基本要求

1．各类公共建筑要有合理的服务半径，以方便居民使用

小城镇公共建筑的布置必须要满足“规范”对服务半径的要求。服务半径的确定是从居民对设施使用的要求以及公共建筑经营管理的经济性和合理性出发的。某项公共建筑服务半径的大小，将随它们的使用频率、服务对象、地形条件、交通的便利程度以及人口密度的高低而变化。

2．公共建筑的布置要结合小城镇交通组织来考虑

公共建筑一向是人、车流集散的地点。因此，公共建筑的分布要结合自身的使用性质与小城镇道路系统一并安排。例如，幼儿园、小学校等最好是与居住地区的步行道路系统组织在一起，避免车辆交通的干扰，而车站等交通量大的设施，则应与小城镇主干道相联系布置。

3．公共建筑要结合小城镇景观组织的要求进行布置

公共建筑种类繁多，并且建筑的形体和立面设计也多种多样。因此，公共建筑和其他建筑的布置应该力求达到相互协调，创造出具有地方风貌的小城镇景观。

4．公共建筑的布置要充分利用小城镇原有设施

小城镇公共设施的布置要充分考虑原有的公共设施，通过留、并、迁、转、补等措施充分发挥原有设施的效能，节省有限的建设资金。

四、各类功能用地的布置方式

（一）生产建筑用地的布置方式

1．工业用地的布置

小城镇工业用地的规划布置需根据工业的类别、货运量、用地规模、小城镇现状以及工业对小城镇环境的危害程度等多种因素综合决定。总的来说，工业用地的布置方式可分为三种，如图 3-1 所示。

（1）远离小城镇布置

由于经济、安全、卫生和接近原材料供应地等的要求，有些工业宜布置在远离镇区的地方，如砖瓦、石灰、选矿等原材料工业以及有爆炸、火灾危险的工业也应该远离小城镇布置。

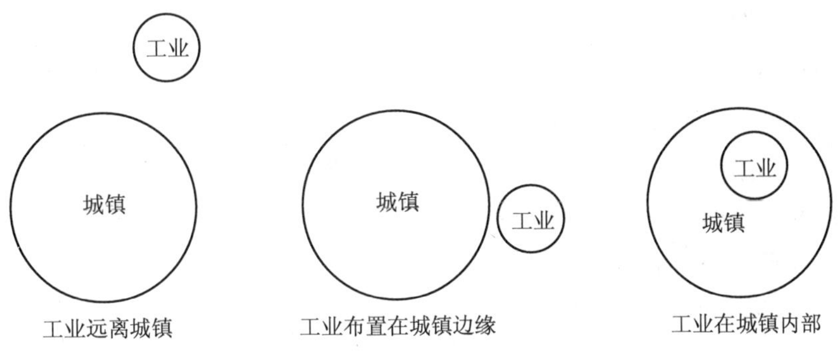

图 3-1 工业用地的布置方式

注：引自《小城镇规划与建设管理》（骆中钊，2004）。

（2）工业用地布置在镇区边缘

布置在镇区边缘的工业较多，按相互协作关系，尽量紧凑集中，形成一个或几个工业小区。这样既可以统一建设道路工程、上下水工程等设施，也可以节约用地，减少投资。工业小区应按性质和对环境的影响程度分类设置，不同类别的工业用地则相应地规划布置在恰当的位置，有利于减少污染，同时方便职工生活。

（3）工业用地布置在小城镇内

运量小、占地少，对环境几乎没有污染的小型工业与手工作坊可以布置在镇区之内。这类工业一部分可以采取生产与销售相结合的方式布置，如前店后坊，楼上加工楼下销售等布置形式，另一部分则可布置在居住区内部，形成社区手工业作坊。

布置小城镇工业用地时应针对不同的工业类型，采取集中与分散相结合的方式合理布局。

2．农业生产设施用地的布置

对小城镇环境有影响的畜牧场用地（指饲养猪、牛、羊、鸡、鸭、兔等牲畜的企业或场所）应规划在小城镇生活居住用地的下风向或河流的下游处，但又要布置在工业区的上风向，以免“三废”对禽畜的伤害。大型机械化养鸡场、乳牛场等，应在镇区外的单独地段兴建。饲料加工厂和畜产品加工厂等，则可布置在同一地段，形成综合的畜牧生产区。

（二）交通用地的布置方式

考虑到绝大多数小城镇的特点和区位条件，公路在小城镇中的作用最大也最为普遍，故主要介绍公路用地的规划布置，铁路和港口的规划布置不做重点介绍。

1. 公路的布置

公路运输是小城镇非常重要而又最普遍的一种对外交通运输方式。目前我国小城镇之间、小城镇与乡村之间几乎都有公路联系。小城镇范围内的公路，有的兼有小城镇道路的某些功能，有的则是小城镇道路的延续。在进行小城镇总体布局时，应合理的选定公路线路的走向及其站场的位置。

（1）公路线路在小城镇中的布置

公路交通的布置与小城镇的关系无非有两种，一种是公路穿越镇区，另一种是公路绕过镇区，具体采用哪种布置方式要综合考虑公路等级、小城镇性质和规模等因素。

① 公路穿越镇区

我国目前大多数小城镇基本上都是沿着公路两边逐渐形成和发展起来的，如图 3-2 所示。在旧的小城镇中，公路与小城镇道路并不分设，也没有明确的功能分工，它们既是小城镇的对外交通道路，又是小城镇内部的主要道路。这虽然在一定程度上繁荣了小城镇的经济，但随着小城镇规模的逐步增大，其与小城镇日常功能活动之间的矛盾却凸显了出来。

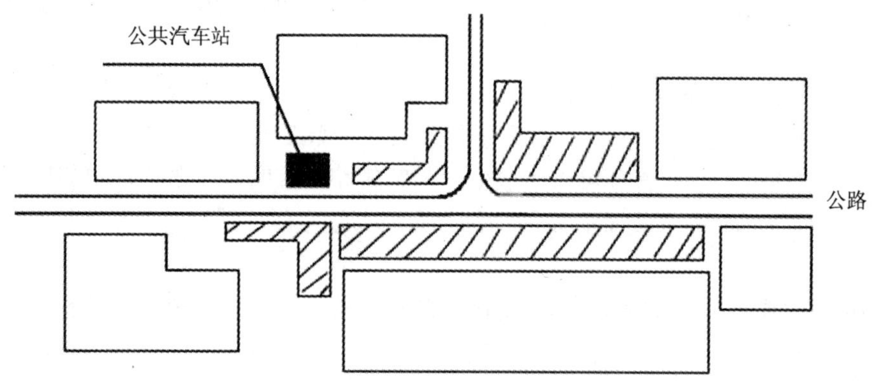

图 3-2　公路穿越小城镇

注：引自《城镇规划原理与设计》(裴杭，1992)。

② 公路绕过镇区

这种布置方式可以有效避免过境交通与镇区互相干扰，具体布置方式又分为三种：

公路切线通过镇区。当过境交通在小城镇边缘通过时，将小城镇的对外交通站场设置在镇区入口处。这样不但保证了小城镇接近交通干线，而且避免了二者的相互干扰，如图 3-3 所示。

公路与镇区分离。过境公路远离镇区布置，入城交通由入城道路引入，由于这种布置方式对小城镇经济发展不利，所以一般只有在公路等级较高或者过境公路实在无法接近镇区时才布置，如图 3-4 所示。

公路环绕镇区。这种布置形式可以减少对小城镇的影响，并且有利于小城镇周边的工业区之间互相联系，但是随着小城镇规模的进一步扩大，可能又出现包围过境公路而又互相干扰的现象，如图 3-5 所示。

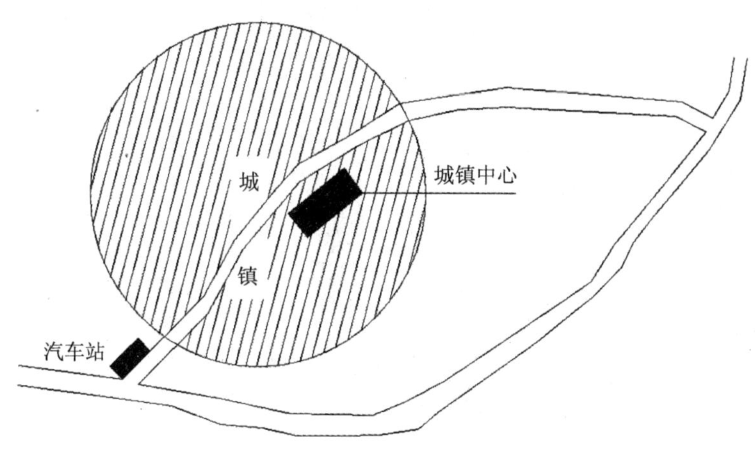

图 3-3 公路切线通过小城镇

注：引自《城镇规划原理与设计》（裴杭，1992）。

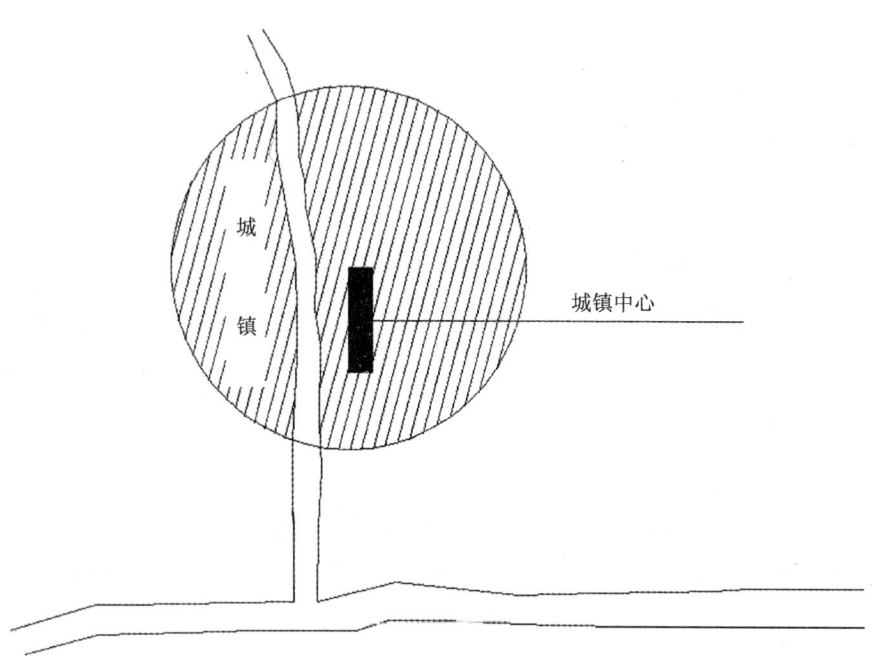

图 3-4 小城镇与公路分离

注：引自《小城镇总体规划》（王雨村，杨新海，2002）。

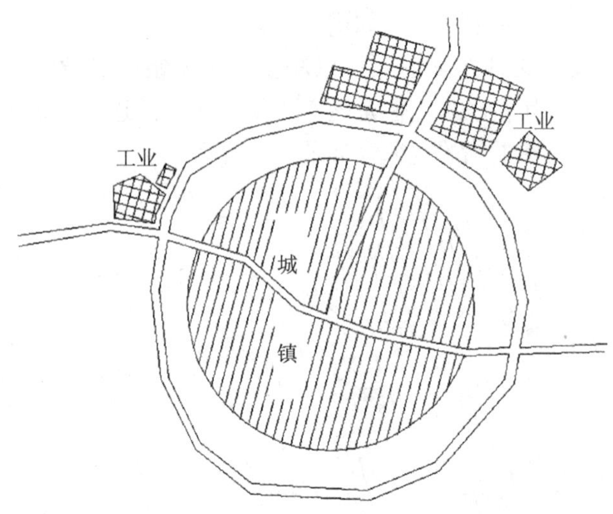

图 3-5　公路环绕小城镇

注：引自《小城镇总体规划》（王雨村，杨新海，2002）。

（2）公路站场在小城镇中的布置

公路站场即公共汽车站，根据其使用性质不同，可以分为客运站、货运站等。站场的位置选择对小城镇规划布局有很大的影响。

① 客运站

对于中小城镇来说，一般一个长途客运站就可以满足运营要求。为了减少过境车流入镇区，客运站宜布置在小城镇边缘，如果小城镇中有火车站或者轮船码头，则公路客运站还须与铁路客运站、客运码头有便捷联系以便于乘客换乘其他交通工具。

② 货运站

货运站的位置选择与货源及货物的性质有关。一般应设在小城镇边缘，且靠近工业区和仓库区，便于货物运输，也应该考虑与铁路货场、货运码头的联系，便于货物联运。

2. 铁路的布置

虽然目前小城镇的规模很小，运输量和客运量都远不及城市，而且随着我国铁路的不断提速和全面等级改造，小城镇在全国铁路网络中的地位更加薄弱，但铁路设施和站场的设置对小城镇用地的功能组织乃至总体布局却仍然有着十分重要的影响。

在小城镇用地功能组织中，应尽量避免小城镇跨铁路两侧发展，以免给小城镇的生产、生活、交通、环境以及今后小城镇建设等方面设置障碍。在规划布置时为了避免铁路切割小城镇，最好使铁路从镇区的边缘通过，并将客站与货站都布置在镇区的一侧，使货场接近工业和仓库用地，而客站靠近居住用地的一侧。

这种布置形式只适宜于工业与仓库规模较小的小城镇。

当小城镇货运量大，而同侧布置又受地形限制时，可以采取客货对侧布置的形式，并将铁路运输量大、职工人数少的工业部分有组织地安排在货场一侧，将镇区的主要部分仍布置在客站一侧。同时还要选择好跨越铁路的道口，尽量减少铁路对镇区交通运输的干扰。

当工业货运量与职工人数都比较多时，也可以采取将镇区主要部分设在货场一侧，而将客站设在对侧。这样，大量职工上下班不必跨越铁路，主要货源也在货场同侧，仅占镇区人口比较少的旅客上、下火车时需跨越铁路。

3. 港口的布置

水路是港口型小城镇对外联系的主要通道，港口又是港口型小城镇的门户。因此，合理的规划和布置港口对港口型小城镇意义重大。

在选择港口位置时，必须全面考虑，既要满足港口工程技术、船舶航行、经营管理等方面的要求，又要符合小城镇总体发展的利益，满足小城镇建设的要求。

（1）港口的技术要求

① 港口位置应选在地质条件好、冲刷淤积变化小、水流平顺、具备足够水深的河（海）岸地段；

② 港口必须有较宽的水域面积，以便船舶能方便而安全地进出港口满足船舶运转和停泊，并使水上有进行装卸作业的可能；

③ 港区应有足够的岸线长度及良好的避风条件；

④ 港区陆域面积必须保证能够布置各种作业区及港口的各项工程设施，并有继续发展的余地。

（2）小城镇的建设要求

① 港口位置的选择应与小城镇总体规划布局相协调，尽量避免将来可能产生的港口与小城镇建设的矛盾；

② 港口作业区的布置应不妨碍小城镇卫生、不影响小城镇的安全；

③ 小城镇客运码头应接近镇中心区，不为本城镇服务的转运码头，应布置在小城镇生活居住区以外的地段；

④ 港口应与小城镇保持方便的交通联系，并积极创造小城镇水陆联运的条件。

（三）仓储用地的布置方式

在布置小城镇仓储用地时，一般应该设立单独的地段集中布置，要特别防止将占地较大的仓库分散布置于镇区之中。同时应该重点考虑小城镇的对外交通运输方式。例如，以公路运输为主的小城镇，仓储用地应靠近公路布置，以铁路、水路为主的小城镇则应靠近车站、码头附近进行布置。

从仓库的类型上看，不同类型的仓库有不同的布置方式：

1．为本城镇服务的生产资料、生活资料供应仓库。这类仓库应分散布置在镇区，也可在镇内交通方便的地点结合商业部门单独设置，形成集中的流通中心，以方便对镇区居民的供应；

2．地区中转仓库和储备仓库。由于这类仓库储量多，占地大，运输量也大，因此这类仓库应分类集中布置在镇区边缘，并根据货物的流向和采用的主要运输方式，分别靠近铁路站场，水运码头或公路干线，以便城乡集散运输；

3．危险品仓库。应远离镇区布置在单独地段，并布置一定的防护隔离带；

4．农副土产品收购仓库。这类仓库应该根据其收购货物的运输来源分别设置于公路或水路比较容易装卸和交通方便的地方。

（四）居住用地的布置方式

小城镇居住用地的布置方式一般有两种：

1．集中布置

当小城镇规模不大，有足够的用地，且在用地范围内无自然或人为的障碍时，常常采取集中布置。这种布置可以大量节约市政建设的投资，方便小城镇各部分在空间上的联系，如图 3-6 所示。

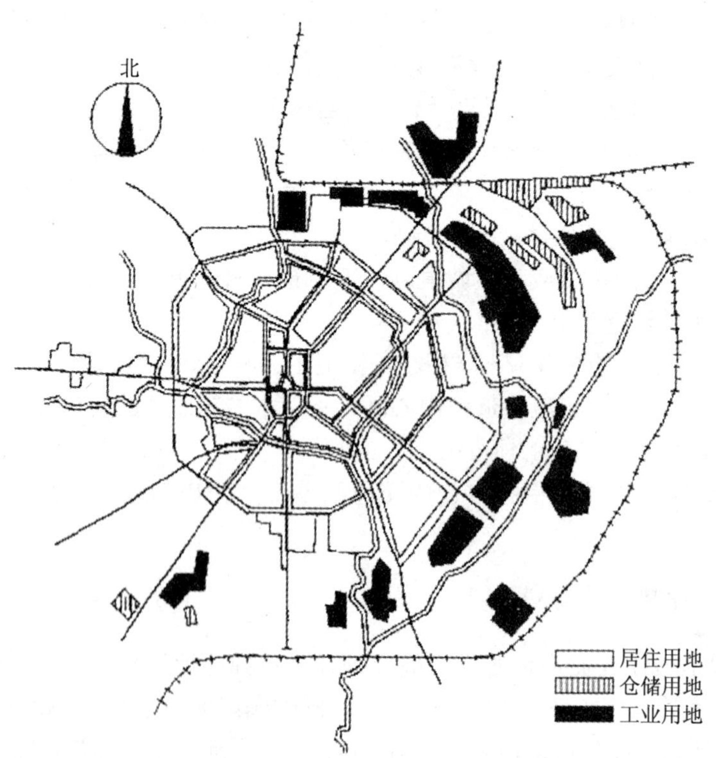

图 3-6　居住用地集中布置

注：引自《城镇规划与管理》（王宁，2002）。

2. 分散布置

当小城镇用地受自然条件限制或因工业和交通设施的分布，以及农业良田的保护等需要时，需采用分散布置的方式，如图 3-7 所示。

居住用地的分散布置能较好地适应山地与丘陵地区的地貌特征，便于结合地形，有利于工业用地与居住用地成团布置，使大多数居民上、下班的距离缩短，减少交通时耗。但应注意在可能条件下，几块分散布置的居住建筑用地不要离得太远，否则会给为全镇服务的大型公共建筑和基础设施的布置造成困难，使得居民生活不便。

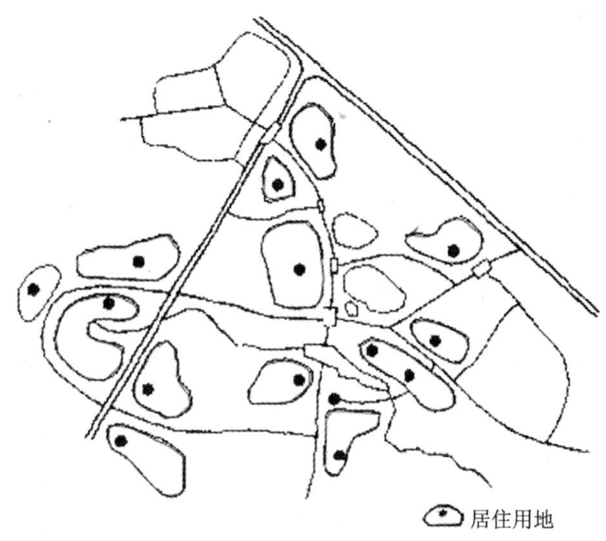

图 3-7 居住用地分散布置

注：引自《城镇规划与管理》（王宁，2002）。

（五）公共建筑用地的布置方式

1. 学校用地

学校应有一定的合理规模和服务半径。小学的规模一般以 6～12 个班为宜，服务半径一般可为 0.5～1 km，学生上学不宜穿越铁路干线和小城镇主干道以及小城镇中心人多车杂的地段。中学的规模以 12～18 个班为宜，为整个镇域服务。校址宜在小城镇次要道路且比较僻静的地段，要远离铁路干线 300 m 以上。校门避免开向公路，运动场地的设置符合国家教育部门要求，也可以与小城镇体育用地结合布置。此外，学校本身也应注意避免对周围居民的干扰，应与住宅保持一定的距离。

2. 行政管理类用地

行政管理类机构一般要求有较安静的办公环境。因此，应设在小城镇中心区边缘，且不与商业、服务业等混在一起，形成相对独立的地段。

3. 商业用地

小城镇居民生活日用品商店、菜市场等可以按照服务半径的大小均匀设置，而等级较高的商业建筑则可以集中布置在镇中心区，形成商业中心。

4. 医疗卫生用地

院址应尽量考虑布置在小城镇中心区边缘，满足环境幽静、阳光充足、空气洁净、通风良好等卫生要求，不应该靠近有污染的工厂及噪声声源的地段。最好还能与绿化用地相邻，同时院址要有足够的清洁度。另外，医疗建筑与邻近住宅及公共建筑的距离应不少于 30 m，与周围街道也不得少于 15～20 m 的防护距离，中间以花木林带相隔离。

五、小城镇用地功能组织方案的比较

小城镇是一个庞大的系统，影响小城镇用地功能组织的因素很多，从不同的侧重点考虑，可以提出很多的布局方案。每种方案各有自己的优缺点，只有通过对诸方案进行对比，并将各方案的优点归纳集中，才能最终得到一个科学合理、经济可行的最佳方案。因此，方案比较是小城镇用地功能组织的重要内容。

比较的内容有：

1. 地理位置及工程地质条件

包括地形、地下水位、土壤承载力的大小等。

2. 占地、迁民情况

各方案用地范围和占用耕地情况（包括占用的果园及其他经济作物区情况），需要动迁居民的户数和人口，拆迁的建筑面积与建筑质量，在用地布局上需要采取哪些补偿措施等。

3. 生产条件及生产协作条件

工业用地的组织形式及在小城镇中布局的特点，重点工厂的位置，工厂之间在原料、动力、交通运输等方面的协作条件。

4. 生活居住用地组织

生活居住用地选择是否得当，用地范围大小与居住区组织是否合理，主要公共建筑配置情况以及公共绿地系统的布置等情况。

5. 交通运输情况

过境交通对用地布局的影响如何，长途汽车站位置是否适当，与铁路客运站及客运码头联系情况，公路与小城镇内部道路的连接情况等。

6. 小城镇内部道路系统

是否有比较完善的道路系统，是否有比较明确的道路分工，小城镇中的各个部分，如工业区、居住区、公共活动中心、车站、货场、码头、仓库等，它们之间联系是否方便等。

7. 防洪、防震、人防等工程设施

在洪水泛滥、地震等非常情况下能否保证安全，所采取的工程措施与投资情况是否经济合理。

8. 市政工程及公用设施

给水、排水、电力、电信、供热、煤气等设施布置是否经济合理。包括水源地及水厂位置的选择，给水及排水管网的布置，污水处理厂及排放方案，供热与煤气管网的布置，以及煤气站、热电站、电视塔、微波站、变电站、高压线走廊等工程设施，应逐项进行分析比较。

9. 环境保护

废气、废水、废渣及噪声的污染情况与治理措施，小城镇用地与自然环境的结合情况，以及工业所产生的公害对小城镇的影响程度及范围。

10. 小城镇总体规划结构

用地选择与规划结构是否合理，各项主要用地之间的关系是否协调又互不干扰，在处理近期与远期、新建与改建、局部与整体的关系上有哪些优缺点，新区与旧城的关系，旧城的利用与改造等情况。

方案比较的一般方法是：选定适合规划层次和规划目的的比较内容和比较条件，用扼要的文字或数据加以说明，并将主要的可比内容绘制成表，按不同方案分别填写，以便对应比较。

第二节 小城镇用地竖向规划

在小城镇总体布局过程中，除了要对各类用地进行平面布置以外，还要对各类用地的竖向设计标高、坡度、坡向等进行合理考虑，使改造的地形能适应于布置和建造各类建筑物和构筑物，满足小城镇居民正常的生活、生产、交通运输以及敷设地下管线的要求，这项工作便是竖向规划。

一、竖向规划的任务

1．解决规划范围内各项用地的竖向设计标高和坡向，确定地面排水方式和相应的构筑物，使之能畅通地排出雨水；

2．决定小城镇建筑物、构筑物、室外场地以及道路、铁路、防洪、水系的主要控制点的标高和坡度，并使之相互协调；

3．通过竖向设计，充分发挥各种地形的特点，并通过适当的工程措施增加可以利用的小城镇用地；

4．通过竖向设计，调整平面布局并合理安排各类建筑，使之更能体现出地段的特色，丰富小城镇空间艺术，并使土石方工程量最小；

5．确定道路交叉口坐标、标高、相邻交叉口之间的长度、坡度，道路围合街坊汇水线、分水线和排水坡向；

6．确定计算土石方工程量和场地土石方平整方案，选定弃土或取土场地；

7．合理确定小城镇中由于挖方、填方而必须建造的工程构筑物，如护坡、挡土墙、排水沟等。

二、竖向规划设计前的资料搜集

在进行竖向设计前，需具备下列资料，才能顺利进行规划设计。

1．地形测量图

比例 1∶500 或 1∶1 000 的地形图，图上要有 0.25～1.00 m 高程的地势等高线及每 100 m 间距的纵横坐标及地形地貌情况；

2．建设场地的自然条件、气候情况、地质构造和地下水情况；

3．建筑物和构筑物的平面布置图；

4．规划中的街道中心标高、坡度、距离，最好是纵断面图和横断面图；

5．各种工程管线的平面布置图；

6．地表雨雪水的排除流向及洪水或高地雨水冲向某地后可能产生的影响；

7．弄清取土的土源、弃土的场地。

以上各种资料，应尽可能地与有关单位协调取得，也可根据设计阶段的要求，陆续取得。

三、竖向规划的要点与方法

1．建筑物标高的确定

建筑物标高的确定，是以建筑物与室外地坪标高的差值来决定的。一般要根据建筑物的使用性质来确定室内外标高的最小差值。经验表明，住宅建筑类差值一般为 15～45 cm，办公楼、学校、公共建筑类一般为 30～60 cm，一般性工厂厂房、仓库类为 15 cm，沉降较大的建筑物为 30～50 cm，有汽车站台的仓库，可根据常用汽车型号、货箱底板高度确定为 90～120 cm。建筑物的标高要与街坊地坪、道路地面标高相适应，建筑室外标高要高于或等于道路中心的标高。

2．地面排水

根据总平面规划布置和地形情况划分排水区域，决定排水坡向以及排水管道的系统。排水区域的划分主要综合考虑自然地形、汇水面积和降水量的大小等因素。一般要求地面设计坡高不应小于 0.3%，如果可能，最好在 0.5%～1%之间。集镇还可以采取明沟排水方式，沟底最小坡度为 0.2%。正常坡度在 0.5%左右即可保证重力自流，排水流速大于 0.4 m/s，明沟出水口标高应高于排入的湖泊、河流、沟渠的正常水位，明沟水面以上至少保留 0.15 m 的高度。

3．道路标高与坡度

（1）从建筑用地与道路网的关系来说，建筑物室外标高一般应高于周围次要道路的标高，次要道路的标高要高于主干道中心标高，标高差值可在 15～30 cm 之间；

（2）道路纵向坡度的确定要根据地形情况来考虑，一般最大纵坡度在干道为 6%，一般道路为 8%。大量自行车行驶的坡段在 3%以下比较舒适，当纵坡度达到 4%以上、坡长超过 200 m 时自行车行驶就比较困难。另外，为方便地面水的排除和地下管道的埋设，道路的最小纵坡度不宜小于 0.3%；

（3）人行道的纵坡不能大于 8%，大于 8%的应设置踏步。对于北方严寒地区，积雪时间较长的小城镇人行道纵坡还可再降低一些；

（4）车行道的横坡一般都是双向的，坡向两侧排水沟，一般横坡控制在 1%～2%；

（5）镇区停车场的坡度最大不应超过 4%，一般以 0.3%～3%为宜。

4．土石方工程量计算与平衡

在竖向设计中，要结合地形进行规划，特别是山地、丘陵地区的小城镇，最好依山就势布置建筑，以减少土石方工程，比较合理的土方工程，应该是就近就地取得平衡。岩石类土壤地段，土石方工程费用较高，应尽量避免挖方，若建筑用地表皮土壤为黏散土时，而下层土壤承载力较高时，可考虑挖方多一些。反之，地表皮土壤较好而下层土壤承载力较差时应避免挖方。土壤经过挖掘后，原结构组织遭到破坏，常常是体积增加，再以此回填时，往往超过挖方体积。因此，在计算土石方平衡中，要注意土壤的可松性系数。这样计算的挖方，经过一段时间雨水湿润和夯实后，使填方符合设计要求。

（1）余方工程量估算

考虑土方平衡时还应考虑建筑施工中的场地余方。建筑基础挖方、工程设施和设备基础挖方、各种地下工程挖方、建筑垃圾等都是余方的来源。因此，对这部分余方要预留消方的场地。余方工程量可参照下列参数进行估算。

① 建筑物、设备基础的余方量估算公式：

$$V_1 = K_1 \times A_1 \quad (3\text{-}1)$$

式中：V_1——基槽余方数量，m^3；

A_1——建筑占地面积，m^2；

K_1——基础余方量参数，m^3/m^2（表 3-1）。

表 3-1　基础余方量参数

名　称		基础余方量指标 K_1/（m^3/m^2）	备注
车间	重型	0.3～0.5	有大型机床设备
	轻型	0.2～0.3	
居住建筑		0.2～0.3	
公共建筑			
仓库			

注：引自《小城镇规划与建设管理》(骆中钊，2004)。

② 地下室的余方量估算公式：

$$V_2 = K_2 \times N_1 \times V_1 \quad (3\text{-}2)$$

式中：V_2——地下室挖方工程量，m^3；

K_2——地下室挖方时的参数（包括垫层、放坡、室外标高差），一般取 1.5～2.5，地下室位于填方量多的地段取下限值，填方量少或挖方地段取上限值；

N_1——地下室面积与建筑物占地面积之比。

③ 道路路槽余方量估算（指平整场地后再做路槽）公式：

$$V_3 = K_3 \times F \times h \quad (3\text{-}3)$$

式中：V_3——道路挖槽挖方量，m³；

K_3——道路系数（表 3-2）；

F——建筑场地范围总面积，m²；

h——拟设计路面结构层厚度，m。

表 3-2 道路和管线系数

项目＼地形		平坡地	5%～10%	10%～15%	15%～20%
道路系数		0.08～0.12	0.15～0.20	0.20～0.25	>0.25
管线地沟系数（K_4）	无地沟	0.15～0.12	0.12～0.10	0.10～0.05	≤0.05
	有地沟	0.40～0.30	0.30～0.20	0.20～0.08	≤0.08

注：引自《小城镇规划与建设管理》（骆中钊，2004）。

④ 管线地沟的余方量估算公式：

$$V_4 = K_4 \times V_2 \tag{3-4}$$

式中：V_4——管线地沟的余放量，m³；

K_4——管线系数（与有地形坡度有关），参见表 3-2。

当土方工程费用较低时，在符合排水、防洪要求前提下应尽量"多挖少填"，以减少基础工程量，使基础处理工作简化。若土方工程费用较高，应尽量避免土方的挖方工程，尽量减少土方的运输距离，最好能就地平衡。布置重型建筑物地段，挖方可以多一些，轻型建筑、道路场地、绿化地段等可以适当填方，但当土方回填区深度超过 2 m 时，近期布置建筑物就有一定困难，规划时要注意这一点。如果场地的土方工程量超过 6 000 m³/hm² 时，即平均填方或挖方深度超过 63 cm，则应考虑经济效益，这时也会影响建设速度。当坡度比较大时，每公顷土方工程量也不应超过 800 m³，当超过 800 m³ 时，则应考虑调整或修改竖向设计。

（2）土石方工程量的计算

土石方工程量一般可采取方格网法或横断面法计算。方格网法又分方格网一般计算法与综合近似计算法，综合近似计算法适用于作场地选择和方案比较时使用，其精度较低；方格网一般计算法精度较高，常用于需要比较准确了解土方工程量的竖向规划设计中。

土石方工程量的计算公式为：

$$V = L(F_1 + F_2)/2 \tag{3-5}$$

式中：V——相邻两断面间土方工程量，m³；

F_1、F_2——相邻两断面之间的填方（+）或挖方（－）的断面积，m²；

L——相邻两断面距离，m。

四、竖向规划设计的形式

1. 地面形式

在小城镇规划设计时，必然要将建设用地的自然地面加以适当改造，以满足小城镇生产和生活的使用功能要求，改造后的地面称之为设计地面或设计地形。根据设计地面的不同形式，可分为以下三种：

（1）平坡式

把建设用地处理成一个或几个坡向的平整面，坡度变化大。

（2）台阶式

由几个标高高差较大的不同平面连接而成，在连接处一般设置挡土墙或护坡等构筑物。

（3）混合式

即平坡式与台阶式混合使用。根据使用要求与地形特点，把建设用地划分为几个地段，每个地段用平坡式改造地形，而坡面相接处用台阶式连接。平坡式与台阶式又可以分为单向倾斜和多向倾斜两种形式，在多向倾斜形式中，又可以分为向建设用地边缘倾斜和向建设用地中央倾斜两种形式。

2. 设计地面连接方式

根据设计地面之间的连接方法不同，可以分为以下三种方式。

（1）连续式

用于建筑密度大、地下管线多、有密集道路的地区。连续式又分为平坡式和台阶式两种。

① 平坡式

就是把小城镇用地处理成一个或几个坡向的整平面，它适用于自然地面坡度不大于 2%的平缓地区和虽有 3%～4%坡度而占用地段面积不大的情况。平坡式布置有三种形式，如图 3-8 所示。

② 台阶式

就是由几个标高相差较大的不同整平面连接而成，它适用于自然地面坡度不小于 4%，用地宽度小，建筑物之间的高差在 1.5 m 以上的地段。在台阶连接处一般设置挡土墙或护坡等构筑物。台阶式布置有三种形式，如图 3-9 所示。

（2）重点式

在建筑密度不大、自然地面坡度不大于 5%、地面水能顺利排除的地段，只是重点（局部）地在建筑物附近进行场地平整，其他部分都保留自然地形地貌不变，这种形式适用于独立的单幢建筑或成组建筑用地的组与组之间距离较远的情况，如图 3-10 所示。

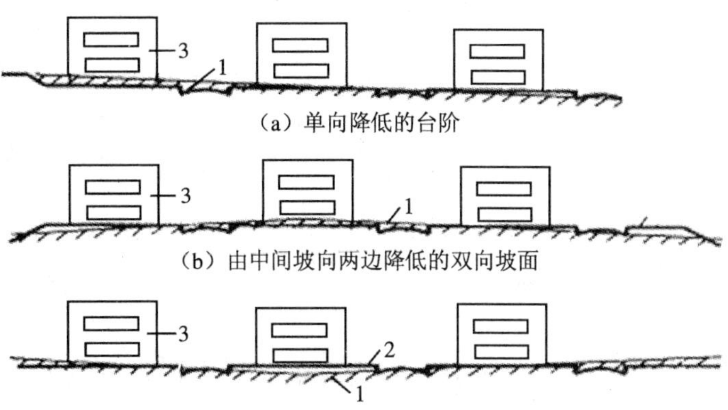

（a）单向降低的台阶

（b）由中间坡向两边降低的双向坡面

（c）由两边坡向中间降低的双向坡面

平坡式设计地面

1—自然地面　2—设计地面　3—建筑物

图 3-8　平坡式布置

注：引自《村镇规划》（金兆森，1999）。

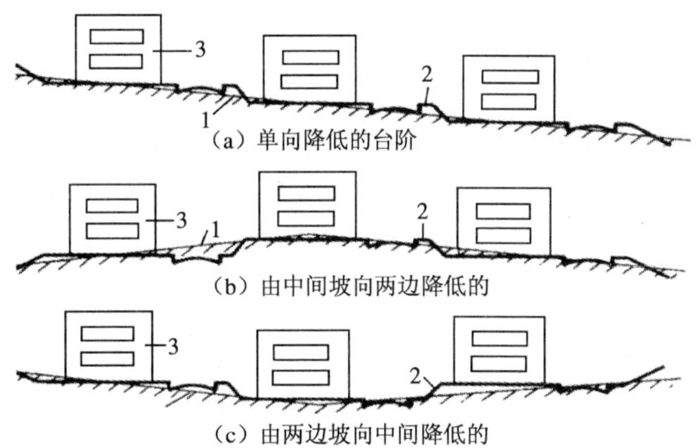

（a）单向降低的台阶

（b）由中间坡向两边降低的

（c）由两边坡向中间降低的

台阶式设计地面

1—自然地面　2—设计地面　3—建筑物

图 3-9　台阶式布置

注：引自《村镇规划》（金兆森，1999）。

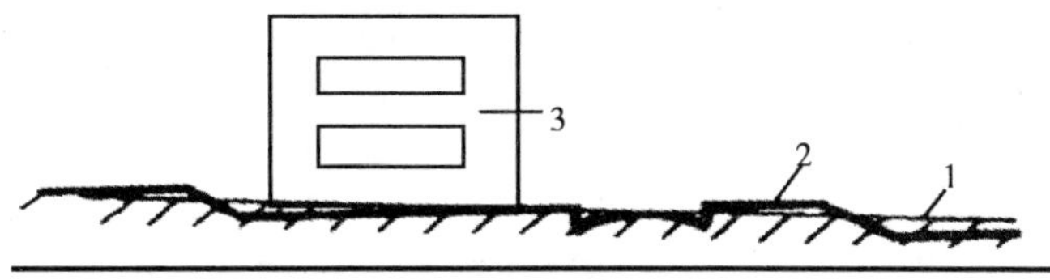

重点式设计地面

1—自然地面　2—设计地面　3—建筑物

图 3-10　重点式布置

注：引自《村镇规划》（金兆森，1999）。

（3）混合式

建筑用地的主要部分是连续式，其余部分是重点式。由于小城镇用地具体地形的复杂性，往往单纯一种规划形式很难真正做到科学、合理，通常是因地制宜地交替运用多种形式，进行规划设计。因此，混合式是一种灵活处理的手法。

五、竖向规划设计图的绘制

竖向规划设计图的绘制，一般采用设计等高线法或设计标高法。

1. 设计等高线法

用设计等高线来表示设计地面的地形标高，高程间隔一般采用 0.1 m、0.2 m、0.25 m、0.5 m。

其方法是：先将建设场地的自然地形，按不同情况画几个横断面，按竖向设计的形式，确定坡度和台阶宽度，找出挖方和填方的交界点，作为设计等高线的基线，按所需要的设计坡度和排水方向，试画出设计等高线。设计等高线用直线或曲率半径较大的曲线来表示，尽可能使设计等高线接近或平行于自然地形等高线。试将设计等高线画在描图纸上，覆在自然地形图上进行土方计算，填挖方量大致平衡时，则设计等高线为正确，否则应重新确定设计等高线，再进行土方计算，直到土方量大致平衡为止。设计等高线有利于表明竖向设计各方面的相互关系，但缺点是需要计算、设计，图面表示比较复杂。

2. 设计标高法

根据竖向规划设计原则，确定出建设用地内建筑物、构筑物的室内外地坪标高，区内地面控制点标高，道路交叉点、变坡点标高，道路的坡距、坡度，并辅以箭头表示各类地面的排水方向，最后在竖向规划图上表示出来，从而得到小城镇竖向规划设计图。

设计标高法的规划设计工作量较小，图面表示比较简单，图纸制作较快，且易于变动与修改，是竖向设计一般常用的表示方法。缺点是比较粗略，设计意图不易交代清楚，有些部位的标高不明确，且准确性差。为弥补上述不足，在实际工作中可采用设计标高法和局部剖面相结合的方法。

第三节　小城镇总体布局形态

小城镇总体布局是小城镇经济、社会、环境以及工程技术等各项要素与建筑空间组合的综合反映。因此，在研究了小城镇用地在平面上的组织以及在竖向的布局后，本节将讨论小城镇的总体布局形态。

一、小城镇总体布局形态概念

小城镇布局形态是指小城镇功能的空间组织在地域上的投影，是由小城镇的结构（要素的空间布置）、形状（小城镇外部的空间轮廓）和相互关系（要素之间的相互作用与组织）所决定的一个空间系统。小城镇形态是一种表象，它反映了小城镇发展变化的空间形式特征。小城镇形态是一种复杂的经济、社会、文化现象和过程，它在特定的地理环境和社会经济发展背景中形成，是人类活动与自然环境因素相互作用的结果。

二、影响小城镇总体布局形态的主要因素

影响小城镇布局形态的主要因素可概括为五大类。

1. 自然环境条件

在相当长的一段时期内，自然环境条件，包括地形、地貌、水文、地质、资源等直接决定了小城镇的布局结构与形态，虽然随着生产力水平的提高，自然环境条件的作用不那么明显了，但对小城镇布局形态的影响仍然起着相当重要的作用。

2. 经济发展因素

经济因素是对小城镇布局形态影响最为深刻的因素，它是小城镇形成发展的物质基础。大多数小城镇是在原来以农业生产为主的“村”的基础上，随着手工业生产的发展，特别是商品交易功能的出现而形成的。

3. 社会文化因素

虽然自然环境条件和经济发展因素常常决定了小城镇的布局形态，满足了人们的物质需求，但同时人们也不可能游离于社会之外，他们必然受到思想观念、政治制度、宗教信仰、法律道德、伦理情操、血缘关系、生活习俗等许多非物质因素的影响。小城镇的空间布局一方面必须适应人们的物质功能需要，另一方面也要满足人们精神和心灵上的需求。

4. 区位与交通因素

由于自然、经济与交通等原因而使小城镇在土地利用上产生经济效益差异，这便是区位因素，它是小城镇空间形态产生变化的重要制约因素。

交通因素对小城镇形态的影响主要体现在两个方面：一方面是交通方式和交通组织，另一方面是随着交通联系的重要程度不断增加，小城镇用地形态具有

沿主要交通线轴向、带形发展的特征。

5. 政府的政策

新中国成立以来我国小城镇发展中的每一个重大变化无不与政府有关政策的调整相关，政府的政策一直是影响着小城镇发展的重要因素，它直接影响小城镇的布局形态。

三、小城镇总体布局形态类型

小城镇总体布局形态可以归纳为五种类型：

1. 集中团状

这是小城镇比较常见的形态，用地紧凑，是一种既经济又高效的布局形态。要注意的是，为防止有污染物产生的工厂在内部混杂、过境交通穿越镇区、发展过程中工业与居住的层层包围，团状小城镇在总体布局时，应按用地功能合理分区并有机组合，同时控制好人口规模与用地范围（图 3-11）。

2. 带状

平面呈狭长的长条形状，用地较分散，紧凑度小。带状布局的小城镇形态往往因自然地形限制或由于交通条件的吸引而形成。这种形式的小城镇要加强纵向道路联系，至少要有两条贯穿城区的纵向道路，并把过境交通引向外围，适当加强横向拓展。用地组织方面，应尽量按照生产生活相结合的原则，将纵向狭长用地分为若干片，建立一定规模的综合片区，配置片区生活中心，如图 3-12 所示。

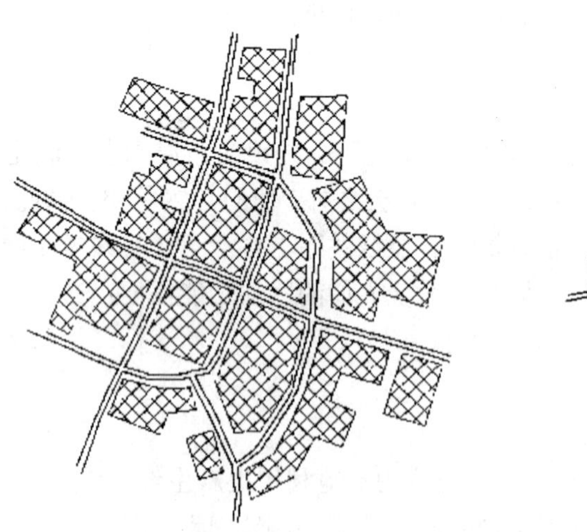

图 3-11 集中团状

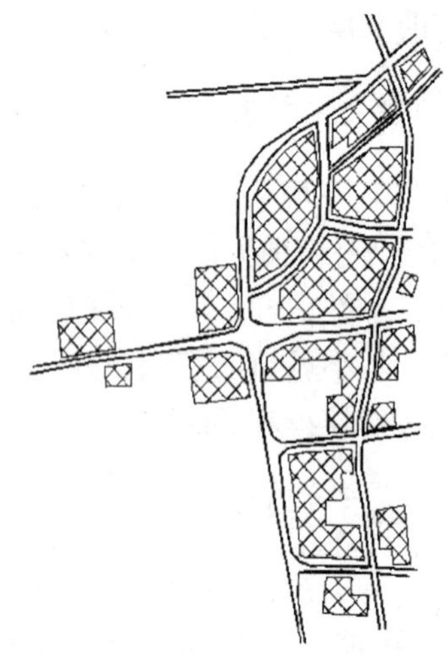

图 3-12 带状

注：引自《小城镇总体规划》（王雨村，杨新海，2002）。

3. 星状放射形

平面呈放射形状，紧凑度介于团状和带状之间，具有较强的向心性和开放性。这类小城镇往往是沿多条交通走廊发展的结果，如图 3-13 所示。

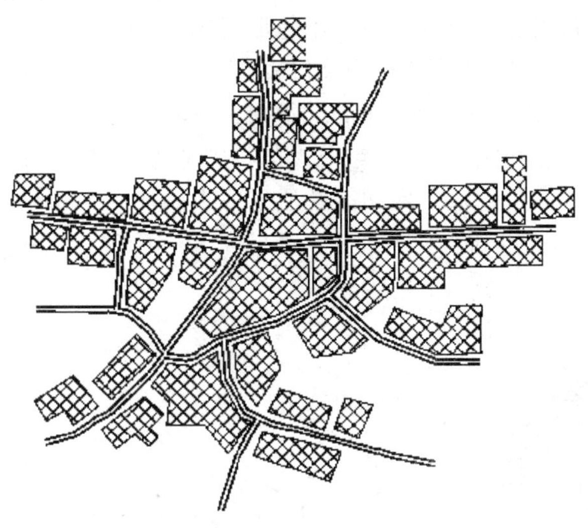

图 3-13 星状形态

注：引自《小城镇总体规划》(王雨村，杨新海，2002)。

4. 一镇双城式

由两块分离，但又相互依存、有机联系的镇区用地串联形成。这种形式的产生往往是受交通、自然地形、地质地貌、行政区划、历史等因素的影响，如图 3-14 所示。

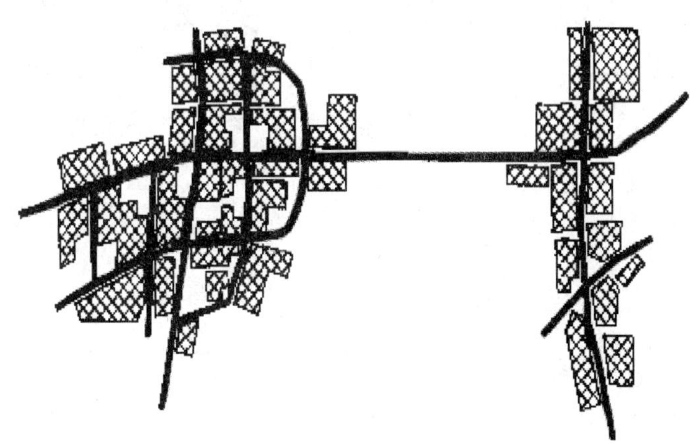

图 3-14 一镇双城

注：引自《小城镇总体规划》(王雨村，杨新海，2002)。

5. 分散布局

分散布局又可以细分为组团式分散布局和杂乱无章的分散布局两种。

（1）组团式分散布局

组团式分散布局的形成往往是由于地形限制，但也有因为用地选择或用地功能组织的原因。小城镇由两三片用地构成，每片生产、生活配套，相对独立，各片间相距不远，联系方便。此类布局虽不如集中紧凑式布局拥有的经济效能高，但在发展上却有较大余地，解决了集中式布局中建设发展与农田保护的矛盾，在用地组织上也便于按照各片主要功能性质形成不同特点的功能布局。特定条件下，只要保持相当规模，做到生产、生活配套，联系方便，这种形态的小城镇还是可取的，如图 3-15 所示。

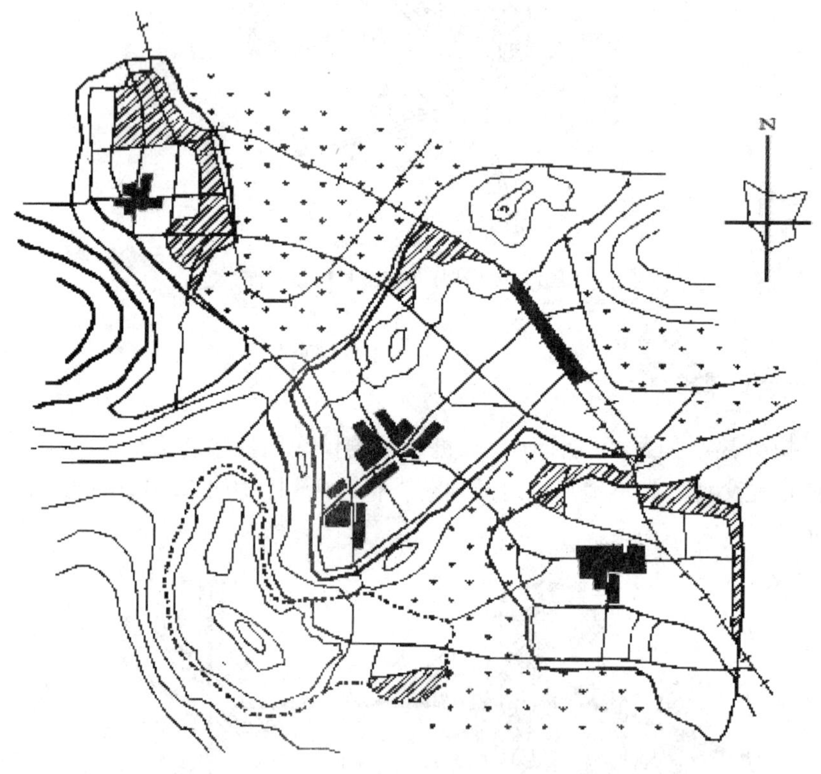

图 3-15　组团式分散布局

注：引自《小城镇总体规划》（王雨村，杨新海，2002）。

（2）杂乱无章的分散布局

这种布局形式并不可取，只看一时、一事的经济性和现实性，不利于生产和生活。在今后小城镇的规划布置中，应尽可能地过渡为组团式的布局形式，如图 3-16 所示。

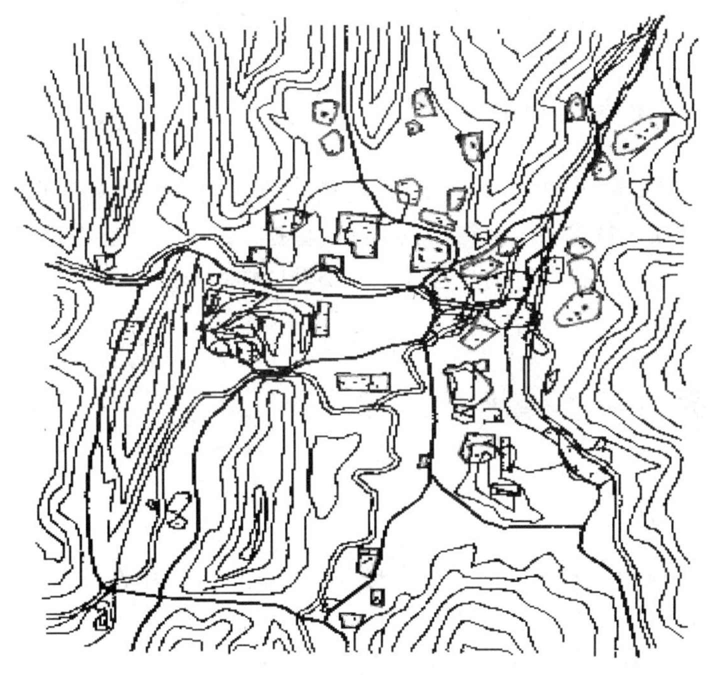

图 3-16 分散式布局

注：引自《小城镇总体规划》（王雨村，杨新海，2002）。

第四节 小城镇体系规划

小城镇体系规划的主要任务是在镇域范围内解决小城镇的合理分布问题。它要对规划范围内现有小城镇分布与分布特点进行调查研究，分析现有小城镇分布的成因和存在的主要问题，然后根据规划发展的要求，明确小城镇的类型和发展方向、发展规模以及小城镇的位置，确定哪些小城镇要发展，哪些小城镇要迁并，哪些要逐步被淘汰以及采取哪些切实可行的实施步骤。

一、小城镇体系的概念

小城镇体系是乡村在一定区域，相互联系、协调发展的居民点群体网络。农村居民点表面看是分散、独立的个体，但实际上是在一定区域内，以镇区为中心，吸引附近的大小村庄而组成的一个群体网络组织，它们之间既有明确的分工，又在生产生活上保持了密切的联系，客观地构成了一个相互联系、协调发展的有机整体。作为一个群体中的居民点之间会发生诸如生产、生活、行政管理等多方面的联系，通过这些联系，使这些居民点在经济建设和社会发展中共同促进、共同提高，为农业生产发展和提高农民生活水平创造条件。

二、小城镇体系的结构层次

由于小城镇在一定的区域内所处的经济地位和生产过程中所起的作用不同，它们的性质、规模和内部结构也不同。根据生产力发展的需要和小城镇内部的结构，结合我国农村现行的管理体制，小城镇体系一般由基层村、中心村、镇区三个层次组成。

三、影响小城镇体系规划的因素

1. 建设条件

在进行小城镇体系规划时，要考虑各小城镇的自然条件是否满足自身建设发展的需要，包括经济条件、用地条件、交通运输、工程设施等条件，尤其是在用地和用水方面应尽可能适应小城镇的自然条件。

2. 耕作半径

耕作半径，是指小城镇中心至其耕地边缘的最远距离。一般以它作为小城镇耕地之间是否相适应的数据指标。耕作半径大，小城镇分布就比较集中；反之，耕作半径小，小城镇规模也小，小城镇分布就比较分散。从农业生产角度考虑，耕作半径不能太大，太大了下地作业往返耗费时间比较多。但是，耕作半径又不能过小，过小了不仅影响农业机械的发展，还会由于小城镇规模小不易配置必要的生活服务设施，而给农民生活带来不便。一般认为耕作半径的大小以农民到耕地时间不超过 30 分钟的距离为宜。

3. 生活需要

在规划和建设一个小城镇时，总是希望小城镇有一定的规模从而有利于配置较齐全的生活服务设施以满足生活的需要。但是，由于各种原因，不可能在每个小城镇中都配置较齐全的设施，从经济、科学的角度也没有必要在每个小城镇都配置齐全的生活服务设施。因此，应按小城镇的层次和规模大小，分别配置不同数量和规模的生活服务设施。

4. 迁村并点问题

随着生产力的发展和人民生活水平的提高以及先进交通工具的使用，必然会对原有小城镇的分布进行合理的调整，这其中就涉及一个迁村合村的问题。对待迁村并点一定要结合本地区小城镇现状的分布情况和群众的意愿，认真研究，区别对待，避免出现拆了建、建了又拆的现象。

四、小城镇体系规划的方法和步骤

小城镇体系规划的方法和步骤大致如下：

1. 收集资料

收集所在县的县域规划、农业区划和土地利用总体规划等资料，分析当前小城镇分布现状和存在的问题，为拟订小城镇体系规划提供依据。

2. 确定小城镇居民点分级

在规划区域内，根据实际情况，确定小城镇分布形式，是三级布置还是二级布置等。

3. 拟订小城镇体系规划方案

在当地农业现代化远景规划指导下，结合自然资源分布情况，小城镇道路网分布现状，当地土地利用现状，以及乡镇工业、牧业、副业等，进行各级小城镇的分布规划，确定小城镇性质、规模和发展方向，并在地形图上确定各小城镇的具体方位。该项工作通常结合农田基本建设规划完成，做到山、田、电、水、小城镇通盘考虑，全面规划。

参考文献

[1] 王宁. 城镇规划与管理[M]. 北京：中国物价出版社，2002.

[2] 骆中钊，李宏伟，王炜. 小城镇规划与建设管理[M]. 北京：化学工业出版社，2004.

[3] 王雨村，杨新海. 小城镇总体规划[M]. 南京：东南大学出版社，2002.

[4] 袁中金，王勇. 小城镇发展规划[M]. 南京：东南大学出版社，2001.

[5] 金兆森. 村镇规划[M]. 南京：东南大学出版社，1999.

[6] 王宁，王炜，赵荣山. 小城镇规划与设计[M]. 北京：科学出版社，2001.

[7] 裴杭. 城镇规划原理与设计[M]. 北京：中国建筑工业出版社，1992.

[8] 何志平. 工业用地规划中对土地利用率和环境质量问题的探讨[J]. 浙江建筑，1997（1）：17-18.

[9] 侯立文，谭家美. 城市交通用地的研究[J]. 城市环境与城市生态. 2003（4）：57-59.

[10] 周学红. 可持续发展的城市人居环境探析[J]. 西南科技大学学报（哲学社会科学版），2005（1）：33-35.

[11] 黄勇. 居住区规划思考[J]. 中国建设信息，2005（7）：51-54.

[12] 朱心意. 现代居住区规划设计[J]. 安徽建筑，2004（2）：6-7.

[13] 宋培抗. 谈居住区规划的几个问题[J]. 建筑学报，1982（12）：14-17.

[14] 俞万源. 居住区规划理论与实践浅析[J]. 嘉应大学学报，2000（3）：87-91.

[15] 金笠铭. 中国城市居住区规划与住宅发展[J]. 小城镇建设，2001（7）：12-14.

[16] 崔振峰. 浅析竖向规划在居住区规划中的重要性[J]. 山西建筑，2002（2）：4-5.

[17] 高国中. 再论居住区规划的几个问题[J]. 当代建设，2001（2）：8-9.

[18] 夏玮. 城市设计和大型居住区规划[J]. 住宅科技，2002（6）：5-8.

[19] 洪金石，曹珠朵，胡一德. 关于城市用地竖向规划技术标准指标的探讨[J]. 四川建筑，2002（3）：3-6.

[20] 马同训. 城市用地竖向规划的一般要求和做法[J]. 城市规划，1978（5）：9-16.

[21] 王敬华，钟春燕. 小城镇布局形态与生态建设初探[J]. 小城镇建设，2000（12）：24.

[22] 吕洪浦. 关于小城镇布局问题的思考[J]. 小城镇建设，1995（5）：24-26.

[23] 江曼琦. 大城市郊区小城镇布局初论[J]. 地域研究与开发，1990（2）：17-20.

第四章　小城镇规划的工作内容

第一节　小城镇规划的目标

城镇是人类社会发展的产物，是人类进行物质生产与消费，从事社会与文化活动的场所。21 世纪以来，伴随着工业化进程的加快，城镇也得到了迅猛的发展，城镇在人类生产生活中的地位越来越显得重要。但同时，由于城镇无限制地发展，也产生了许多带有全球性的负面影响，其中城镇环境的恶化已越来越受到人们的关注。为了协调造成城镇环境恶化的主体——人口、资源、环境、经济发展之间的关系，给当代和后代以平等的发展机会和权利，人们提出了可持续发展战略的目标。对于城市人们提出了生态城市的概念，其目的是人类获取改造世界巨大能力的同时，谋求人与自然共生和更加理想的人居环境，从而使城市走向可持续发展的理想目标。国际生态城市会议中的“生态城市”一词包括了各种规模的人居环境——城市、小城镇、村庄和邻里，其“生态城市”等同于生态社区。因此，我们把“生态城市”这一理想的发展规划模式引入小城镇规划工作内容中，作为其发展规划的目标。

一、生态城市的概念、特点

生态城市是以人为核心，由自然、社会和经济三大系统共同组成的多层次、多级别的人工生态系统。它追求的主要目标是城市中人与自然的和谐共生，实现城市的可持续发展。生态城市作为未来城市发展的一种理想模式，旨在为人类建设一个自然、社会、经济持续发展，生产高效、生活舒适，生态良性循环的环境。

生态城市是依据生态学原理，运用生态工程、社会工程、系统工程等先进的科学技术，建成自然生态、经济生态、社会生态平衡协调的生态系统。

由于目前世界上还没有真正意义上的生态城市，生态城市的理论也一直在不断发展之中，关于生态城市一直没有明确的概念界定，生态城市也没有清晰的定义。

1．生态城市是高度开放的生态系统，具有非掠夺性的特点

一方面，在城市系统中，消费者集中，而生产者和分解者不足。它自身不能像自然生态系统那样产生本身所需的物质和能量，也不能完全处理自身产生的废弃物，而必须依赖于周围更大的生态系统，从周围系统中获取城市居民生产和生活所需的原料、燃料、食物及其他物品，而所产生的各种废弃物又大部分排放到周围系统中去分解、还原。另一方面，作为生态城市，强调的是人与自然共生、共存、共荣，它是以一定区域的经济、社会、自然持续发展为基础而存在的，它对周围系统索取的同时，也给予补偿，有着互相供养的关系，不存在掠夺性问题。因此，城市生态系统具有高度的开放性和非掠夺性。

2．生态城市是特殊的自然—经济—社会相结合的人工复合生态系统

城市系统同时受自然和人工的控制，而人工控制是在自然控制的大背景下起作用的。作为生态城市，它是通过应用生态工程、社会工程、系统工程等现代科学技术手段而建设的社会、经济、自然可持续发展，居民满意、经济高效、生态良性循环的人类聚居区。在这样的居住区中，人和自然和谐共处、互惠共生，物质、能量、信息高效利用，通过技术与自然的充分融合，使人的创造力和生产力得到最大限度的发挥，而居民的身心健康和环境质量得到最大限度的保护。

3．生态城市强调人与自然的协调发展

在城市生态系统中，人类是主要组成部分。人类既是消费者，处在营养级倒金字塔的顶端，同时又是生产者，是生产力诸多要素中最积极、最活跃的部分，参与生产经营、创造物质财富以及物质财富的交换、分配与消费。因此，人类的活动对城市生态系统的发展起着决定性作用。从历史发展来看，人与自然的关系大体经历了开发利用、控制征服到保护利用三个发展阶段。在前两个阶段中，人是绝对的主体，是主宰，人与自然的关系是征服与被征服的关系。而今天，生态城市将人与自然的关系提高到了一个新高度，它将人与自然的关系看做伙伴关系，强调人类必须与大自然合作、协调共处才能使两者共同繁荣。

二、生态城市的创建

（一）生态城市的规划设计

生态城市与传统城市的规划有着本质上的区别，它否定以经济发展为中心、以人为主宰的规划价值观。强调以可持续发展为指导思想，以人与自然相和谐为价值取向，应用各种现代科学技术手段，分析自然环境、社会、文化、经济等各种信息，并模拟、设计和调控系统内的各种生态关系，从而提出人与自然和谐发

展的调控对策。生态城市的规划设计是把人与自然看做整体，以自然生态优先原则来协调人与自然的关系，促使系统向更有序、更稳定、更协调的方向发展；把城市及其所在区域看做整体，强调城乡融合发展，视城区与区域为整体，抛弃为追求城区发展和繁荣而掠夺其外界资源或将污染扩散、转嫁到周边地区的做法。其最终目的是引导城市走向生态化，建设宜人的人居环境，实现人、自然、城市和谐共生、持续协调发展。

（二）城市环境与经济、社会的协调发展

生态城市强调生态环境，更强调经济、社会、环境的协调发展，即从单纯的经济发展转向经济、社会和生态环境建设相结合的同步发展，从自然资源的单纯消耗转向有效保护、合理开发和充分利用相统一的发展道路。首先，通过分析城市的环境容量及社会经济总负荷，确定区域的活动容量和城市环境的合理容量。使城市的开发建设与环境保护相协调，使城市与其补给区的长期供给能力和长期承受能力相平衡，与其可持续发展的需求相适应。其次，要加强经济发展模式的根本转变。从过去片面追求以增长速度为中心转变为以提高效益为中心，使经济发展由外延扩大再生产为主转到以内涵扩大再生产为主的轨道上来，以现有资源消耗型的粗放经营转变为资源节约型的集约经营，由数量型发展模式向效益型发展模式转变。同时，努力促进科学技术发展，将生态经济发展奠定在依靠科学发展、技术进步的基础之上，这是协调经济、社会发展与防治污染、保护环境、改善生态、发展生态经济的根本途径。最后，在合理配置资源、调整经济结构中贯彻预防为主的方针，贯彻对自然资源的合理开发。绝不能使资源的耗费和枯竭速度超过资源再生的速度；特别是对不可再生的土地、矿产等资源，要通过合理利用和综合开发来提高其综合利用率和产出效益，进而改善和保持生态平衡，使城市生态系统维持在一个良性循环之中。

（三）改变生产工艺，选择合理生产模式

在倡导节能型经济的同时，加速再生能源对生物化石能源的替代，促进水能、风能、生物能、太阳能及核能等的开发利用，改变能源结构，保护城市环境。循环生产模式与节耗经济应当成为生态城市的重要追求目标，以使生产过程中向环境排放的物质减少到最低程度，实现资源、能源的综合利用。

充分发挥自然界的自净作用，是建设生态城市又一重要方面。自然界具有很强的自净能力，只要城市经济、社会各要素布局合理，容量适度，城市生态系统就可以实现良性循环，就不会破坏城市生态系统的结构和损害它的功能，各种物质和能量交换就能正常进行，城市环境质量就可得以保障。

发展生态工艺，逐步向洁净生产过渡。工业污染实际上是资源和能源的流失和浪费，这不仅与企业管理有关，更重要的是因企业生产工艺落后所致。因此，要创建生态城市，就必须改进落后的生产工艺，发展生态工艺，减少生产过程中的废物产生，逐步向企业洁净化生产过渡。

（四）城市园林绿地系统建设

城市园林绿地是城市生态系统中的重要组成部分，是城市中的自然调节器。城市园林绿地在调节城市气候、净化空气、防止污染、改善城市环境质量等方面都具有不可替代的作用。因此，在生态城市的建设中，必须把城市园林绿地系统的建设放在首要位置。

综上所述，建设生态城市是人类保护自身赖以生存环境的客观需要，是未来城镇发展的必然趋向和理想目标，也是实现全球全人类可持续发展的必然选择。

第二节　小城镇规划的理论基础与依据

一、小城镇规划的理论基础

城镇规划学是从城镇形体规划，扩展到社会、经济、环境等宏观的规划，从建筑学和工程技术学伸展到人文科学领域的一门综合性科学。城镇是一个社会、经济、文化等综合的实体，为了适应和引导城镇的合理发展，城镇规划显然不能停留在传统的形体规划的范畴内，必然要涉及城镇社会学、经济学、社会心理与行为科学、地理学、生态学、城镇行政管理学等领域。只有不断地从这些学科中吸取相关的内容并充实到城镇规划学的理论和实践中，才能持续地完善城镇规划学。

从经济学的角度，研究资源在小城镇上的配置问题，通过空间的合理布局，以较少的投入获取较大的收益。与小城镇规划相关的有产业政策、土地制度、财政税收、金融等。

从社会学的角度，研究人在小城镇中的相互关系，通过创造适当的空间避免社会冲突，促进精神文明建设。与小城镇规划相关的有社会结构、社区分析、制度关系、人口研究等。

从行政学的角度，研究权力在小城镇上的分配问题，通过政府的有效控制，来维护公众利益，并以镇为点，带动、管理其所辖的乡和村这个广大的面。与小城镇规划管理相关的有领导理论、政策研究、立法执法等。

从地理学的角度，研究小城镇有关要素在空间上的分布规律，通过改进小城镇的体系布局和内部结构，提高小城镇的综合效益。与小城镇规划相关的有区位理论、人地关系研究、地理信息系统、数理分析等。

从建筑学的角度，研究小城镇规划设计和建筑群体设计，创造实用经济美观的空间环境，保护地方风貌和民族特色。与小城镇规划相关的有乡土建筑研究、城市设计、建筑标准设计等。

从生态学的角度，研究小城镇的环境保护、污染的防治，如何调解生物资源的利用与保护之间的矛盾等。与小城镇规划相关的有环境评价、水土保持规划、生态环境建设工程等。

二、小城镇规划的依据

区域规划是一个地区经济与社会的发展规划。其主体是县域规划、县级农业区划、县级土地利用总体规划。

县域规划是小城镇规划的上一级规划。

农业区划是在农业资源调查的基础上，对农业的生产、发展条件、发展方向和途径以及技术改革的主要措施，按照农业的地域分布规律，为农、林、牧、副、渔业生产的发展，为农民的居住、交通、文化、公用设施等建设的发展提出科学的论证，为合理利用自然资源、因地制宜地指导当前农业生产和制订各项长远规划提供科学的依据。

土地利用总体规划是在农业区划的基础上根据国民经济发展的需要，有计划地对各种土地资源因地制宜地进行科学、合理的安排。要求正确处理和协调各类用地之间的矛盾，建立农业现代化的用地结构，将农业与工业交通、居民点、名胜古迹等各项用地落到实处。

由此可见，小城镇规划是依据以上三者而进行的一项局部地区的规划。由此，充分利用它们提供的信息，是搞好小城镇规划的前提和基础。

第三节　小城镇规划的基本原则

1．城镇总体规划应根据国民经济及社会发展规划，并考虑当地的实际情况，统筹兼顾，综合部署，使小城镇的发展同国家和地方经济技术水平相适应。

2．从实际出发，近远期结合，以近期为主，正确处理近期建设与远期发展的关系。

3．注重环保，防治污染，使人工环境与自然环境相和谐，力求经济效益和环境效益的统一。

4．合理用地，节约土地，充分利用原有建设用地，新建、扩建尽量利用非耕地。

5．保持小城镇发展过程的历史延续性，创造具有地方风格的小城镇景观。

6．规划起点要高，具有一定的超前意识，适当留有发展余地。

第四节　小城镇规划的任务与内容

一、规划任务

城镇规划的任务是根据国家的方针政策、国民经济和社会发展计划，结合城镇实际情况，确定一定时期内的城镇发展目标、性质、规模和布局，综合部署城镇经济、文化、公共事业等各项建设，统一规划、合理利用土地，保证城镇有序地、协调地发展。

二、规划内容

规划内容主要包括：调查、收集和分析研究小城镇规划工作所必需的基础资料；确定小城镇性质和发展规模，拟订小城镇发展的各项技术经济指标；合理选择小城镇各项建设用地，拟订规划布局结构；布置基础设施和社会服务设施；安排小城镇各项建设项目的时间顺序，等等。

（一）规划纲要

在编制小城镇总体规划之前，应先制订规划纲要。纲要的主要任务是研究确定小城镇总体规划的重大原则问题。根据国民经济长远规划、国土规划、区域规划以及根据当地自然、历史、现状等情况，确定城镇发展战略。因此，应由当地人民政府主持制订，作为编制城镇规划的依据。

城镇规划纲要主要有以下内容：

1．论证城镇发展的技术经济依据和发展条件；

2．拟订城镇社会经济发展目标；

3．论证城镇在区域中的战略地位；

4．论证并原则上确定城镇性质、规模、总体布局和发展方向。

城镇规划纲要的成果以文字说明为主，辅以必要的城镇发展示意图。

（二）总体规划

总体规划主要有以下内容：

1．分析全镇基本情况，评价镇域的发展条件和制约因素；

2．确定城镇性质，划定城镇规划区域范围；

3．预测镇域总人口规模，提出城镇发展战略目标；

4．确定小城镇交通系统的布局及主要交通设施的规模、位置；

5．安排城镇各项基础设施，如镇域道路、给排水、电力等和对全镇有重要影响的公共建筑和社会服务设施并制订专项规划；

6．制订城镇生态绿化、环境保护、防灾规划；

7．确定旧城改造用地调整的方法和步骤，结合自然人文景观和历史古迹的保护制定城镇旧区改造规划；

8．确定近期建设范围、目标、内容及实施部署，确定城镇各项建设的总体布局及功能分区，估算城镇近期建设总造价。

（三）镇区规划

镇区规划是在总体规划的指导下，对镇区或所辖村庄建设进行具体安排，以便与详细规划更好地衔接。镇区规划的主要内容：

1．确定镇区建设发展用地及镇区中心的位置；

2．确定过境公路（含车站）、铁路（含站场）、港口码头等对外交通设施的位置及布局，处理好对外交通与镇区规划的关系；

3．确定镇区内土地使用性质、居住人口分布、建筑及用地的容量控制指标；

4．确定城镇居住区各项建筑、公共设施的分布及用地范围；

5．确定道路走向、红线的宽度、断面、控制点坐标和标高以及主要交叉口、广场、停车场位置和控制范围；

6．确定绿地系统，划定河湖水面、供电高压线走廊、风景名胜的用地界线和文物古迹、传统街区的保护范围，提出保护措施；

7．确定工程干管的位置、管径、走向、服务范围以及主要工程设施的位置和用地范围；

8．确定近期建设项目、内容和实施方案。

（四）详细规划

详细规划是根据镇区建设规划对镇区近期需要进行的各项建设做出的具体规划。其内容应包括：

1．确定规划范围内各项用地的界线和各项建设工程的具体位置；

2．确定规划范围内的道路红线和道路断面形式及小区、街坊、专用地段等控制点的坐标和标高；

3．确定建筑、道路、绿地等的空间布局和布置总平面图；

4．综合安排各项工程管线、工程构筑物的位置和用地；

5．建设条件分析和综合技术论证；

6．提出详细规划范围内的工程量，分析投资效益和估算总造价；

7．提出实施措施和建议。

第五节　小城镇规划基础资料的收集

在编制小城镇规划前，必须深入现场进行调研，取得准确的基础资料。这是科学合理制订小城镇规划的前提和保证，也是预测发展目标和落实近期建设目标的依据。

一、小城镇规划所需的基础资料

（一）自然环境资料

1．地形地貌。包括地形、坡度、坡向、冲沟、滑坡、沼泽、盐碱地等，以便根据地形地貌特点选择小城镇用地。

2．气象资料。包括历年、全年和夏季的主导风向、风向频率、平均风速，平均降水总量、暴雨概况，气温、地温、相对湿度、日照等。

根据风向资料绘制的风向风速玫瑰图是进行功能分区的重要依据之一。只有掌握了风向资料，才能正确处理好工业区同居住区之间的相互关系，避免出现将对环境有污染的工业布置在居住区的上风位这种不合理的布局形式。

年降水量是排水规划的重要资料，可以此提出预防暴雨措施或水库修建的建议。

3．水文。包括江河湖海水位、流量、流速、最高最低平均水位、历年最大洪水位、洪水频率、淹没区范围及面积等。河流的流量是选择小城镇生活用水和生产用水水源的重要因素，也是防洪工程规划的重要依据之一。

4．地质。包括岩石组成、岩性与地质构造、地基承载力、地下水埋深、地震烈度等。

（二）技术经济资料

城镇技术经济资料为确定城镇性质、估算城镇发展规模，以及城镇近期建设与长远发展规划提供了可靠的基础资料。

城镇技术经济资料包括：

1．城镇国民经济主要指标和增长速度。如国内生产总值（GDP），人均 GDP，第一、第二、第三产业的比例，工农业总产值及各自比重，各所有制 GDP 所占比重。

2．自然资源。包括附近矿藏资源的种类、开采价值、储量及运输条件，地方建筑材料的种类、储量、开采价值；水利资源的分布利用情况，林业、渔业、畜产资源的规模、种类及相关产业的加工地点和运销地点的情况。

3．城镇的工业现状。包括工业种类、产量、职工人数、用水量、用电量、工厂面积、原料来源、产品销售、发展前景等。

4．集市贸易用地的分布、面积和存在的问题。

5．对外交通。包括线路的布局、运输能力和存在的问题。

6．城镇土地利用资料。包括用地现状、各类用地所占比重等。

（三）人文社会资料

1．区域位置。包括地理坐标、行政区界、小城镇与周围城市和农村的相互关系。

2．居民点概况。包括镇域中城镇和村庄的性质、规模、发展。

3．城镇人口资料。包括总人口、人口年龄结构、职业组成、人口密度分布状况、历年人口的自然增长率和机械增长率以及出生率、死亡率、迁出率、迁入率等。

4．文化状况。包括镇区人口文化水平、学校数量、师生数量等。

5．小城镇建设资料。包括房屋建筑情况、文化福利设施、城镇绿化、基础工程设施及公用设施、环境保护情况、历史沿革资料。

6．城镇环境资料。包括历年来对城镇大气、水体、噪声、废弃物的监测资料，工业三废和生活垃圾的分布、数量、危害情况及处理利用情况的资料。

二、资料的收集及表现形式

（一）基础资料的收集

1．拟订调查提纲

在开展调查以前，要做好充分的准备工作。应拟订调查大纲，列出调查重点，然后根据提纲要求编制表格，以便进行调查时做到有的放矢。

2．现场调查研究

对城镇现状的自然环境和各项设施等，要进行实地踏勘，将已掌握的资料和实际情况相对照。如果有与实际情况不符之处，要以实际情况为准并作出相应的修改。在普遍踏勘的基础上，针对一些重大问题要作深入细致地了解。

3．召开各种形式的调查会，充分依靠相关部门

城镇规划所需要的基础资料很多，一般都分散在各有关部门，这些资料全部靠规划人员去收集是很难办到的，因此必须依靠并争取相关部门的配合。在资料收集的过程中，可以通过开专题调查会及同有关人员座谈的方式，对原有的资料进行补充和修正。

（二）资料的表现形式

基础资料的表现形式可以多种多样，可以是图表，也可以是文字，还可以图表文字并举。具体表现形式以能说明问题为准，不必强求一致。下面的表格可供使用时参考（表 4-1～表 4-10）。

表 4-1　人口、户型调查表

户型	农民户/户	居民户/户	合计户/户	比例/%	人数/人	备注
一口户						
二口户						
三口户						
四口户						
五口户						
六口户						
七口户						
八口户						

注：表 4-1～表 4-3 引自《小城镇规划与建设管理》（骆中钊，2004）。

表 4-2　人口、年龄构成调查表

年龄（岁）	人数/人	占全镇人口的比例/%	男女结构/人		备注
			男	女	
出生～3					
4～6					
7～12					
13～15					
16～18					
19～30					
男 31～60					
女 31～55					
男 61 以上					
女 56 以上					
合计					

表 4-3　历年人口增减情况统计表

年份	年末人口数/人				全年人口变动情况/人										备注
		总人口			自然增长				机械增长				净增总人数	总增长率‰	
	总户数	合计	男	女	出生数	死亡数	净增人数	增长率‰	迁入数	迁出数	净增人数	增长率‰			

表 4-4 中小学、托幼现状调查表

校名	职工人数/人			教学班数及学生人数/人								教学建筑面积/m²	占地面积/m²
				高中		初中		小学		托幼			
	总计	教师	职工	班数	学生数	班数	学生数	班数	学生数	班数	学生数		

注：表 4-4 ~ 表 4-10 引自《村镇规划》(金兆森，1999)。

表 4-5 村镇非地方行政机关经济机构调查表

机关名称	所属单位	地址	职工人数	办公用房							生活居住					备注
				占地面积/m²	建筑面积/m²	层数/层	食堂/m²	车库/m²	其他		占地面积/m²	建筑面积/m²	层数/层	居住户数/户	居住面积/m²	

表 4-6 医疗卫生机构调查表

项目	现状	发展计划	备注
病床数			
门诊人数			
职工人数			
其中：医护人员数			
占地面积/m²			
其中：生活居住用地面积/m²			
建筑面积/m²			
其中：医疗设施建筑面积/m²			
生活居住建筑面积/m²			
污水排放量/（t/d）			
污水性质及处理情况			
使用情况 门诊及住院人数中的城乡人数百分比，服务半径及医疗质量等			

表 4-7 商业服务调查表

名称	隶属单位	建成年代	层数	建筑面积/m²			占地面积/m²	服务范围	使用情况	职工人数/人		现状存在的主要问题
				营业	办公	库房				总计	营业员	

表 4-8　道路广场调查表

<table>
<tr><th rowspan="2">道路名称</th><th rowspan="2">起点</th><th rowspan="2">讫点</th><th rowspan="2">长度/m</th><th rowspan="2">道路性质</th><th rowspan="2">最小曲线半径/m</th><th rowspan="2">最小视距/m</th><th rowspan="2">交叉口间距/m</th><th colspan="4">宽度/m</th><th colspan="3">面积/m^2</th><th rowspan="2">路面结构</th><th colspan="2">桥梁</th><th rowspan="2">广场用地/m^2</th><th rowspan="2">备注</th></tr>
<tr><th>红线之间道</th><th>车行道</th><th>人行道</th><th>分隔带（绿地）</th><th>车行道</th><th>人行道</th><th>分隔带（绿地）</th><th>结构</th><th>荷载标准</th></tr>
<tr><td></td><td></td><td></td><td></td><td></td><td></td><td></td><td></td><td></td><td></td><td></td><td></td><td></td><td></td><td></td><td></td><td></td><td></td><td></td><td></td></tr>
</table>

表 4-9　给水工程调查表

<table>
<tr><td colspan="2">给水管理单位名称</td><td>用水人口/万人</td></tr>
<tr><td colspan="2">水厂位置
供水能力/（t/d）</td><td>水厂占地面积/hm^2
平均日出水量/（t/d）</td></tr>
<tr><td>管线长度/m</td><td>干管（>Φ100）
支管（<Φ100）</td><td>水厂所属单位
水厂职工人数/人</td></tr>
<tr><td rowspan="2">全年供水量/万吨</td><td>工业用水
生活用水
其他用水</td><td>制水成本/（元/t）
水源类别
供水工艺</td></tr>
<tr><td>合　　计</td><td>泵房面积/m^2</td></tr>
<tr><td>水处理构筑物</td><td>处理能力/（t/d）
构筑物简况</td><td>水泵型号
水泵台数</td></tr>
<tr><td colspan="2">高地水池（或水塔）容积/m^3</td><td></td></tr>
<tr><td colspan="2">高地水池（或水塔）座数</td><td></td></tr>
</table>

4-10　排水工程调查表

<table>
<tr><td colspan="2">排水管理单位名称</td><td colspan="2">职工人数/人</td></tr>
<tr><td colspan="2">排水体制
干道长度/m</td><td colspan="2">工业污水量/（t/d）
生活污水量/（t/d）</td></tr>
<tr><td rowspan="4">排水沟管长度/m</td><td>土明沟</td><td rowspan="2">分散的污水处理构筑物/座</td><td>化粪池</td></tr>
<tr><td>石明沟</td><td>其他</td></tr>
<tr><td>混凝土管</td><td rowspan="2">集中的污水处理构筑物/座</td><td>处理厂</td></tr>
<tr><td>其他沟管</td><td>其他</td></tr>
</table>

第六节 小城镇规划资料的整理与分析

一、资料的整理

收集资料后要进行整理分析，去伪存真，为规划提供科学依据。整理分析的方法很多，在小城镇规划中采用较多的有：典型剖析法、随机变量的均值计算法、回归分析法、“德尔菲”法等。资料整理的成果可用图表、统计表、平衡表及文字说明等来反映。

二、自然条件资料的综合分析

影响城镇规划与建设的自然条件是多方面的，如物理的、化学的、生物的等。而组成自然环境的要素也是多元的，有地质的、水文的、气候的、土壤的、地貌的、生物的等。这些要素在不同的程度上、不同的范围内，以不同的方式对城镇产生着影响。自然条件与城镇的形成与发展关系十分密切。它不仅为城镇提供了赖以生存的条件，同时也对城镇布局的结构形式和城镇职能的充分发挥起到很大的作用。所以，在城镇规划工作中应深入地研究自然环境与城镇规划的关系，这对于城镇规划的科学预见性和城镇建设的经济合理性以及地域生态平衡和环境保护都有着十分重要的现实意义。

在收集到小城镇用地范围内的地形、地貌、土壤、水文、工程地质、资源状况等自然条件后，要按照规划与建设的需要，在对自然条件资料综合分析后，为小城镇布局和功能分区提供科学的依据。由于地理位置及地域差异的存在，各种自然环境要素对城镇建设的影响也有所不同。在小城镇规划中，对自然条件的分析主要应抓住地质、水文、气候和地形等几个方面。

（一）工程地质条件

工程地质条件的分析主要是指对与小城镇用地选择和各项工程建设有关的工程地质方面的分析。

1. 建筑土壤与地基承载力

在城镇建设用地范围内，由于地层的地质构造和土壤的自然堆积情况存在差异，其构成物质也就各不相同，加之受地下水的影响，地基承载力大小相差悬殊。全面了解建设用地范围内各种地基的承载能力，对城镇建设用地选择和各类工程建设项目的合理布置以及工程建设的经济性，都是十分重要的。

2. 冲沟

冲沟是间断流水在地层表面冲刷形成的沟槽。冲沟切割用地，使之支离破碎，对土地的使用十分不利。在有冲沟的地段，道路的走向往往受其限制而增加线路长度和增设跨沟工程，尤其在冲沟发育地区，水土流失严重，给工程建设带来困难。所以，在基础资料调查时，应弄清冲沟的分布、坡度、活动状况并分析冲沟的发育条件，以便规划时采取相应的治理措施。

3. 滑坡与崩塌

位于山区或丘陵地区的城镇，在利用坡地或紧靠崖岩进行建设时，有时会遇到滑坡现象而造成工程的损坏。在进行工程地质条件分析时，需要了解滑坡的分布及滑坡地带的界线、滑坡的稳定状况，并对该地段的地形特征、地质构造，水文、气候以及土体或岩体的物理力学性质作出综合分析，以便为下一阶段城镇用地评定和用地选择提供依据。

崩塌的成因主要是山坡岩层或土层的层面发生相对滑动，造成山坡体失去稳定而塌落。当裂隙比较发育，且节理面顺向崩塌的方向时极易发生崩落。（尤其是因建设而扩展用地，过多的人工开挖，导致坡体失去稳定而造成崩塌。）

4. 岩溶

地下可溶性岩石（如石灰岩、盐岩等）在含有二氧化碳、硫酸盐、氯等化学成分的地下水的溶解与侵蚀之下，岩石内部形成空洞，这种现象称为岩溶，也叫喀斯特现象。地下溶洞有时分布范围很广、洞穴空间高大。若工程建筑物和水工构筑物不慎选在地下溶洞之上，其危险性是可以想象的。因此，在城镇规划时要查清溶洞的分布、深度及其构造特点，而后确定城镇布局和地面工程建设的内容。

5. 地下采空区

地下矿藏经过开采之后，形成采空区，由于地层结构受到破坏，容易造成岩层崩落、地表沉陷。与地下溶洞现象相似，地下采空区对地面影响较大时就不宜选作城镇建设用地，调查中应弄清地下采空区的分布状况，并认真分析它们对地表层的影响。

6. 地震

地震是一种自然地质现象，大多数地震是由地壳断裂构造运动引起的，所以了解和分析当地的地质构造非常重要。在有活动断裂带的地区，最易发生地震，而断裂带的弯曲突出处和断裂带交叉的地方往往是震中所在。掌握了活动断裂带的分布，对城镇规划与建设的防震大有好处。

（二）水文条件

江、河、湖泊等地面水体，不但可作为城镇水源，同时还在水路运输、改善气候、汇集雨水以及美化环境等方面发挥着作用。但某些水文条件也可能给城镇带来不利影响，例如洪水浸患、年降水量的不均匀性、水流对沿岸的冲刷以及河床泥沙的淤积等。在城镇范围内的江、河、湖泊的水文条件与较大区域的气候特征以及流域的水系分布、区域地质、地形条件等有着密切关系。城镇建设也可能造成对原有水系的破坏，如过量取水、排放大量污水、改变水道与断面等。所有这些因素均能导致水体水文条件的变化，因此，在城镇规划和建设之前，以及在城镇建设的实施过程中，需要不断地对水体的流量、流速、水位、水质等水文要素资料进行调查分析，随时掌握水情动态。

（三）气候条件

气候条件对城镇规划与建设有着诸多方面的影响，尤其在为城镇居民创造一个舒适的生活环境，防止城镇环境污染等方面，影响更为明显，已被越来越多的人所认识。

影响城镇规划与建设的气象因素主要包括太阳辐射、风向、气温、湿度与降水等几个方面。

1．太阳辐射

在城镇规划中应认真分析研究城镇所在地区的太阳运行规律和辐射强度，这为建筑的日照标准、建筑朝向、建筑间距的确定、建筑的遮阳设施以及各项工程的采暖设施的设置，提供了规划的依据。

2．风向

风对城镇规划与建设有着多方面的影响，如防风、通风、建筑的抗风设计等。尤其在城镇环境保护方面，与风向的关系更为密切。

3．气温

气温对于城镇规划与建设的影响是多方面的，例如，城镇所在地区的日温或年温差较大时，会给建筑、工程的设计与施工带来影响。在城镇的工业配置方面，就需要根据气温条件来考虑工业工艺的适应性与经济性问题；在城镇生活居住方面，则应根据气温状况考虑生活居住区的降温或采暖设备的设置等问题。

4．地形条件

在城镇规划中，各项工程建设最终要落实在城镇用地上。那么，不同的城镇地形条件，对规划布局、道路的走向和线型、各项基础设施的建设，以及对建筑群体的布置，城镇的形态、轮廓与面貌等，均会产生一定的影响。结合自然地形条件，合理规划城镇各项用地和布置各项工程建设，无论是从节约土地和减少平整土石方工程的投资，还是从城镇管理等方面来看，都具有重要的意义。

三、城镇建设条件资料的综合分析

城镇的建设与发展是人类不断改造自然的一种经济活动，城镇的建设条件从广义上讲应包含自然条件，但通常认为的建设条件主要侧重于人为造成的因素，它与自然条件是不同的。

城镇建设条件一般可分为社会技术经济条件和现状条件两个方面。

（一）社会技术经济的综合分析

社会技术经济条件是城镇形成和发展的基础，只有对这方面的资料进行深入的综合分析研究，才能正确地确定城镇的性质、规模、发展方向，以确定城镇在区域居民点分布体系中的作用。其主要包括：城镇是否靠近原材料、能源产地和产成品销售地区；对外交通联系是否畅通便捷；是否能经济地获得动力和用水供应；有否足够合适的建设用地；城乡发展是否协调；城镇与外界有否良好的经济联系，等等。

1. 经济地理条件

城镇与城镇以外地区的经济联系，是城镇存在与发展的重要经济因素。

2. 交通运输条件

交通运输是发展国民经济的先导。对一个城镇来说，交通运输条件就是城镇的一项重要的建设条件。从城镇的形成与发展这个意义上讲，交通运输条件是城镇形成和导致城镇兴衰的重要因素之一。

3. 用水条件

用水条件，也是决定城镇建设和发展的重要建设条件之一。作为建设条件，应着重分析建设地区的地面水资源和地下水资源，在水运、水质、水温等方面能否满足城镇工业生产和居民生活的需要。在认真细致分析各种资料的基础上，确定城镇水源及水源地的开发保护方案，保证工业生产用水和城镇居民供水的经济性和可靠性。

4. 供电条件

城镇建设和发展必须具备良好的供电条件，必须对区域供电规划，建设地区输电线路的走向、容量、电压、邻近电源的情况，在本地区拟建电厂或变电站的规模和位置，以及城镇工业生产、城郊农业生产和城乡居民生活用电量，最大用电负荷等技术经济资料，进行了解和分析。

5．用地条件

用地条件关系到城镇的总体布局和用地规模。从某种意义上说，城镇总体规划主要是城镇用地布局。城镇各种工程设施在建设上对用地都有着不同的要求。

（二）城镇现状条件的综合分析

城镇现状条件是指组成城镇各项物质要素的现有状况及它们的服务水平与质量。城镇在发展，建设在进行，城镇各项物质要素中的某些部分就会逐步被淘汰。因此，城镇现状总是经常变化着的。

除了新建城镇之外，大多数城镇仍要在自身现状的基础上发展与建设，因此对于城镇来讲，可供利用的现状条件也是多方面的。城镇的发展和建设不可能脱离城镇现有的基础，所以城镇原有布局往往对发展规划的布局具有十分重要的影响，其影响程度也随着城镇原有基础与发展规划项目的比重而有所不同。

城镇现状条件的分析内容，主要归纳为以下几个方面：

（1）城镇总体布局的分析

城镇总体布局的现状，是城镇长期建设的产物，它具有涉及因素太多和不宜变动的特点。城镇规划须认真分析原有城镇总体布局合理与否，其分析的重点可放在：

① 城镇总体布局是否正确反映城镇的性质与特色；

② 城镇各功能系统之间的相互联系和城镇用地之间的内在联系是否合理，它们之间还存在哪些矛盾；

③ 城镇现状的用地分布同自然环境是否协调以及城镇总体布局现状对城镇环境产生的影响等。

（2）城镇规模的分析

城镇规模包括人口规模和用地规模两个方面。城镇规模的分析主要着重在：

① 现有城镇规模与城镇生产设施、生活服务设施和基础设施等的现状是否相适应；

② 促进或制约城镇规模发展的因素。

（3）交通现状的分析

在城镇规划中，对交通现状的分析应包含两个方面，即城镇对外交通现状的分析和城镇道路交通现状的分析。其主要分析内容为：

① 了解现有城镇对外交通的运输能力与设施布置，分析其能否满足城镇的

需要，对城镇的发展是否有阻碍；

② 对现有城镇道路系统的技术资料要作全面的了解，分析其交通状况、客货运的流量与流向，与城镇原有布局的协调程度，以及能否满足生产和生活要求。

（4）生活设施现状的分析

一般来说，城镇生活设施及其用地在城镇各组成要素中所占比重最大。城镇各项生活设施是指居民生活所需要的住宅和公共服务设施。

对于城镇原有的生活设施，应积极贯彻合理利用、积极改善、适当调整、逐步改造的方针，处理好利用与改造的关系。

对现有生活设施的分析主要从它们的分布、配套、数量、质量水平及土地利用等方面来加以考虑。

第七节　小城镇规划的成果

一、规划成果

无论是哪一个阶段的城镇规划，最后的成果都是由图纸和文字来表达的。具体应绘制哪些图纸，达到什么样的量化程度，目前尚无统一规定，可根据城镇的具体情况确定，以能准确反映出规划意图并说明问题为原则。小城镇规划的成果应包括规划文件和规划图纸两部分，规划文件包括规划文本和附件，附件包括规划说明书和基础资料汇编。规划文件中的规划文本，是对规划的各项目标和内容提出条文式、法规式和规定性要求的文件。其文字的表达应准确、肯定、简练。而规划说明书，则用于说明规划中重要指标选取的依据、计算的过程、规划意图等图纸不能表达的问题，以及在实施中要注意的事项。规划图纸与规划文本具有同等的效力，规划图纸所表现的内容要与规划文本相一致。

（一）总体规划

总体规划的成果包括规划文件和主要图纸，规划文件包括文本和附件，规划说明及基础资料收入附件。规划图纸主要包括：

1．现状图，即镇域布局现状图和镇区现状图；

2．用地评定图；

3．市（县）域城镇体系规划图；

4．城镇总体规划图；

5．各项专业规划图，包括道路交通规划图，给水、排水工程规划图，电力、电信、热力燃气工程规划图，环境保护规划图，园林绿化规划图，名胜古迹和旅游文化保护规划图，防灾规划图，等等。

总体规划图纸比例：小城镇为 1∶5 000～1∶10 000，建制镇为 1∶5 000；市（县）域城镇体系规划图的比例由编制规划部门根据实际需要确定。

（二）镇区规划

镇区规划的成果包括规划文件和主要图纸。镇区规划文件包括规划文本和附件，规划说明及基础资料收入附件。镇区规划图纸主要包括：

1. 镇区现状图（比例尺根据规模可在 1∶1 000～1∶5 000 之间选择）；
2. 镇区建设规划图；
3. 镇区各专项规划图；
4. 镇区近期建设规划图（可与建设规划图合并，单独绘制时比例尺采用 1∶1 000～1∶2 000）。

（三）详细规划

根据不同的工作要求，详细规划分为控制性详细规划和修建性详细规划。

1. 控制性详细规划

控制性详细规划是以控制建设用地性质、使用强度和空间环境作为城镇规划管理的依据，并指导修建性详细规划。控制性详细规划的成果包括文件和图纸，控制性详细规划文件包括规划文本和附件，规划说明及基础资料收入附件。规划文本中应包括规划范围内土地使用及建筑管理的规定。规划图纸主要包括规划范围现状图、控制性规划图等，图纸比例为 1：1 000～1：2 000，局部重点地段应编制 1：500 的详细规划。

2. 修建性规划

修建性详细规划适用于当前成片开发、改建、新建的地区和建设工程项目落实的地区，用以指导各项建筑和工程设施的设计与施工。修建性详细规划的文件包括规划设计说明书和规划图纸，其中规划图纸包括：

（1）规划地段的现状图；
（2）详细规划总平面图；
（3）竖向规划图；
（4）各项专业规划图；
（5）反映规划设计意图的透视图。

详细规划的深度，一般应满足房屋建筑和各项工程编制初步设计的需要，其内容可根据具体要求有所增减。图纸比例一般用 1∶2 000，也可以采用 1∶500 或 1∶1 000。

二、规划制图的要求

考虑到图纸相互协调、美观，应将各种规划图纸的名称、图例等统一放在图纸的一定位置上，以便统一图面式样，增加图面整洁的效果。

（一）规划制图的具体要求

1. 图名

图名，即图纸的名称。图名要求大小适当，位置一般在图纸的上方。

2. 图笺

图笺表示图纸编绘的单位和绘制的时间。图笺的字体应与图名统一，字体要比图名小，位置一般在图纸的右下角。

3. 图例

图例是图纸上所标注的一切线条、图形、符号的索引，供看图时查对使用。图例所列的线条、图形、符号应与图中的完全一致。图例一般放在图纸的左下角，图例四周不必画框线，注意先画图例，后注名称字体。

4. 风玫瑰图

风玫瑰图一般是由风向频率玫瑰图或平均风速玫瑰图表示的，其常放在图纸的右上角，并在风玫瑰图上标出指北方向。

5. 比例尺、比例数

比例尺和比例数，是供认读和使用规划图纸时，识别图纸比例大小的标志。比例数字一般采用阿拉伯数字，字体大小与图面相称，位置一般在风玫瑰图的正下方。比例尺的位置绘在比例数字的正下方或正上方。

6. 规划年限

规划年限是说明实施规划任务的年限，要标注到图纸上，要采用阿拉伯数字，位置要与图名相邻，常放在图名的下方。

7. 图框

图纸绘制完成后，要画上边框，进行必要的修饰，以起到美化、烘托图纸的作用。一般图框采用粗、细线两条图框，内框线细一点，外框线相对粗一些，内、外图框间的宽度可按图幅尺寸大小而定。

（二）规划制图的标准

1．图线

图线宽度 *b* 从下列线宽系列中选取：0.18 mm、0.25 mm、0.35 mm、0.5 mm、0.7 mm、1.0 mm、1.4 mm、2.0 mm。在图纸绘制中，应根据复杂程度与比例大小，先确定基本线宽 *b*，再选用表 4-11 中适当的线宽组。

表 4-11　线宽组

单位：mm

线宽比	线宽组					
b	2.0	1.4	1.0	0.7	0.5	0.35
0.5*b*	1.0	0.7	0.5	0.35	0.25	0.18
0.35*b*	0.7	0.5	0.35	0.25	0.18	—

注：需要微缩的图纸，不宜采用 0.18mm 线宽；

在同一张图纸内，各不同线宽组中的细线，可统一采用较细的线宽组的细线。

表 4-12　线形

名称	线宽	用途
粗实线	*b*	规划建筑物外轮廓线，规划地上供水管线
中实线	0.5*b*	规划各类用地边界线，规划道路红线，车行道边界，各类规划用地内加注的图形、符号
细实线	0.35*b*	现状各类用地边界线，现状建筑物构筑物外轮廓线，黑白图纸中各类用地中的填充线。各类现状用地内加注的图形符号、坐标网线、图例线、尺寸线等。现状地上供水管线
粗虚线	*b*	镇区规划区界线，规划地下供水管线
中虚线	0.5*b*	在建公路，在建建筑轮廓线
细虚线	0.35*b*	现状地下供水管线，村庄规划区界，乡村土路，人行小路，建筑物，构筑物，道路桥涵等的不可见的轮廓线
粗点画线	*b*	县，自治县界 露天矿开采边界线
细点画线	0.35*b*	分水线，中心线

注：除表 4-12 所列粗细线型外，在绘制图纸过程中，还应根据所绘图纸内容与相应规范、标准协调一致。在绘制地域疆界所遇线型较为复杂时，可参照中华人民共和国国家标准 GB 5791—86《地形图图式》1: 5 000，1: 10 000 中相应内容及本标准图例部分内容选用。

2．比例与图幅

小城镇规划图纸及采用比例与图幅，应采用表 4-13 规定。

表 4-13　比例与图幅

规划内容、图名		比例	图幅
区域位置			1 号～0 号
镇域规划	综合现状 村镇体系规划 工程设施规划	1∶5 000～1∶20 000	1 号～0 号 及延长
镇区规划	现状分析 用地布局 道路竖向 给水排水 电力通信 绿化景观 供热燃气	1∶2 000～1∶5 000	1 号～0 号 及延长
详细规划	现状分布 总平面图 竖向设计 管线综合 沿街立面 景观设计	1∶500～1∶2 000	2 号～0 号

图纸表达内容，包括的用地范围相近或一致时，宜选用同一比例。

依据清晰表达规划内容的原则，对所选绘图比例可依实际情况适当调整。

3. 色彩

绘制彩色图纸时，应依据图纸内容，选用清晰明确的颜色。

选择色彩种类应与标准图例部分所列色彩一致。

对“图例部分”未包括的内容，可根据色块面积的大小和在图中表达内容的主次关系来确定色彩的强弱，使整个图面色调和谐，对比适度。

4. 符号

在绘制规划图纸时，采用形象、符号等方法表达规划内容时应注意简明易懂，符号大小均匀，排列整齐，疏密整齐、适当。

规划图纸中所用形象、符号应与标准中图例部分所列项目一致。

对标准未加规定的内容，可依据简明整齐的原则明确标注。

相关专业规划图纸符号选用时，应参考相关标准规范。

5. 计量单位

规划图纸中的坐标、标高、距离宜以米为单位，并应取至小数点后两位，不足时以“0”补齐。

建筑物、构筑物、道路方位角（或方向角）和道路转角的度数。宜注写到“秒”，特殊情况应另加说明。

道路纵坡度，场地平整坡度，排水沟沟底纵坡度以百分数计，并应取至小数点后一位，不足时以“0”补齐。

相关专业规划图纸上的单位标注，除符合以上规定外，还应与相关规范、标准要求相符。

6. 坐标标注

坐标网格应以细实线表示，测量坐标网应画成交叉十字线，坐标代号宜用“*X*，*Y*”表示（*X* 为南北方向轴线，*Y* 为东西方向轴线）。坐标网格应清晰表明网格间距，可将数字标于网格四边；数字单位应根据图纸比例确定，并以附注说明方式表明。

表示建筑物、构筑物位置的坐标，宜注其三个角的坐标，如建筑物、构筑物与坐标轴线平行，可只标注其对角坐标。

一张图上，主要建筑物、构筑物用坐标定位时，对小的附属建筑物、构筑物也可用联系尺寸定位。

建筑物、构筑物、道路应标注下列部位的坐标或定位尺寸：

（1）建筑物、构筑物的定位轴线（或外墙面）或其交点；

（2）圆形建筑物、构筑物的中心；

（3）道路的中线或转折点；

（4）挡土墙趾线的端点或转折点。

坐标宜直接标注在图上，如图面无足够位置，也可列表标注。

在一张图上，如坐标数字的位数太多时，可将前面相同的位数省略，其省略位数应在附注中加以说明。

7. 标高标注

规划图中标注的标高宜为绝对标高，如标注相对标高，则应注明相对标高与绝对标高的换算关系：

建筑物、构筑物、道路等应标注下列部位标高：

（1）建筑物室内地坪，对不同高度的地坪应分别标注；

（2）构筑物标注其有代表性的标高，并用文字注明标高所指位置；

（3）道路路面中心或变坡点标高；

（4）挡土墙标注墙顶和墙趾标高，路堤、边坡标注坡顶和坡脚标高，排水沟标注沟顶和沟底标高；

（5）场地平整标注其控制位置标高，铺砌场地标注其铺砌面标高。

标高符号参照《房屋建筑制图统一标准》（GBT 50001—2001）中（标高）的有关规定标注。

三、规划图例

在编制城镇规划时，需要将规划内容所包括的各种项目（如工业、仓储、居住、绿化等用地，道路、广场、车站的位置以及给水、排水、电力、电信等工程管线）用最简单、最明显的符号或用不同的颜色在图上表示出来，而这些符号和颜色就叫做规划图例。规划图例不仅是绘制规划图的基本依据，而且是认读和使用规划图纸的工具。

（一）规划图例的分类

1．按照规划图纸的内容，可分为用地图例、建筑图例、工程设施图例和地域图例四类。凡代表各种不同用地性质的符号均称为用地图例，如居住建筑用地、公共建筑用地、工业建筑用地、绿化用地等。建筑图例主要表示各类建筑物的功能、层数、质量等状况。工程设施图例是体现各种工程管线、设施及其附属构筑物，以及为确定工程准备措施而进行必要的用地分析符号，如工程设施及地上、地下的各种管道、线路等。地域图例主要是表示区域范围界限，城乡居民点的分布、层次、类型、规模等。

2．按照城镇建设现状及将来规划设计意图，可将图例分为现状图例和规划图例两类。现状图例用来表示城镇建成范围内现实存在的用地、建筑物和工程设施，如现状用地图例、现状管线图例等，为绘制现状图服务。规划图例用来表示规划安排的各种用地、建筑和各项工程设施，为绘制规划图服务。

3．按照图纸表现的方法和绘制特点，可分为单色图例和彩色图例两类。单色图例主要是用符号和线条的粗细、虚实、黑白、疏密的不同变化构成的图例。彩色图例是绘制彩色图纸时使用的，主要运用各种颜色的深浅、浓淡绘出各种不同的色块、宽窄线条和彩色符号，来分别表示图纸上所要求的不同内容。

彩色图例常用色介绍如下：

（1）彩色用地图例常用色

淡米黄色——表示居住建筑用地；红色——表示公共建筑用地；其中商业用地可用粉红色、教育设施用地可用橘红色加以区分；淡褐色——表示工业、生产建筑用地；淡紫色——表示仓储用地；淡蓝色——表示河、湖、水面；绿色——表示各种绿地、绿带、农田、果园、林地、苗圃等；白色——表示道路、广场；黑色——表示铁路线、铁路站场；灰色——表示飞机场、停车场等交通运输设施用地。

（2）彩色建筑图例常用色

米黄色——表示居住建筑；红色——表示公共建筑；褐色——表示工业、生产建筑；紫色——表示仓储建筑。

（3）彩色工程设施图例的常用色

① 工程设施及其构筑物图例常用色

黑色——表示道路、铁路、桥梁、涵洞、护坡、路堤、隧道等；蓝色——表示水源地、水塔、水闸等。

② 工程管线图例常用色

蓝色——表示给水管、地下水排水沟管；绿色——表示雨水管；褐色——表示污水管；红色——表示电力、电信管线；黑色——表示热力管道、工业管道；黄色——表示煤气管道。

（二）图例绘制的一般要求

根据不同图例的绘制特点，将其绘制的要求简要说明如下：

1．线条图例。图例依靠线条表现时，线条粗细（宽窄）、间距大小（疏密）和虚实必须适度。同一个图例，在同一张图纸上线条必须粗细匀称，间距（疏密）和虚实线的长短应尽量一致。同时注意色彩上的统一，避免在同一图例中出现深浅、浓淡不一致。

2．形象图例。如亭、房屋、飞机等，应尽可能地临摹实物轮廓外形，做到比例适当，图案简单。

3．符号图例。运用规则的圆圈、圆点或其他符号排列组合成一定图形（如森林、果园、苗圃、基地等）。绘制时使用符号的大小均匀、排列整齐、疏密恰当、表现方式统一并注意图面的清晰感和不同角度的视觉效果。

4．色块图例。彩色图例通常是成片的颜色块。邻近色块颜色的深浅、浓淡、明暗的对比，是构成图面色彩效果的关键。根据色块面积的大小和在图块上所要表达内容的主次关系，来确定色彩的强弱，应尽量避免过分浓艳，以使整个图面色调协调，对比适度。

第八节 小城镇规划建设管理

一、小城镇规划建设管理的任务和内容

（一）小城镇规划建设管理的任务

小城镇规划建设管理任务是通过在国家宏观政策法规和上级城乡规划行政主管部门的业务指导下，由县（市）人民政府和城镇人民政府组织编制小城镇规划，并依据小城镇规划相关法规、标准和批准的小城镇规划，对小城镇规划区范围内土地的使用和各项建设活动的安排实施控制、引导、监督及违规查处等行政

管理活动，实现小城镇持续健康发展。小城镇规划建设管理的任务是与小城镇规划在小城镇建设和发展过程中所担当的职责和作用相互配合的，其最终的目标是保证满足小城镇的持续发展的经济、社会和文化等方面的需求。

1．确保小城镇发展目标的实现

小城镇规划是小城镇未来发展的方向，是小城镇发展目标的具体体现。小城镇规划建设管理则是通过日常管理来保证规划目标的实现，进而保证小城镇发展目标的实现。只有小城镇规划建设管理过程中的所有决策和决定，都围绕着小城镇发展战略目标，才能使每一项建设都能促进实现小城镇未来发展的战略目标。

2．确保小城镇社会、经济和环境整体利益的实现

一般而言，在市场经济体制下，小城镇建设的主要内容将由追求最大经济利益的市场行为者来承担，这种追求虽然可以对小城镇发展起到积极的推动作用，但如果过度地片面追求经济利益和以此作为唯一的尺度标准，往往会对社会的公正、公平和经济环境等方面带来负面影响，因此，需要政府基于社会的整体利益来进行适度干预。而规划是政府干预的重要手段之一，这是西方国家近 200 年来由市场经济体制的施行所得出的经验。小城镇规划建设管理就是通过对小城镇的规划、建设进行政府干预而保证市场的持续发展，保证小城镇建设的有序开展，保证获得最佳的社会、经济和环境的综合效益。

3．确保各级政府公共政策的实施

小城镇规划建设管理是政府对小城镇规划、建设和发展进行行政干预的手段之一。小城镇规划本身是小城镇公共政策的组成部分，因此，在管理过程中应保证各类公共政策在实施过程中的相互协同、合作。这就要求一方面要将政府的各项公共政策纳入到规划过程之中，使小城镇规划能够预先协调好各项政策与其他规划之间的相互关系，并能在规划编制的成果中得到反映；另一方面要求在管理过程中，应充分协调并解决好各项政策在实施过程中可能出现的矛盾和问题，应充分发挥小城镇规划的综合协调作用，避免为实施某一项政策而阻碍另一项政策的实施，从而对社会整体利益造成损害。

（二）小城镇规划建设管理的主要内容

依据《中华人民共和国城市规划法》、《建制镇规划建设管理办法》及《村庄和集镇规划建设管理条例》等有关规定，小城镇规划建设管理的主要内容有：

1．编制管理

小城镇规划编制管理是指镇政府（包括乡政府）为实现一定时期经济和社

会发展目标，为城镇居民创造良好的工作、生活环境，并且依据有关的法律、法规和方针、政策，明确规划组织编制的主体，规定规划编制的内容，设定规划编制和上报程序的行政管理行为。小城镇规划编制管理的内容主要有：

（1）在县或县级以上政府城市规划行政主管部门的指导下，由建制镇政府负责组织编制建制镇规划，并分总体规划和详细规划两个方面进行；

（2）集镇规划由乡级政府负责组织编制，并监督实施。集镇规划的编制，应当以县域规划、农业区划、土地利用总体规划为参考依据，并与有关部门的专业规划相协调。县级政府组织编制的县域规划，应当包括集镇建设体系规划、编制集镇规划，一般分总体规划和建设规划两个方面进行。

2．审批管理

小城镇规划审批管理就是在规划编制完成后，由规划编制组织单位按照法定程序向法定的规划审批机关提出规划报批申请，法定的审批机关按照有关法定的程序进行审核并批准。编制完成的规划，只有按照法定程序经过批准后，才具有法定约束力。也只有实行严格的分级审批制度，才能保证小城镇规划的有效性和权威性。规划的审批不同于其他设计的审批，既要注重对规划图纸等成果的审核，更要注重对规划文本的审核；既要注重对规划定性内容的审核，也要注重对规划定量性内容的审核。在审批过程中，须针对不同类型和规模的规划，在审批重点和程度上应有所不同，其具体内容如下：

（1）建制镇的总体规划报县级政府审批，详细规划报建制镇政府审批。建制镇政府在向县级政府报请审批总体规划前，须经建制镇人民代表大会审查同意。任何组织和个人不得擅自改变已经批准的建制镇规划，确需修改时，由建制镇人民政府根据当地经济和社会发展需要进行调整，并报原审批机关审批。

（2）集镇总体规划和详细建设规划，须经镇级人民代表大会审查同意，由镇级政府报县级政府批准。镇级人民可以对集镇规划进行局部调整，并报县级政府备案，涉及集镇的性质、规模、发展方向和总体布局等重大变更的集镇总体规划和详细建设规划，经镇级人民代表大会审核同意后，由镇级政府报县级政府批准。

3．实施管理

（1）建设项目选址的规划管理

为了保证各类建设项目能与小城镇规划紧密结合，确保建设项目规划成功实施，也为了提高建设项目选址和布局的科学合理性，提高项目建设的整体效益，根据《城市规划法》、《建制镇规划建设管理办法》利《村镇规划建设管理条例》的有关规定，镇政府或政府建设行政主管部门对小城镇规划区范围内的新建、扩建、改建等工程项目，实施建设项目选址的规划管理。国家《建制镇规划建设管理办法》第 13 条规定：“建镇规划区内的建设工程项目在报请设计部门审批时，必须附有县级以上建设行政主管部门的选址意见书。”根据国家计委和建设部制定的《建设项目选址管理办法》，建设项目选址管理由两部分组成：

① 城镇规划行政主管部门应当了解建设项目建议书（项目可行性研究报告）阶段的选址工作，各级政府行政主管部门在审批项目建议书（项目可行性研究报告）时，对拟安排在规划区内的建设项目，要征求同级政府规划行政主管部门的意见。

② 规划行政主管部门应当参加建设项目设计任务书（项目可行性研究报告）阶段的工作，对确定安排在规划区内的建设项目从城镇规划方面提出选址意见书，设计任务书（项目可行性研究报告）报请批复时，必须附有规划行政主管部门的选址意见书。

（2）建设用地的规划管理

小城镇建设用地的规划管理是建设项目选址规划管理的继续，是小城镇规划实施管理的重要组成部分，对建设用地实行严格的规划控制是规划实施的基本保证。它的基本任务就是根据小城镇规划和建设工程的要求，按照实地现状和条件，确定建设工程可以使用哪些用地，在满足建设项目功能和使用要求的前提下如何经济合理地使用土地，既保证小城镇规划的实施，又促进建设的协调发展。小城镇建设用地规划管理的内容包括：

① 控制土地使用性质和土地使用强度；

② 确定建设用地范围；

③ 调整小城镇用地布局；

④ 核定土地使用其他管理要求。

（3）建设工程的规划管理

进行各项城镇建设，实质是小城镇规划逐步实施的过程。为了确保小城镇各项建设能够按照规划有序地协调发展，就要求各项建设工程必须符合小城镇规划，服从建设规划管理。因此，对建设工程实行统一的规划管理，是保证小城镇规划顺利实施的关键。建设工程规划管理是指小城镇规划行政主管部门根据规划与其他有关法律、法规和技术规范，对各类建设工程进行组织、控制、引导和协调，使其纳入规划的轨道。并核发建设工程规划许可证的行政管理，主要包括以下几个方面的内容：

① 建筑管理；

② 道路管理；

③ 管线管理；

④ 审定设计方案；

⑤ 核发建设工程规划许可证；

⑥ 放线、验线制度。

（4）监督检查管理

监督检查贯穿于小城镇规划实施的全过程，它是规划实施管理工作的重要组成部分。城镇规划监督检查的具体内容包括以下几个方面：

① 对土地使用情况的监督检查；

② 对建设活动的监督检查；

③ 查处违法用地和违法建设；

④ 对建设用地规划许可证和建设工程规划许可证的合法性进行监督检查；

⑤ 对建筑物、构筑物使用性质的监督检查。

4. 小城镇环境管理

是指运用经济、法律、技术、行政、教育等手段，限制人类损害环境质量的活动，并通过全面规划管理使经济发展与环境相协调，达到既要发展经济、满足人类的基本需要，又不超出环境的允许极限。

5. 小城镇建设工程质量管理

是指在国家现行的有关法律、法规、技术标准、实际文件及合同中，对工程安全、适用、经济、美观等特性的综合要求，对工程实体质量进行的管理。

6. 小城镇土地管理

小城镇土地管理是指国家和地方政府对城镇土地在宏观上进行管理、监督和调控的制度、机构及手段的综合。具体负责土地的征用、划拨和出让，受理土地使用权的申报登记，进行土地清查、勘测，发放土地使用权证，制定土地使用费标准，向土地使用者收取土地使用费，调解土地使用纠纷，处理非法占用、出租和转让土地等。

7. 小城镇房地产管理

主要包括小城镇房地产开发管理，房地产法规政策管理，房地产市场管理，房地产产权产籍管理，小城镇房屋出售、出租和交换管理，小城镇房屋维修管理，小城镇物业管理等内容。

8. 小城镇人口管理

主要包括小城镇人口规模和人口素质的管理、劳动力就业的管理，以及人口管理制度的改革与创新等内容。

二、小城镇规划建设管理的基本方法

正确处理小城镇社会经济的发展和生态环境的保护利用问题，是小城镇规划建设管理的核心问题之一。如果达到最佳的经济效益、社会效益和环境效益，就需要实现社会、经济和环境三重管理目标的不断优化。在实际操作中，经常通过以下方法来实现管理三重目标的优化。

1. 经济管理方法

随着社会主义市场经济体制的不断完善和城镇文明的进步，小城镇规划建设管理的经济方法和手段日益增多，并适用于管理的各个方面。这一方法是指依靠经济组织，运用价格、税收、利息、工资、利润、资金、罚款等经济手段，按照客观规律的要求对小城镇建设和发展实行管理与调控，其管理方法的实质是通过经济手段来协调处理政府、集体和个人三者之间的各种经济关系，为小城镇高效率运行提供经济上的动力和活力。运用经济方法来管理小城镇建设，一是运用财政杠杆，对小城镇不同设施的建设，实行财政补贴和扶持政策，实行“民办公助”，国家或地方财政给予一定的补助，以调动建设的积极性。二是运用税收杠杆，即通过开征土地使用税、乡镇建设维护税等，为小城镇公用设施筹集建设与维护资金。三是运用价格杠杆，实行公用设施“有偿使用”和“有偿服务”，从中获取一定的收入，促进和加快小城镇公用设施的发展。四是运用信贷杠杆，支持小城镇综合开发和配套建设。五是运用奖金、罚款杠杆，如运用资金积极鼓励好的建设行为，以调动广大群众的建设积极性；运用罚款，制止违章违规者，以戒歪风。

2. 行政管理方法

行政方法是自有城镇管理机构以来最为古老的管理方法之一，它是指依靠行政组织，运用行政力量，按照行政方式来管理小城镇规划建设活动的方法。具体地说，就是依靠各级行政机关的权威，采用行政命令、指示、规定、指令性计划和确定规章制度、法规等方式，按照行政系统、行政区划、行政层次来管理规划建设的方法。

行政方法在小城镇规划建设管理中的职能是：

（1）研究和制定小城镇规划与建设的战略目标及发展目标，编制小城镇各类规划；

（2）研究拟订小城镇规划建设的各项条例和制度；

（3）进行行政管理的组织与协调；

（4）对小城镇规划建设活动进行监督，保证小城镇规划的实施和建设目标的实现。

3. 法律管理方法

在社会主义市场经济建设中，依法治理不仅成为我国小城镇规划建设管理中越来越重要的管理方法，并且已成为实现小城镇现代化建设的重要手段，是保障小城镇规划建设在社会主义法制的轨道上顺利进行的有效工具。小城镇管理的法律方法就是通过制定一系列的规范性文件，规定人们在小城镇规划建设活动中的权利与义务，以及违反规定所要承担的法律责任来管理建设的方法。

用法律方法管理小城镇建设，主要有以下几个方面：

（1）依法管理好小城镇规划的实施，保证小城镇建设目标的实现；

（2）依法管理好土地的利用，保证合理布局，节约用地；

（3）依法管理好建筑设计和施工，确保建设项目的工程质量；

（4）依法建设和管理好小城镇环境，建设一个环境优美、生态健康的社会主义新型城镇；

（5）依法处理和调解小城镇建设活动中的各种纠纷，保证小城镇建设的正常秩序和建设活动的协调发展。

4．宣传教育方法

目前，小城镇所出现的生态与社会经济发展的不协调问题，主要是人们不正确的经济思想和经济行为造成的。因此，要解决这个问题，重要的就是端正人们的经济思想和改正错误的经济行为。所以，必须加强宣传教育，提高人们的社会、经济和环境的综合效益意识。宣传教育方法是指在城镇建设活动中采取各种形式，宣传小城镇建设的方针、政策、法规、城镇规划、建设目标，以教育群众，顺利实现城镇建设目标的一种方法。

5．技术服务方法

技术服务方法是指小城镇规划建设管理部门无偿或低收费解决居民在小城镇建设中所遇到的有关规划、建设、管理等方面问题的一种技术性方法。在小城镇建设中，技术服务的内容主要有：为建房户提供设计图纸，进行概预算、决算、施工质量检查、房屋竣工验收以及管理小城镇房产、环境、建设档案等。通过这些技术服务，使小城镇建设达到高质量、高水平、高效益。

小城镇规划建设管理的最终目的，是为了促进经济、社会、环境的协调发展，保证小城镇有序、稳定地发展。在规划建设管理中为了小城镇的公共利益和长远利益需要而采取的控制性措施，是一种积极的制约，其目的是使各项建设活动纳入到小城镇发展整体的、根本的和长远的利益轨道。小城镇规划建设管理过程中的各项工作都会涉及小城镇各项建设的战略部署，会对小城镇中合理的生产、生活环境产生长远的影响，几乎涉及小城镇中经济、社会、文化等各个方面和小城镇中的各个部门，这些内容的安排及其对产生问题的解决都必须以国家和地方的有关方针政策为依据，以国家和地方的法律法规为框架而依法行使管理的职能，因此，小城镇规划建设管理的问题不单纯是技术问题，更是与国家和地方的方针政策等紧密相关的。

参考文献

[1] 王宁. 城镇规划与管理[M]. 北京：中国物价出版社，2002.

[2] 骆中钊，李宏伟，王炜. 小城镇规划与建设管理[M]. 北京：化学工业出版社，2004.

[3] 王雨村，杨新海. 小城镇总体规划[M]. 南京：东南大学出版社，2002.

[4] 袁中金，王勇. 小城镇发展规划[M]. 南京：东南大学出版社，2001.

[5] 金兆森. 村镇规划[M]. 南京：东南大学出版社，1999.

[6] 同济大学. 城市规划原理[M]. 2 版. 北京：中国建筑工业出版社，1991.

[7] 华中科技大学建筑城规学院等. 城市规划资料集[M]. 北京：中国建筑工业出版社，2004.

[8] 王宁，王炜，赵荣山. 小城镇规划与设计[M]. 北京：科学出版社，2001.

[9] 杜白操，张万方. 小城镇规划设计施工指南[M]. 北京：中国建筑工业出版社，2004.

第五章 基础设施工程规划

第一节 给水工程规划

水是人们日常生活和生产不可缺少的物质，是城镇存在、发展的必备条件。用水量的多少，给水水质的标准，在一定程度上已经成为衡量一个国家文明与先进程度的标准之一。我国是一个缺水的国家，做好水资源的保护，制订出经济、合理、高效、节能的给水规划是城镇规划的重要内容。

一、给水工程规划的主要任务

给水工程规划的目的是经济合理并安全可靠地供给人们日常生活、工农业生产用水，以及消防用水，并满足用户对水量、水质和水压的要求。给水工程分为集中式和分散式两种。这里我们主要讨论集中式供水，其主要任务如下：

1．确定用水定额；
2．估算城镇总用水量；
3．确定给水水源；
4．确定给水方案；
5．选定水厂位置及净水工艺；
6．确定输水管线；
7．确定城镇给水管网布置形式；
8．确定水源卫生防护的技术措施等。

二、小城镇给水用量的计算

小城镇给水规划时，首先要确定用水量，这是选择水源，确定取水构筑物形式和规模，计算管网和选用各种设备的主要依据。小城镇给水的用水量应包括综合生活用水，生产、消防、浇洒道路和绿化用水，以及管网漏失水量和未预见水量。

（一）综合生活用水量

生活用水包括居民生活用水，公共建筑（学校、影剧院等）用水。

1．居民生活用水定额

居民生活用水量的标准虽与各地的经济水平、供水方式、居住条件、气候条件、生活习惯等因素有关，但最重要的影响因素是建筑内的卫生设备水平。居民生活用水量应按现行的国家有关标准进行计算（参见表 5-1，小城镇可参照中小城市执行）。

表 5-1　居民生活用水定额

单位：L/（人·d）

分区	特大城市		大城市		中、小城市	
	最高日用水	平均日用水	最高日用水	平均日用水	最高日用水	平均日用水
一	180～270	140～210	160～250	120～190	140～230	100～170
二	140～200	110～160	120～180	90～140	100～160	70～120
三	140～180	110～150	120～160	90～130	100～140	70～110

注：引自《室外给水设计规范》（GBJ 13—86）。

2．公共建筑用水定额

应根据建筑物的性质、规模及《给水排水设计规范》有关规定进行计算，也可按居民生活用水量的 8%～25%进行估算。

3．综合用水定额

综合用水定额指居民日常生活用水和公共建筑用水（参见表 5-2，小城镇可参照中小城市执行），但不包括浇洒道路、绿地和其他市政用水。

表 5-2　综合用水定额

单位：L/（人·d）

分区	特大城市		大城市		中、小城市	
	最高日用水	平均日用水	最高日用水	平均日用水	最高日用水	平均日用水
一	260～410	210～340	240～390	190～310	220～370	170～280
二	190～280	150～240	170～260	130～210	150～240	110～180
三	170～270	140～230	150～250	120～200	130～230	100～170

注：1. 引自《室外给水设计规范》（GBJ 13—86）。
2. 一区包括：贵州、四川、湖北、湖南、江西、浙江、福建、广东、广西、海南、上海、云南、江苏、安徽、重庆；
3. 二区包括：黑龙江、吉林、辽宁、北京、天津、河北、山西、河南、山东、宁夏、陕西、内蒙古河套以东和甘肃黄河以东的地区；
4. 三区包括：新疆、青海、西藏、内蒙古河套以西和甘肃黄河以西的地区。

（二）企业生产用水量和工作人员生活用水

生产用水量应包括城镇工业用水量、畜禽饲养用水量和农业机械用水量，可按所在省、自治区、直辖市政府的有关规定进行计算。

生产用水量是指生产单位数量产品所消耗的水量，但由于品种繁杂，各地的情况也不同，确定此项用水量时应根据当地的实际情况，按当地政府的有关规定进行计算。下面给出一些数据可作参考（农业专业户用水量参见表 5-3、农业机械用水量参见表 5-4、工业用水量参见表 5-5）。

工业企业内工作人员的生活用水量，应根据车间性质确定，一般可采用 25～30 L/（人・班），变化系数为 2.5～3.0。工业企业内工作人员的淋浴用水量，应根据车间卫生特征确定，一般可采用 40～60 L/（人・班），其延续时间为 1 小时。

表 5-3 农业专业户饲养家禽家畜用水量

单位：L/（头・d）

序号	用水项目		用水量标准
1	牛	奶牛 （人工挤奶） 成牛或肥牛	90 30～60
2	马		60～80
3	猪	母猪 肥猪	60～80 30～60
4	羊		8～10
5	鸡		0.5
6	鸭		1

注：引自《村镇规划》（金兆森，1999）。

表 5-4 农业机械用水量

序号	用水项目	单位	用水量/L
1	柴油机	每 0.735 kW・h	30～35
2	汽车	每台每昼夜	100～20
3	拖拉机或联合收割机	每台每昼夜	100～50
4	拖拉机拆修保养	每台每次	1 500
5	农机小修厂	每台机床	35

注：引自《村镇规划》（金兆森，1999）。

表 5-5 工业用水量

序号	工业名称		单位	用水量标准/m^3	备注
1	食品植物油加工		1 t	6～30	白酒单产耗水量可达 80 m^3/t
2	酿酒		1 t	20～50	
3	酱油		1 t	8～20	
4	制茶		50 kg	0.1～0.3	
5	豆制品加工		1 t	5～15	
6	果脯加工		1 t	30～35	
7	啤酒加工		1 t	20～25	
8	饴糖加工		1 t	20	
9	制糖（甜菜加工）		1 t	12～15	
10	屠宰		头	1～2	
11	制革	猪皮	张	0.15～0.3	
		牛皮	张	1～2	
12	塑料制品		1 t	100～220	
13	肥皂制造		10 000 条	80～90	
14	造纸		1 t	500～800	
15	水泥		1 t	1.5～3	
16	制砖		1 000 块	0.8～1	
17	丝绸印染		10 000 m	180～220	
18	缫丝		1 t	900～1 200	
19	棉布印染		10 000 m	200～300	
20	肠衣加工		10 000 根	80～120	

注：引自《村镇规划》(金兆森，1999)。

（三）消防用水

消防用水是一种突发性的用水，小城镇消防用水量应按《小城镇建筑设计防火规范》计算。小城镇规模越小，消防用水量所占的比例就越大。一般小城镇的给水系统远不能满足消防用水时的秒流量，但在规模较小的小城镇近期规划中，水厂的规模可不考虑消防用水量，发生火灾时，以暂时局部停止其他供水的办法来满足消防用水要求，管网布置应考虑消防用水量的储备和供给。

（四）浇洒道路和绿地的用水量

可根据当地条件确定，浇洒道路用水量为 1～1.5 L/（m^2·次），每日 2～3 次，绿地用水量 1～2 L/（m^2·d）。

（五）管网漏失水量及未预见水量

可按最高日用水量 15%～25%计算。

（六）小城镇给水系统总用水量

小城镇给水系统总的用水量为上述各项之和。

（七）用水量变化系数

无论是生活用水还是生产用水，用水量常常发生变化。生活用水量随生活习惯和气候变化而变化，生产用水则因工艺流程而异，用水标准值是一个平均值，在设计给水系统时，还应考虑每日每时的用水量变化。

一年中用水最多的一天的用水量，称为最高日用水量。一年中，最高日用水量与平均日用水量的比值称为日变化系数，小城镇的日变化系数一般比城市大，可取 1.5～2.5。

最高日内的最高 1 小时用水量与平均时用水量的比值，称为时变化系数。小城镇用水相对集中，故时变化系数较大，取 2.5～4.0。时变化系数与小城镇的规模、工业布局、工作班制、作息时间、人口组成等多种因素有关。

根据最高日用水量时变化系数，可以计算时最大供水量，并据此选择管网设备。

三、小城镇给水系统组成

给水系统的组成通常分为下面四大部分（如图 5-1 所示）：

1. 取水工程。即从水源取水的工程。它包括选择水源和取水地点，建造取水构筑物及相配套的附属管理用房，其主要任务是保证城镇获得足够的水量。

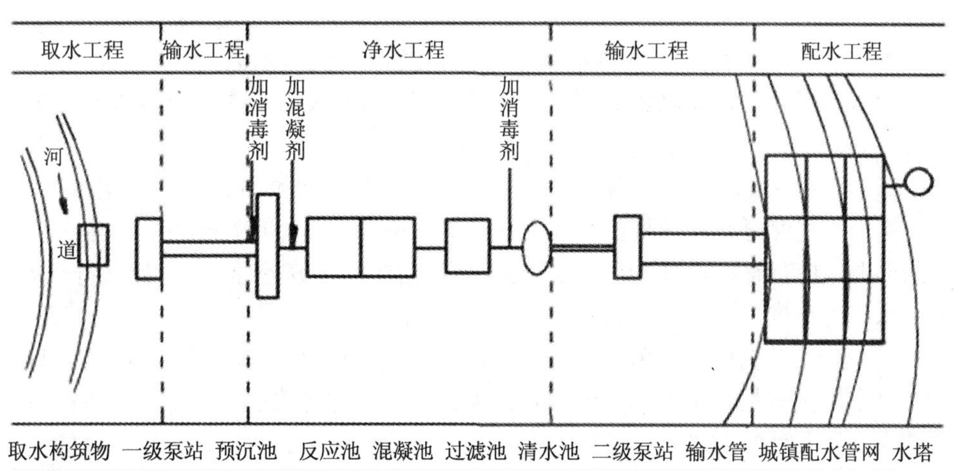

图 5-1 城镇给水系统

注：引自《城镇基础设施工程规划》（胡开林，叶燎原，王云珊，1999）。

2．净水工程。即将原水进行净化处理的工程，通常称为水厂。它包括根据水处理工艺而确定建造的净水构筑物和建筑物，以及与之相配套的生产、生活、管理等附属用房。其主要任务是生产出达到国家生活饮用水水质标准或工业企业生产用水水质标准要求的产品水。

3．输水工程。即将取水构筑物取集的天然水输送至净水构筑物和将净化后的水输往用水区的管、渠道及其附属构筑物。其主要任务是将原水输送到水厂和将产品水输送到城镇配水工程。

4．配水工程。即城镇内的配水管网工程。它包括城镇配水管网、加压设施、调节构筑物以及与之相配套的附属管理用房。其主要任务是将产品水输送到用户。

四、水源选择及其保护

（一）水源的选择

1．水源分类。给水水源可分为地下水和地表水两大类。

地下水，有深层和浅层两种。一般来讲，地下水由于经过地层过滤且受地面气候及其他因素的影响较小，具有水清、无色、水温变化小、不易受污染等优点。但是，它受到埋藏与补给条件、地表蒸发及流经地层的岩性等因素的影响；同时又具有径流量小（相对于地面径流）、水的矿化度和硬度较高等缺点。另外，局部地区的地下水会出现水质浑浊，水中有机物含量较大，水的矿化度很高或其他物质（如铁、锰、氯化物、硫酸盐、各种重金属盐类等）含量较大的情况。

地表水，受各种地表因素的影响较大，其浑浊度与水温变化较大，易受污染，但水的矿化度、硬度较低，含铁及其他物质较少；径流量一般较大，且季节性变化强。

2．水质要求。作为生活饮用水源的水质应符合《生活饮用水卫生标准》。若不得不采用超过某项指标的水作为水源时，应取得省、市、自治区卫生主管部门的同意，并应根据其超过的程度，与卫生部门共同研究处理方法，使其符合《生活用水卫生标准》的有关要求。

3．水源的选择。水源的选择是给水工程规划中一个非常重要的环节，甚至对整个小城镇规划带来全局性的影响。因此，在水源的选择过程中，要进行充分的调查，有条件时要进行水资源的勘察，尽可能全面掌握情况，进行细致的分析研究，并按下列原则进行水源的选择：

（1）生活饮用水的水源水质符合国家有关标准规定；

（2）水量充足，水源卫生条件好，便于卫生防护；

（3）取水、净水、输配水设施安全经济，具备施工条件；

（4）在水源水质符合要求的前提下，优先选用地下水；

（5）选择地下水作为给水水源时，不得超量开采；选择地表水作为给水水源时，其枯水期的保证率不得低于90%。

（二）水源保护

水源的卫生防护是保证水源水质的重要措施，也是水源选择工作的一个组成部分。如果水源的卫生防护不当，则不论水厂处理设施如何完善，也无法保证供给用户质量合格的产品水，故城镇给水水源必须设置卫生防护地带。

1. 地面水

（1）取水点周围半径不小于 100 m 水域内，不得游泳、停靠船只、捕捞和从事一切可能污染水源的活动，并应设有明显的范围标志。

（2）河流取水点上游 1 000 m 至下游 100 m 的水域内，不得排入工业废水和生活污水；其沿岸的防护范围内，不得堆放废渣、设置有害化学物品的仓库堆站，或设装卸垃圾、粪便及有毒物品的码头；沿岸农田不得使用工业废水或生活污水灌溉及施用有持久性或剧毒的农药，并不得从事放牧。

供生活饮用的专用水库和湖泊，应视具体情况的需要将取水点周围部分水域或整个水库、湖泊及其沿岸列入卫生防护地带，并按上述要求执行。

（3）在水厂生产区或单独设立的泵站、沉淀池和清水池外围不小于 10 m 的范围内，不得设立生活居住区和修建禽畜饲养场、渗水厕所、渗水坑；不得堆放垃圾、粪便、废渣或铺设污水渠道，应保持良好的卫生状况，并充分绿化。

2. 地下水

（1）取水构筑物的防护范围，应根据水文地质条件、取水构筑物的形式和附近地区的卫生状况确定，其防护措施应按地面水厂生产区要求执行。

（2）在单井或井群影响的半径范围内，不得使用工业废水或生活污水灌溉和施用持久性或剧毒农药，不得修建渗水厕所、渗水坑或排污水渠道，并不得从事破坏深层土层的活动。如果取水层在水井影响半径内不露出地面或取水层与地面没有相互补充关系时，可根据具体情况设置较小的防护范围。

（3）在水厂生产区的范围内，应按下列要求执行。

在地面水水源取水点上游 1 000 m 以外，排放工业废水和生活污水，应符合现行的《工业“三废”试行标准》和《工业企业设计卫生标准》的规定；医疗卫生、科研、畜牧兽医等机构含病原体的污水，必须经过严格消毒处理，彻底消灭病原体后方准排放。为保护地下水源，对人工回灌的水质应以不使当地地下水质变坏或超过饮用水质标准为限，有害工业废水和生活污水不得排入渗坑或渗井。

对于小城镇水源，农田排水对水源会产生污染。一般农田在施洒农药后，只有 10%左右被农作物吸收，其散失的大部分经雨水冲刷流入水体引起污染。在规划中，为确保水源的水质，有必要根据各种农药的性质，对水源卫生防护地带及其附近一定范围农田的作物栽培种类，做出一定的限制，以便有效地防止农药对水源的污染。

五、给水管网的布置

给水管网一般由输水管（由水源至水厂以及水厂到配水管的管道，一般不装接用户水管）和配水管（把水送至各用水户的管道）组成。输水管道不应少于两条，但从安全、投资等各方面比较也可采用一条。

按其布置形式可分为树枝状和环状两大类，也可根据不同情况混合布置。

1．树枝状管网，干管与支管的布置如树干和树枝的关系，如图 5-2 所示。

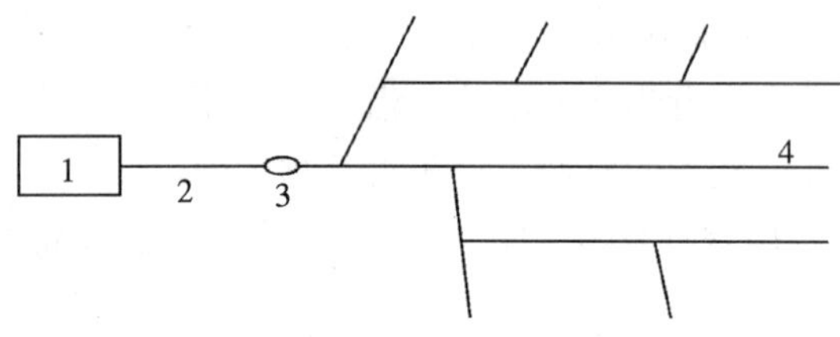

图 5-2　树枝状管网

1—泵站　2—输水管　3—水塔　4—管网

注：引自《村镇规划》（金兆森，1999）。

它的优点是：管材省、投资少、构造简单；缺点是：供水的可靠性较差，一处损坏则下游各段全部断水，同时各支管尽端易成“死水”，恶化水质。这种管网适合于地形狭长、用水量不大、用户分散以及用户对供水安全要求不高的小城镇。

2．环状管网，配水干管与支管均呈环状布置，形成许多闭合环，如图 5-3 所示。

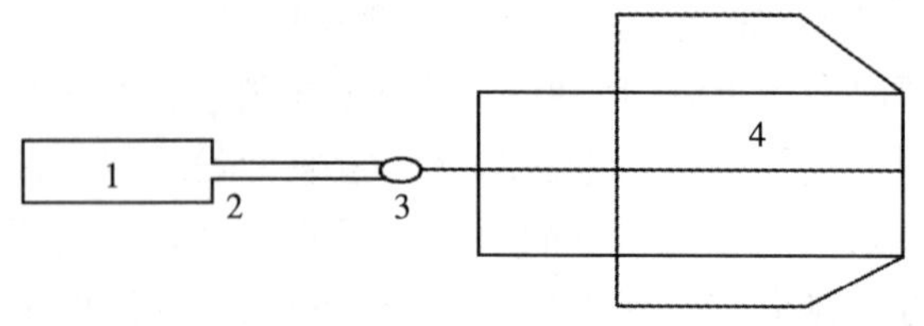

图 5-3　环状管网

1—泵站　2—输水管　3—塔　4—管网

注：引自《村镇规划》（金兆森，1999）。

这种管网供水可靠，管网中无死端，保证了水经常流通，水质不易变坏，但管线总长度较大，造价高，适用对连续供水要求较高的小城镇。

管网布置的基本要求是：管网布置在整个给水区域内，并应满足大多数用户对水量和水压的要求。给水干管最不利点的最小服务水头，单层建筑物可按5～10 m 计算，建筑物每增加一层应增压 3 m；局部管网发生故障时，应尽量减少间断供水范围或保证不间断供水；管网的造价及经常管理费用应尽量低，以最短的输水途径输水至每一用户，使管线的总长度最短等。在规划设计中，近期工程可考虑局部主要地段为环状，其余为树枝状，以后根据发展再逐步建成环状管网。

3．管网线路布置原则

（1）干管的方向应与给水的主要流向一致，并以最短的距离向用水大户或水塔或高位用水地供水；

（2）管线的长度要短，减少管网的造价及经常维护费用；

（3）管线布置要充分利用地形，输水管要优先考虑重力自流，减少动力费用，并避免穿越河谷、铁路、沼泽、工程地质条件不良的地段及洪水淹没地段；

（4）给水管网尽量在现有道路或规划道路的人行道下面敷设，以节约用地；

（5）给水管网应符合小城镇总体规划的要求。

第二节　排水工程规划

排水工程在保证生产、改善居民生活条件和防治污染、保护环境等方面担负着重要的任务。小城镇排水系统通常由排水管网（沟管系统）、污水处理厂、出水口等几部分组成。在规划时，应根据小城镇总体规划，制订出合理的排水方案。

一、排水工程规划的主要任务

1．估算各种排水量。分别估算生活污水量、生产废水量和雨水量，一般将生活污水和生产废水之和称为小城镇的总污水量，雨水量单独估算。

2．选择排水体制。根据各小城镇的实际情况、经济条件，确定排水方式。

3．确定污水排放标准。污水排放标准应符合国家有关规范规定。

4．布置排水系统。包括污水管道、雨水管渠和防洪沟的布置。

5．确定小城镇污水处理方式及污水处理厂的位置选择。根据国家环境保护规定及小城镇具体条件，确定其排放程度、处理方式及污水综合利用途径。

6．估算小城镇排水工程规划的投资。

二、小城镇排水量的计算

（一）排水分类

按废水性质，小城镇排水可分为三类：雨、雪水，生活污水，生产废水。

1．雨水（包括雪水）

雨、雪水一般比较清洁，但初期雨水比较脏。其特点是时间集中，径流量大，如不及时排出，轻者会影响交通，重者会造成水灾。平时冲洗街道用水所产生的污水和火灾时的消防用水，其性质与雨水相似，所以可归为雨水之列。通常雨、雪水不需要进行处理，可以直接排入水体。

2．生活污水

生活污水是人们日常生活中使用过的水，这些污水来自厨房、厕所、浴室、食堂等。生活污水中含有大量的有机物和细菌，所以生活污水必须经过适当处理，使其水质得到一定的改善之后才能排入江、河等水体。

3．生产废水

生产废水是人们从事生产活动所产生的废水。由于各行业的生产性质和过程不同，生产废水的性质也不相同。一部分生产废水污染轻微或未被污染，如机器冷却水等，可以不经处理直接排放或简单处理后回收重复利用。另一部分受到严重污染，有的含有强碱、强酸，有的含有酚、氰、铬、铝、汞、砷等有毒物质，有的甚至含有放射性元素或致癌物质，这类废水必须经过适当处理后才能排放。

（二）排水量的计算

1．雨水量的计算

小城镇雨水排水量可根据降雨强度、汇水面积、径流系数进行计算，常用的经验公式为：

$$Q = \varphi F q \tag{5-1}$$

式中：Q——雨水设计流量（L/s）；

F——汇水面积；按管段的实际汇水面积计算（m^2）；

q——设计降雨强度[(L/s)/m^2]；

φ——径流系数。

设计降水强度 q 指单位时间内的降水深度，与设计重现期、设计降水历时有关。正确选择重现期是雨水管道设计中的一个重要问题，设计重现期一般应根据地区的性质（广场、干道、工厂、居住区等）、地形特点、汇水面积大小、降水强度公式和地面短期积水所引起的损失大小等因素来考虑。通常低洼地区采用的设计重现期的数值比高地大；工厂区采用的设计重现期 P 值就比居住区采用的大；雨水干管采用的设计重现期比雨水支管所采用的要大；市区采用的重现期比郊区采用的大，重现期的选用范围为 0.33～2.0（年）。

设计降水强度还和降雨历时有关。雨水降落到地面以后要经过一段距离汇入集入口，需消耗一定的时间，水在管道内流行，也消耗一定的时间，所以设计降雨历时应包括汇水面积内的积水时间和管渠内水的流行时间，其计算公式如下：

$$t = t_1 + mt_2 \tag{5-2}$$

式中：t——设计降水历时；

t_1——地面集水时间（min），视距离长短、地形坡度和地表覆盖情况而定，一般采用 5～15 min；

m——延缓系数，管道 $m=2$，明渠 $m=1.2$；

t_2——管渠内水的流行时间。

根据设计重现期、设计降水历时，再根据各地多年积累的气象资料，可以得出各地计算设计降水强度的经验公式，如果小城镇气象资料不足，可参照邻近镇的标准进行计算。

2．生活污水的计算

小城镇居住区的生活污水的设计流量按每人每日平均排出的污水量、使用管道的设计人数和总变化系数计算。计算公式为：

$$Q = \frac{qNK_s}{T \times 3\,600} \tag{5-3}$$

式中：Q——居住区生活污水的设计流量（L/s）；

q——居住区生活污水的排污标准[L/（人・d）]；

N——使用管道的设计人数；

T——时间（h），建议用 12 h；

K_s——排水量总变化系数。

在选用生活污水排放标准时，应根据当地的具体情况确定，一般与同一地区给水设计所采用的标准相协调，可按生活用水量的 75%～90%进行计算。设计人数，一般指污水排出系统设计期限终期的人口数。生活污水总变化系数，参见表 5-6。

表 5-6 生活污水量总变化系数 K_s

生活污水量总变化系数 K_s 取值									
污水平均日流量/（$L \cdot s^{-1}$）	5	15	40	70	100	200	500	≥1 000	
总变化系数 K_s	2.3	2.0	1.8	1.7	1.6	1.5	1.4		1.3

注：引自《室外排水设计规范》（GBJ 14—87）。

小城镇工厂生活污水，来自生产区厕所、浴室和食堂，其流量不大，一般不需要计算。管道可采用最小管径 150 mm。如果流量较大需要计算，可按下式进行计算：

$$Q=\frac{25\times 3.0A_1+35\times 2.5A_2}{8\times 3\ 600}+\frac{40A_3+60A_4}{3\ 600} \tag{5-4}$$

式中：Q——工厂生产区的生活污水设计流量（L/s）；

A_1——一般车间最大班的职工总人数（一个或几个冷车间的总人数）；

A_2——热车间最大班的职工总人数（一个或几个热车间的总人数）；

A_3——三四级车间最大班使用淋浴的职工人数（一个或几个车间的总人数）；

A_4——一二级车间最大班使用淋浴的职工总人数（一个或几个车间的总人数）；

25，35——一般车间和热车间生活污水量标准[L/（人 • d）]；

40，60——三四级和一级、二级车间淋浴用水量标准[L/（人 • d）]，淋浴污水在班后 1 小时内均匀排出；

3.0，2.5——一般车间和热车间的污水量时变化系数。

3. 工业废水计算

工业废水的设计流量一般是按工厂或车间的每日产量和单位产品的废水量来计算，有时也可以按生产设备的数量和每一生产设备的每日废水量进行计算。以日产量和单产废水量为基础的计算公式为：

$$Q=\frac{mM\times 1\ 000}{T\times 3\ 600}K_s \tag{5-5}$$

式中：Q——工业废水设计流量（L/s）；

m——生产每单位产品的平均废水量（m^2）；

M——产品的平均日产量；

T——每日生产时数；

K_s——排水量总变化系数。

三、小城镇排水体制选择

小城镇雨（雪）水、生活污水、生产废水的排除方式，称为排水体制。排水体制分为分流制和合流制。

（一）分流制

1．完全分流制

分设生活污水、生产废水和雨（雪）水三个系统或污水和雨水两个系统，用管渠分开排放。污水流至污水处理厂，经处理后排放。雨水和一部分无污染工业废水就近排入水体（参见图 5-4）。完全分流制标准最高，适用于规模较大、经济条件较好的小城镇，在发达国家的小城镇多用此体制，我国的小城镇应向此方向发展。

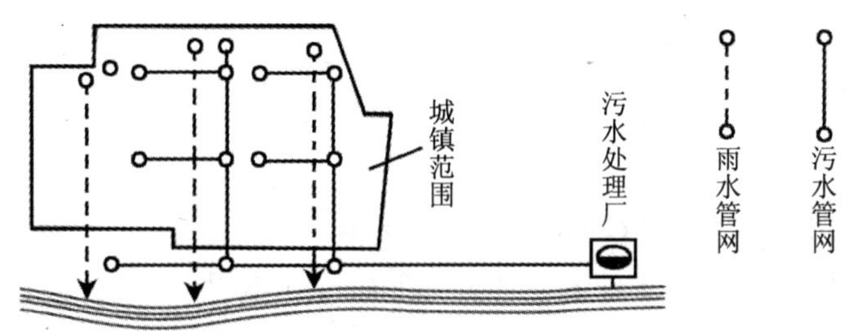

图 5-4　分流制

注：引自《村镇规划》（金兆森，1999）。

2．不完全分流制

只有污水管道系统，而雨水则通过路面边沟（明沟）排水，这种分流体制比完全分流制标准低，投资省。这种体制适合我国小城镇目前的情况，重点先解决污水排放系统，等有条件了再改建雨水暗管系统，但地势平坦、城镇规模大、易造成积水的地区，不宜采用。

3．改良型不完全分流制

雨水排放系统采用多种形式混用，可采用路边浅沟、街巷浅沟、某些干道用路边沟加盖及分用暗管等混合方式。适合于逐步发展、规模不断扩大的小城镇，组织得好，既经济又适用。

（二）合流制

1. 直泄式合流制

雨（雪）水、生活污水、生产污水经同一管渠不经处理混合，分若干排水口，就近直接排入水体，如图 5-5 所示。

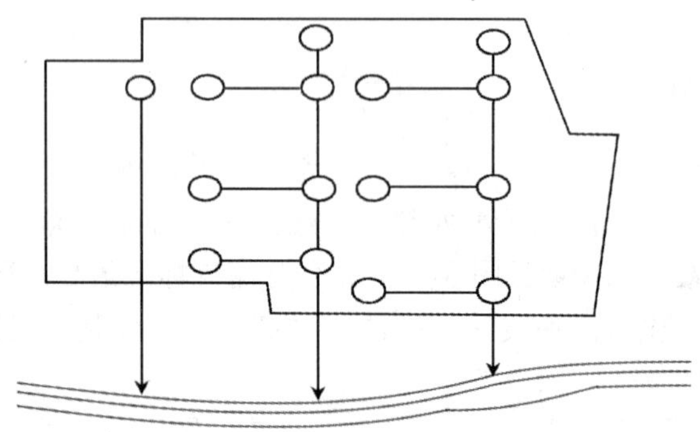

图 5-5 直泄式合流制

注：引自《村镇规划》（金兆森，1999）。

这种排水体制是最初级的排水形式，只比无排水系统的小城镇稍好一些，在人口不多、面积不大、无污染工业的小城镇可以采用这种形式。随着小城镇规模和工业的发展，污水量不断增加，水质日趋复杂，这样的排水体制将造成水质的严重污染。

2. 全处理合流制

雨（雪）水、生活污水到污水处理厂处理后排放，如图 5-6 所示。

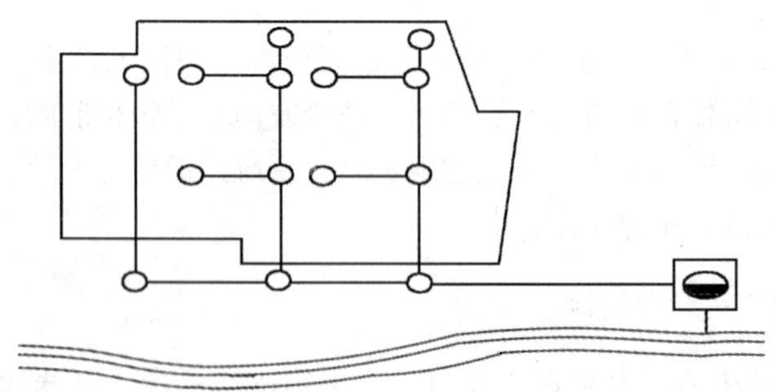

图 5-6 全处理合流制

注：引自《村镇规划》（金兆森，1999）。

这种方式投资大，效果不如分流制，缺点多于优点，很少被采用。

3．截流式合流制

雨水、生活污水、工业废水合流，分数段排向沿河流的截流干管。晴天时全部输送到污水处理厂，雨天时雨污混合，水量超过一定数量的部分，通过溢流井排入水体，其余部分仍排至污水处理厂，如图 5-7 所示。

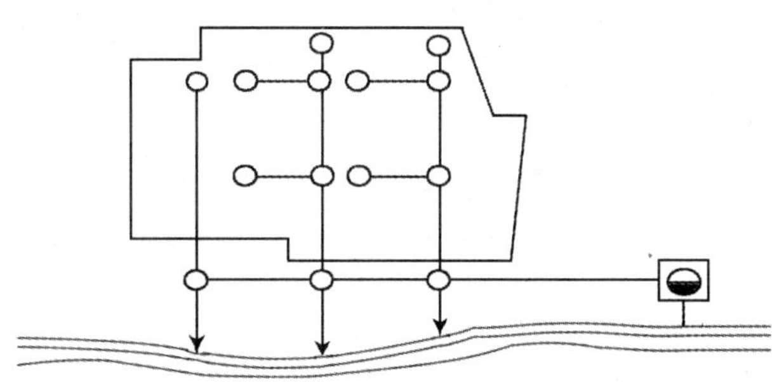

图 5-7 截流式合流制

注：引自《村镇规划》（金兆森，1999）。

截流式合流制比直泄式合流制有明显的优点，大大减轻对自然水体的污染，比全处理合流制要节省投资。截流式合流制是直泄式合流制的一种改进形式，适用于大多数小城镇的排水现状，但如果有条件新建排水系统，则应采用雨污分流。

排除生活污水、工业废水和雨（雪）水时，是采用合流制还是分流制，取决于对污水性质、城镇原有排水设施情况、城镇规划要求、环境保护要求、污水综合利用情况、当地自然、地形条件和水体的水质、水量等诸多因素的综合考虑，通过技术经济和环境保护的要求比较确定。新建城镇或地区的排水系统，一般采用分流制；旧城区排水系统的改造，采用截流式合流制较多。同一城镇的不同地区，根据具体条件，可采用不同的排水体制。

四、排水系统的布置

（一）排水系统的平面布置

小城镇排水系统的平面布置形式主要有以下几种：

1．集中式排水系统

全镇只设一个污水处理厂与出水口，这种方式对小城镇很适合。当地形平坦、坡度方向一致时，可采用此方式，如图 5-8 所示。

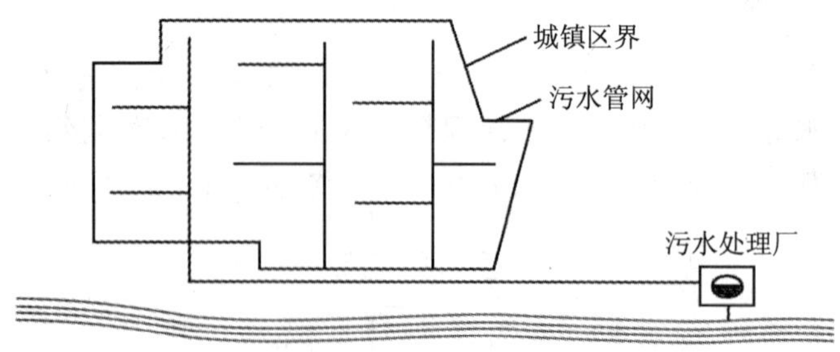

图 5-8　集中式排水系统

注：引自《村镇规划》(金兆森，1999)。

2. 分区式排水系统

大、中城市常采用此系统，而小城镇由于地形条件限制时，可将小城镇划分成几个独立的排水区域，各区域有独立的管道系统、污水处理厂和出水口，如图 5-9 和图 5-10 所示。

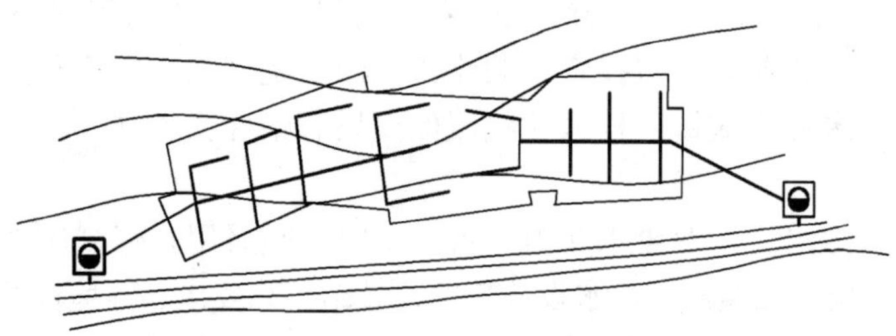

图 5-9　平坦、狭长的分区式排水系统

注：引自《村镇规划》(金兆森，1999)。

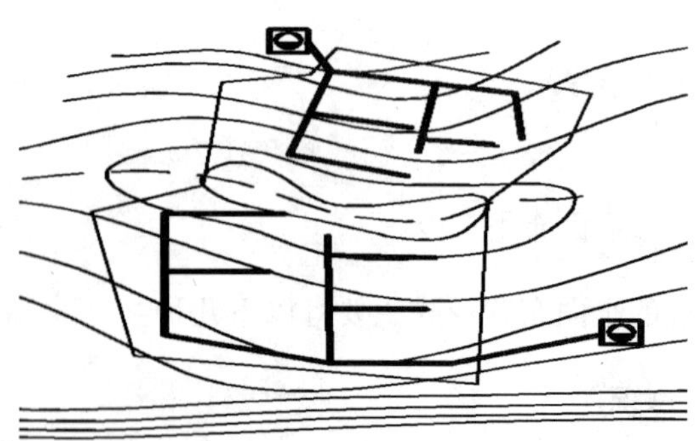

图 5-10　因地形条件采用的分区式排水系统

注：引自《村镇规划》(金兆森，1999)。

3．区域排水系统

几个相邻的小城镇，污水集中排放至一个大型的地区污水处理厂。这种排水系统能扩大污水处理厂的规模，降低污水处理费用，能以更高的技术、更有效的措施防止污染扩散，是我国今后小城镇排水发展的方向，特别适合于经济发达、小城镇密集的地区。

（二）排水系统的沟管布置

1．排水沟管的规划步骤

（1）在地形图上根据总体规划和道路规划，按等高线划分若干排水区域；

（2）分析排水区域内污水、废水的性质，确定是否进行处理并选择排水体制；

（3）根据污水、废水排泄水体位置和小城镇地形确定排水方向和排出口位置，并在平面图上布置排水主要沟管；

（4）排水沟管确定以后，确定各管段负担的居民数、工业废水集中流量或雨水汇水面积；

（5）根据排水体制，分别计算各管段负担的排水设计流量，估算管径、坡度；

（6）考虑管道标高。管道起点埋深的高程应保证排水管道能接纳它所负责的地区各用户排水的需要，同时应保证不冰冻和不被破坏，管顶覆土深度不小于 0.7 m。

2．排水沟管的布置

（1）污水沟管的布置应注意以下方面：

① 小城镇的污水沟管系统，一般按道路系统布置，但并不是每条街道都必须设置污水沟管，能满足所有污水排出管就近接入污水沟管就可以了。近年来，居住区常以小区形式来建设，其内部沟管常自成体系，一般只需在其一侧或两端设置街沟（管）。

② 沟管应尽量避免穿过场地，避免与河道、铁路等障碍物交叉。

③ 沟管有干、支管之分。直接承接居民小区和工厂排水的，称为支沟管；承接支沟管排水的称为干沟管。当小城镇较大时，干沟管常有二、三级，通向污水处理厂或出水口的干管称为总干沟管。管道定线时，先定总干沟管，总干沟管的路线服从于污水处理厂或出水口的位置。沟（管）道线路要顺应地形，尽量顺坡布置，以避免或尽量减少设中途泵站。干沟管应避开狭窄而交通繁忙的道路，避免迂回，并便于分期实施建设。

（2）雨水沟管的布置应注意以下方面：

① 充分利用地形，使雨水能就近排入池塘、河流或湖泊等水体；

② 雨水干沟管应设在排水地区的低处，通常这种位置也是设置道路的合适位置；

③ 避免设置雨水泵站；

④ 积极配合小城镇总体规划，对小城镇的竖向、道路、绿化等规划内容提出要求，为妥善解决雨水排除问题创造条件。

五、污水处理方式

污水处理系统主要由污水处理厂（站）组成。污水处理厂是处理和利用污水及污泥的一系列处理工艺构筑物与附属构筑物的综合体。城镇污水处理厂，一般设置在城镇河流的下游地段，并与居民区或城镇边界保持一定的卫生防护距离。城镇污水处理厂的数目和位置由城镇总体规划以及城镇排水管网系统的布置决定。

1. 污水处理厂选址原则

厂址的选择，一般遵循以下原则：

（1）为保证环境卫生的要求，城镇污水处理厂与规划居民区、公共建筑群或城镇边界应保持一定卫生防护距离，防护距离的大小可根据当地具体情况，与有关环保部门协商确定，一般不小于 300 m。

（2）城镇污水处理厂应设置在城镇集中供水水源的下游地段，并且相距距离不小于 500 m 的地方。

（3）在选择厂址时，应尽量少占农田或不占农田，同时又应便于农用灌溉和处置污泥。

（4）厂址应尽可能设置在城镇和工厂夏季主导风的下方。

（5）要充分利用地形，把厂址设置在地形有适当坡度的城镇下游地区，以满足污水处理构筑物之间的水头损失的要求，使污水和污泥有自流的可能，以节约动力消耗。

（6）厂址如果靠近水体，应考虑汛期不受洪水的威胁。

（7）厂址应设置在地质条件较好、地下水位较低的地区，以利于施工和降低造价，同时应考虑交通运输及水电供应等条件。

（8）厂址的选择应结合城镇总体规划，考虑远景发展，预留有充分的扩建余地。

2. 污水处理方法

选择污水处理方案时应考虑环境保护、污水量、水质以及投资能力等因素。污水处理方法一般可归纳为物理法、生物法和化学法。

（1）物理法：主要利用物理作用分离污水中的非溶解性物质。处理构筑物较简单、经济，适用于小城镇水体容量大、自净能力强、污水处理程度要求不高的情况。

（2）生物法：利用微生物的生命活动，将污水中的有机物分解氧化为稳定的无机物质，使污水得到净化。此法处理程度比物理法要高，常作为物理处理后的二级处理。

（3）化学法：是利用化学反应作用来处理或回收污水的溶解物质或胶体物质的方法。化学处理法处理效果好、费用高，多用于对生化处理后的污水作进一步的处理，提高出水水质，常作为三级处理。

第三节　电力、电讯工程规划

随着经济的不断发展，城镇将逐步实现机械化、电气化和电讯信息化，这是当前城镇现代化建设的要求和必然结果。

一、电力工程规划

电是工农业生产的动力，也是城镇居民物质生活和精神生活不可缺少的能源，因此，供电系统对于城镇的发展建设十分重要。供电工程规划，一般以区域动力资源、区域供电系统规划为基础，调查搜集城镇电源、输电线路及电力负荷等现状资料，并分析其发展要求，对城镇供电进行统筹安排，以满足城镇各部门用电增长的要求。

（一）电力工程规划的基本要求、内容与步骤

1. 电力工程规划的基本要求

（1）满足小城镇各部门用电及其增长的需要；

（2）保证供电的可靠性，特别是对电压的要求；

（3）要节约投资和减少运行费用，达到经济合理的要求；

（4）注意远近期规划相结合，以近期为主，考虑远期发展的可能性；

（5）要便于实现规划，不能一步实施时，要考虑分步实施。

2. 电力工程规划的基本内容

电力工程规划的内容与小城镇规模、地理位置、地区特点、经济发展水平（工业、农业和旅游服务业等），以及近远期规划等有关，所以应根据当地实际情况和总体规划的要求来进行电力工程规划。其内容主要包括：

（1）小城镇负荷的调查；

（2）分期负荷的预测及电力的平衡；

(3)选择小城镇的电源;

(4)确定发电厂、变电站和配电所的位置、容量及数量;

(5)选择供电电压等级;

(6)确定配电网的接线方式及布置线路走向;

(7)选择输电方式;

(8)绘制电力负荷分布图;

(9)绘制电力系统供电的总平面图。

在编制供电规划时,还要注意了解毗邻小城镇的供电规划,要注意相互协调,统筹兼顾,合理安排。

3. 电力工程规划的基本步骤

(1)收集、分析、归纳收集到的资料,进行负荷预测;

(2)根据负荷及电源条件,确定供电电源的方式;

(3)按照负荷分布,拟订若干个输电和配电网布局方案,进行技术经济比较,提出推荐方案;

(4)进行规划可行性论证;

(5)编制规划文件,绘制规划图表。

(二)电源的选择

确定出电力系统的负荷及发展水平之后,如何满足负荷的需要、用户的需要,这就需要进行电力、电量平衡,电源规划设计以及电力网规划设计,其主要内容可分为以下几个方面。

1. 电源的选择

电源是电力网的核心,小城镇供电电源的选择是小城镇电力工程规划设计中的重要组成部分。选择的合理与否,对于充分利用和开发当地动力资源,减少工程建设投资,降低发电成本和电网运行费用,满足小城镇的用电需要等都有重要的作用。

电源的第一种类型为发电站。目前我国小城镇主要有水力发电站、火力发电站、风力发电站,还有沼气发电站等。水力发电一次性建造投资虽然比较高,但运行费用低廉,是比较经济的能源。目前我国小城镇的自建电站中,小水电站占绝大部分。火力发电是燃烧煤、石油或天然气发电,其一次性建造投资高,运行费用也高,我国小城镇除少数产煤区外,很少建造这种电站。风力发电是利用风能发电,沼气发电是燃烧沼气发电,这两种发电的方法,还处于研究阶段,目前在小城镇还未大规模应用。

电源的第二种类型为变电所。变电所是指电力系统内,装有电力变压器,能改变电网电压等级的设施与建筑物。变电所可采用区域网供电方式将区域电网上的高压变成低压，再分配到各用户。这种供电方式具有运行稳定、供电可靠、电能质量好、容量大，能够满足用户多种负荷增长的需要以及安全经济等优点。因此，在有条件的小城镇，应优先选用这种供电方式。

2．变电所的选址

变电所选址是一项很重要的工作，主要着眼于提高供电的可靠程度，减少运行中的电能损失，降低运行和投资的费用，同时还要考虑工作人员的运行操作安全，养护维修的方便等。所以必须从技术上和经济上做慎重选择。变电所的选址应符合下列要求：

（1）接近小城镇用电负荷中心，以减少电能损耗和配电线路的投资；

（2）便于各级电压线路的引入或引出，进出线走廊要与变电所位置同时决定；

（3）变电所用地要不占或少占农田，选择地质、地理条件适宜，不易发生塌陷、泥石流、水害、落石、雷害的地段；

（4）交通运输便利，便于装运主变压器等笨重设备，但与道路应有一定间隔；

（5）邻近工厂、设施等应不影响变电所的正常运行，尽量避开易受污染、灰渣、爆破等侵害的场所；

（6）要满足自然通风的要求，并避免日晒；

（7）考虑变电所在一定时期内（5～10 年）发展的可能；

（8）与居民区的位置要适当，要有卫生及安全防护地带。

（三）确定送配电线路的电压

小城镇电力网送配电线路的电压，按国家标准主要有 220 kV、110 kV、60 kV、35 kV、10 kV、6 kV、3 kV、380V、220 V 等几个等级。采用哪个电压等级供电适当，应作全面衡量，主要应考虑以下几点：

1．电力线路输送容量与输送距离。在电力线路输送容量和输送距离一定的条件下，传输的电压等级越高，则导线中电流就越小，线路中功率损耗或电能损耗也就越小，这就可以采用较小截面的导线。但是电压等级越高，线路的绝缘费用就越高，杆塔、变电所的构架尺寸增大，投资就要增加。因此，对应一定的输电距离和输送容量，要有一个在技术、经济上均较合理的电压。

2．用电等级与供电的可靠性。用户的用电等级是根据其用电性质的重要程度确定的，重要用户对供电的可靠性要求高，用电等级就高。

用电负荷根据供电可靠性及中断供电在政治、经济上所造成的损失或影响程度，分为三级。一级负荷：对此种负荷中断供电，将造成人身伤亡、重大政治影响、重大经济损失、公共场所秩序严重混乱等。二级负荷：对此种负荷中断供电，将造成较大政治影响、较大经济损失、公共场所秩序混乱等。三级负荷：不属于一级和二级的用电负荷。一级负荷的供电要求有两个以上电源供电，两电源之间应无联系，或虽有联系但能保证不同时受到损坏；二级负荷的供电要求是做到故障时不中断供电（或中断后能迅速恢复）；三级负荷对电源无特殊要求。

电压等级与可靠性是相关的，电压等级越高，可靠性也越高。但是，在同一电压等级中，供电的条件越好，可靠性越高。

3．用电设备的电压等级。用电设备的电压等级直接确定了对供电线路的电压等级要求，一般可设置与之相当的电力线路供电。当条件允许设置变配电装置，而用电的可靠性要求较高时，也可以提高一级电压等级向用户供电。

选择电网电压时，应根据输送容量和输电距离，以及周围电网的额定电压情况，拟订几个方案，通过经济技术比较确定。如果两个方案的技术经济指标相近，或较低电压等级的方案优点不太明显时，宜采用电压等级较高的方案。各级电压电力网的经济输送容量、输送距离与适用地区参见表5-7。

表5-7　各级电压电力网的经济输送容量、输送距离与适用地区

输送容量/kW	输送距离/km	适用地区
0.1以下	0.6以下	低压动力与三相照明
0.1～1.0	1～3	高压电动机
0.1～1.2	4～15	发电机电压、高压电动机
0.2～2.0	6～20	配电线路、高压电动机
2.0～10	20～50	县级输电网、用户配电网
10～50	30～150	地区级输电网、用户配电网
100～200	100～300	省、区级输电网
200～500	200～600	省、区级输电网、联合系统输电网
400～1 000	150～850	省、区级输电网、联合系统输电网
800～2 200	500～1200	联合系统输电网

注：引自《村镇规划》(金兆森，1999)。

（四）电力线路的布置

电力线路按结构可分为架空线路和电缆线路两大类。架空线路是将导线和避雷线等架设在露天的线路杆塔上；电缆线路一般直接埋设在地下，或敷设在地沟中。小城镇电力网多采用架空线路，其建设费用比电缆线路要低得多，且施工简单、工期短、维护及检修方便。

电力线路的布置，应满足用户的用电量及各级负荷用户对供电可靠性的要求，同时应考虑在未来负荷增加时留有发展余地。在布置电力线路时，一般应遵循下列原则：

1．线路走向应尽量短捷。线路短，则可节约建设费用，同时减少电压和电能损耗。一般要求从变电所到末端用户的累积电压降不得超过10%。

2．要保证居民及建筑物的安全，避免跨越房屋建筑。

3．线路应兼顾运输便利，尽可能地接近现有道路或可行船的河流。

4．线路通过林区或需要重点维护的地区和单位，要按有关规定与有关部门协商解决。

5．线路要避开不良地形、地质，以避开地面塌陷、泥石流、落石等对线路的破坏，还要避开长期积水和经常进行爆破的场所，在山区线路应尽量沿平缓且地形较低的地段通过。

6．线路应尽量不占耕地、不占良田。

电力线路的选择，一般分为图上选线和野外选线。首先在图上拟订出若干个线路方案；其次收集资料，进行技术经济分析比较，取得有关单位的同意并签订协议书，拟订出 2～3 个较优方案之后再进行野外踏勘，确定出一个线路的推荐方案，报上级审批；最后进行野外选线，以确定最终路线。

二、电讯工程规划

电信在国民经济发展中起着重要作用，现代化的电信网络，沟通了全国各地，加快了信息的获取，对促进工农业发展，提高人民物质文化水平，建设现代化城镇有重要的作用。

（一）电讯通信的特点

电讯通信包括电话、传真等，其中电话占通信业务的 90%以上，它们的共同特点是：

1．生产过程即为用户的使用消费过程。

2．全程全网，联合作业。

3．昼夜不停，分秒必争。

4．保密性强。

5．必须绝对保证质量。一旦发生差错或因机构设备发生障碍，不仅会使通信失效，而且会给用户直接造成一定损失。

（二）线路布置和选址

小城镇电信工程包括有线电话、有线广播和有线电视。电信工程的规划应由专业部门进行，涉及小城镇建设规划需要统一考虑的，主要是电讯线路布置和站址选择问题。

1．有线电话

电话是人类使用广泛、十分有效的通信工具，因此发展很快。在小城镇，通常集镇一级设有线电话交换台，再向集镇内各单位用户和所属各村镇连接有线电话线路。集镇交换台通往上级电信部门的线路称之为中继线；通往用户电话机的线路称之为用户线。

（1）有线电话交换台台址的选择

在交换台台址选择时，必须符合环境安全、服务方便、技术合理和经济实用的原则，一般布置原则如下：

① 交换台应尽量接近负荷中心，使线路网建设费用和线路材料用量最少。

② 便于线路的引入和引出。要考虑线路维护管理方便，台址不宜选择在过于偏僻或出入极不方便的地方。

③ 尽量设在环境安静、清洁和无干扰影响的地方。应尽量避免设在有较大的振动、强噪声、空气中粉尘含量过高、腐蚀性气体、易燃和易爆的地方。

④ 地理、地质条件要好，不易发生塌陷、泥石流、流沙、落石、水害等。

⑤ 要远离产生强磁场、强电场的地方，以免产生干扰。

（2）有线电话线路的布置

有线电话线路的结构与电力线路相同，也分为架空线路和电缆线路两类。一般地区小城镇有线电话线路采用架空结构，在经济较发达的地区，多采用电缆线路。其布置原则如下：

① 线路走向应尽量短捷，做到“近、平、直”的要求，以节省线路工程造价。

② 注意线路的安全和隐蔽。要避开不良地质地段，防止发生地面塌陷、土体滑坡、水浸等对线路的破坏。

③ 应尽量不占耕地，不占良田。

④ 要便于线路的架设和维护。

⑤ 避开有线广播和电力线的干扰。

⑥ 不因小城镇的发展而迁移线路。应具有使用上的灵活性和通融性，留有发展和变化的余地。

⑦ 架空通信线路与其他电力线路交越时，其间隔距离必须符合有关间隔距离的要求，参见表5-8。

表 5-8　架空光缆与其他设施、树木最小水平净距

名称	平行时垂直净距/m		交越时垂直净距/m	
街道	4.5	最低缆线到地面	5.5	最低缆线到地面
胡同	4.0	最低缆线到地面	5.0	最低缆线到地面
铁路	3.0	最低缆线到轨面	7.5	最低缆线到轨面
公路	3.0	最低缆线到路面	5.5	最低缆线到路面
土路	3.0	最低缆线到路面	4.5	最低缆线到路面
铁道	地面杆高的4/3			
房屋建筑			距脊0.6 距顶1.5	最低缆线距屋脊或平顶
河流			1.0	最低缆线距最高水位最高桅杆顶
市区树木	1.25		2.5	最低缆线到树枝顶
郊区树木			1.5	最低缆线到树枝顶
通信线路			0.6	一方最低缆线与另一方最高缆线

注：引自《中华人民共和国工程建设标准强制性条文》[建标（2000）259号]。

2. 有线广播和有线电视

（1）有线广播站和有线电视台地址的选择

① 尽量设在靠近小城镇有关领导部门办公的地方，以便于传达上级有关指示或发布有关通知。

② 应尽量设在用户负荷中心，以节省线路网建设费用，并保证传输质量。

③ 尽量设在环境安静、清洁和无噪声干扰影响的地方，并避免设在潮湿和高温的地方。

④ 要选择地理、地质条件较好的地方。

⑤ 要远离产生强磁场、强电场的地方，以免产生干扰。

（2）线路布置

有线广播、有线电视与有线电话同属于弱电系统，其线路布置的原则与要求基本相同。有线广播和有线电视线路的布置原则，可参照有线电话线路的布置原则执行，在此不再赘述。

有些小城镇将由县到城镇的有线电话干线兼作有线广播的干线，由镇到中心村、基层村的有线电话线兼作用户线，用户线全部集中在镇的电话交换台，由交换台装置闸刀开关来控制各用户线路。这种兼作两用的做法，可以大大节约线路投资，但相互间的干扰较大。为了使广播和电话两不误，就必须制定使用电话线路作广播的制度和时间。

第四节　燃气工程规划

燃气是一种清洁、优质，使用方便的能源。燃气供应系统是小城镇公用事业中一项重要设施，燃气化是实现小城镇现代化不可缺少的一个方面，燃气工程规划是编制小城镇计划任务书和指导小城镇工程分期建设的重要依据。

一、燃气工程规划的任务

1. 根据能源资源情况，选择和确定城镇燃气的气源；

2. 确定小城镇燃气供应的规模和主要供气对象；

3. 推算各类用户的用气量及总用气量，选择经济合理的输配系统和调峰方式；

4. 做出分期实施小城镇燃气工程规划的步骤；

5. 估算规划期内建设投资。

二、燃气厂址和储配站址选择

在大多数城镇中，气源主要以人工煤气为主，选择小城镇燃气源厂的厂址或站址，一方面要从小城镇的总体规划和气源的合理布局出发，另一方面也要从有利于生产、方便运输、保护环境着眼。厂址选择有如下要求：

1. 尽量不占或少占良田，避免在不良工程地质的地区建厂；
2. 在满足保护环境和安全防火要求的条件下，气源厂要尽量靠近燃气负荷中心；
3. 要靠近交通（铁路、公路、水运）方便的地方，并要落实供电供水和燃气的出厂条件等，电源能保证双向供电；
4. 厂区应位于城镇的下风向，尽量避免烟尘、废气、废水对居民、农业、渔业、大气等环境的污染。

三、小城镇燃气供应系统的组成

燃气供应系统由气源、输配和应用三部分组成。

1. 气源

我国城镇燃气的主要气源有；人工煤气、天然气、液化石油气三大类。

人工煤气是从固体（主要是煤炭等）或液体燃料（重油等）加工中获取的可燃气体。其种类很多，有以固体燃料为原料的煤制煤气，如干馏煤气和气化煤气；也有以液体燃料为原料的油制煤气如重油热裂解气、重油催化裂解气等。

天然气包括气井天然气、石油伴生气和矿井气等。

液化石油气则为油气田或炼油厂的回收产品或副产品。

2. 输配系统

输配系统是由气源到用户之间的一系列煤气输送和分配设施组成，包括煤气管网、储气库、储配站和调压室。在小城镇燃气规划中，主要是研究有关气源和输配系统的方案选择和合理布局等一系列原则性的问题，如图 5-11 所示。

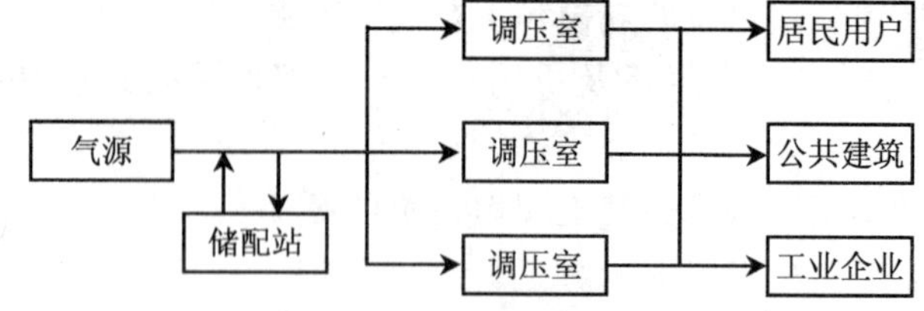

图 5-11　气源和输配系统布局

注：引自《城镇规划与管理》（王宁，2002）。

3. 燃气应用系统

燃气应用系统主要由地上燃气管道、专用调压装置、计量设备和燃烧设备组成。地上燃气管道包括引入管、户外管和户内管；专用调压装置的作用是调节燃气用户进出口压力差；计量设备主要是用于计算燃气用户的用气量（如煤气表等）；燃烧设备则是燃气用户将燃气能源转换为热能以满足生活生产的能量需要的设备（如煤气灶等）。

四、小城镇燃气管网系统

城镇燃气管网系统多采用单级系统和两级系统。

单级系统：只采用 1 个压力等级（低压）来输送、分配和供应燃气的管网系统。其输配能力有限，因此仅适用于规模较小的小城镇，如图 5-12 所示。

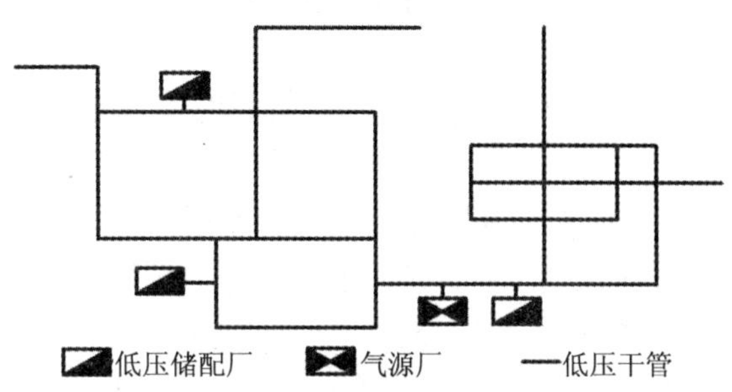

图 5-12 单级系统示意图

注：引自《城镇规划与管理》（王宁，2002）。

两级系统：采用两个压力等级来输送、分配和供应燃气的管网系统，如图 5-13 所示，包括有高低压和中低压系统两种。中低压系统由于管网承压低，有可能采用铸铁管，以节省钢材，但不能大幅度升高压力来提高管网通过能力，因此对发展的适应性较小。高低压系统因高压部分采用钢管，所以供应规模扩大时可提高管网运行压力，灵活性较大，其缺点是耗用钢材较多，并要求有较大的安全距离。

小城镇燃气管网的布置首先要保证安全、可靠地供给各类用户具有正常压力、足够数量的燃气；其次，要满足使用上的要求，同时要尽量缩短线路，以节省管道和投资。

管网布置的原则是：全面规划、分期建设，以近期为主、远近期结合。管网的布置工作应在管网系统的压力级制原则上确定之后进行，其顺序按压力高低，先布置高、中压管网，后布置低压管网。对于扩建或改建燃气管网的小城镇，应从实际出发，充分利用原有管道。

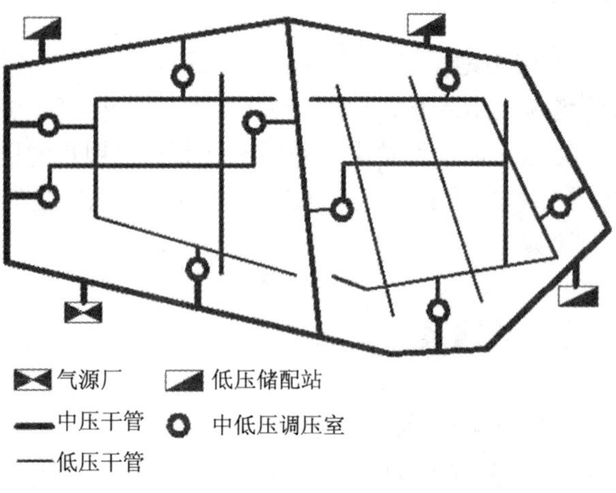

图 5-13　中低两级系统

注：引自《城镇规划与管理》（王宁，2002）。

在小城镇镇布置燃气管网时，必须服从管线综合规划的安排。同时，还要考虑下列因素：

1．高、中压燃气干管的位置应尽量靠近大型用户，主要干线应逐步连成环状，低压燃气干管最好在居住区内部道路下敷设。这样既可保证管道两侧均能供气，又能减少主要干管的管线位置占地。

2．沿街道敷设管道时，可单侧布置，也可双侧布置。在街道很宽、横穿马路的支管很多或输送燃气量较大，一条管道不能满足要求时可采用双侧布置。一般应避开主要交通干道和繁华街道，采用直埋敷设，以免给施工和运行管理带来困难。

3．不准敷设在建筑物的下面，不准与其他管线平行上下重叠，并禁止在下列地方敷设燃气管道：

（1）各种机械设备和成品、半成品堆放场地及具有腐蚀性液体的堆放场所；

（2）高压电线走廊、动力和照明电缆沟道。

4．管道走向需穿越河流或大型渠道时，根据安全、经济、镇容镇貌等条件统一考虑，可随桥（木桥除外）架设，也可以采用倒虹吸管由河底（或渠底）通过，或设置管桥。具体采用何种方式应与小城镇规划、消防等部门协商。

5．应尽量不穿越公路、铁路、沟道和其他大型构筑物，必须穿越时，要有一定的防护措施。

6．为了确保安全，镇区地下燃气管道与建（构）筑或相邻管道之间，在水平方向上应保持一定的安全距离，详见有关的国家规范。

第五节 防灾工程规划

自然界的灾害有许多种类，有火灾、风灾、水灾、地震等灾害。有时，灾害还会互相影响，互相并存。如台风季节中常伴有暴雨，造成水灾、风灾并存；又如在较大的地震灾害中往往使大片建筑物、构筑物倒塌，常会引起爆炸和火灾。造成直接危害的灾害被称为原发性灾害，如人在林区活动因不慎引起的森林大火，会毁灭大片的树木和其范围内的建筑物与构筑物；洪水能冲毁大片的农田和居民点等一些人工设施。非直接造成的灾害称次生灾害。如地震引起的山崩，泥石流等次生灾害，有时次生灾害要比直接灾害所造成的危害和损失更大。

一、灾害分类

1．根据灾害发生的原因，可进行如下分类：

（1）自然性灾害。因自然界物质的内部运动而造成的灾害，通常被称为自然性灾害，可以分为下列四类：

① 由地壳的剧烈运动产生的灾害，如地震、火山爆发等；

② 由水体的剧烈运动产生的灾害，如海啸、暴雨、洪水等；

③ 由空气的剧烈运动产生的灾害，如台风、龙卷风等；

④ 由于地壳、水体和空气的综合运动产生的灾害，如泥石流、滑坡、雪崩等。

（2）条件性灾害。物质必须具备某种条件才能发生质的变化，因此由这种变化而造成的灾害称为条件性灾害，如某些可燃气体只有遇到高压高温或明火时，才有可能发生爆炸或燃烧。当我们认识了某种灾害产生的条件时，就可以设法消除这些条件的存在，以避免该种灾害的发生。

（3）行为性灾害。凡是由人为造成的灾害，不管是什么原因，统称之为行为性灾害。

2．在防灾规划中，对自然灾害还有一种分类法：

（1）受人为影响诱发或加剧的自然灾害，如森林植被遭大量破坏的地区易发生水灾、沙化；因修建大坝、水库以及地下注水等原因改变了地下压力荷载的分布而诱发地震等。

（2）部分可由人力控制的自然灾害，如江河泛滥、城乡火灾等。通过修建一定的工程设施，可以预防其灾害的发生，或减少灾害的损失程度。

（3）目前尚无法通过人力减弱灾害发生强度的自然灾害，如自然地震、风暴、泥石流等。

二、防灾规划

城镇防灾规划目前常做的有以下几种：防洪规划、防震规划和防火规划。

（一）防洪规划

根据城镇用地选择的要求，对可能遭受洪水淹没地段，确定防洪标准，提出技术上可行、经济上合理的工程措施方案，以达到改善城镇用地或确保城镇人民生命、财产安全的目的。

（二）防震规划

防震规划的目的是防止或减少因地震而造成的人员伤亡和财产损失，使人民的生命财产损失降到最低程度，同时要考虑地震发生时诸如消防、救护等不可缺少的活动得以维持和进行。

根据我国的具体情况，以设计烈度 6 度为设防起点，即小于 6 度时不设防，大于 6 度时按抗震设计规范规定进行设防，并在规划中设置必要的疏散通道和避难场地。

（三）防火规划

防火规划主要考虑在城镇易燃易爆工厂、仓库、加油站、煤气站等地点的周围构筑防火间距并结合旧区改造，提高耐火能力，拓宽狭窄消防通道，增加水源，布置消火栓，为灭火创造有利条件。对于建筑和重点文物单位应制定保护措施，设置消防设施。

第六节　管线工程综合规划

一、管线工程综合规划的意义

为满足工业生产及人民生活需要，所敷设的各种管道和线路工程，简称管线工程。管线工程的种类很多，各种管线的性能和用途各不相同，承担设计的单位和施工时间也先后不一。对各种管线工程不进行综合安排，势必产生各种管线在平面、空间的互相冲突和干扰，如厂外和厂内管线；管线和居住建筑；规划管线和现状管线；管线和人防工程；管线与道路；管线与绿化；局部与整体等。这些矛盾如不在规划设计阶段加以解决，就会影响到工业建设的速度和人民生活的质量，还会浪费国家资金。因此，管线工程综合规划是城镇建设规划的一个重要组成部分。

管线工程综合规划，就是收集镇域规划范围内各项管线工程的规划设计及现状资料，加以分析研究，进行统筹安排，发现并解决它们之间以及它们与其他各项工程之间的矛盾，使其在用地上占有合理的位置，并指导单项工程下一阶段的设计，同时为管线工程的施工以及今后的管理工作创造有利的条件。

所谓统筹安排，就是将各项管线工程按统一的坐标及标高汇总在总体规划平面图上，进行综合分析，发现矛盾并去解决。如单项工程原来布置的走向不合理或与其他管线发生冲突，就可建议该项管线改变走向或标高，或作局部调整。

二、工程管线分类

（一）按性能和用途分类

根据性能和用途的不同，城镇中的工程管线大体由下列几部分组成：

1. 交通线路：包括铁路、公路、城镇道路、地下人行通道、桥梁和涵洞等；
2. 给排水管线：包括工业给水、生活给水、消防给水、工业污水（废水）、生活污水、雨水、排洪沟道等管道；
3. 电力线路：包括高压输电、生产用电、生活用电、市政公用设施用电等线路；
4. 电信线路：包括市内电话、长途电话、广播、电视、计算机网络、保安报警等线路；
5. 煤气管线；
6. 热力管线：包括热水、采暖、通风、空调等管道；
7. 人防工程。

除上述管线外，在工业区和大型企业以及一些居住区内，还有热力（蒸汽、余热）管道、可燃气体（煤气、乙炔、氧气等）管道、液体燃料（石油、酒精）管道及其他化学工业管道等。

（二）按敷设形式分类

根据敷设形式不同，工程管线可以分为地下埋设、地表敷设、空中架设三大类。给水、排水、煤气等管道绝大部分埋在地下；铁路、道路多设在地表面；热力、燃气、原料、废料等管道既可埋在地下，也可敷设在地面和架设在空中，其敷设形式主要取决于生产、生活、维护维修要求和工程造价；电力电信管线目前多架设在空中，但在城镇市区，低压电力、电信管线有向地下发展的趋势。

地下埋管线根据覆土深度不同又可分为深埋和浅埋两类。覆土厚度大于

1.5 m 属于深埋，我国北方土壤冰冻线较深，一般给水、排水、煤气、热力等管道均需要深埋，以防冰冻；而电力、电信、弱电管线等不受冰冻影响，可浅埋。另外，我国南方大部分地区土壤不冰冻或冰冻较浅，故给水、排水管道等一般都不深埋。

（三）按输送方式分类

根据输送方式不同，管道又可分为压力管道和重力自流管道。给水、燃气、热力、灰渣等通常采用压力管道，排水管道一般采用重力自流管道。

三、管线工程布置的一般原则

管线工程综合布置的一般原则如下：

1．厂界、道路、各种管线的平面位置和竖向位置应采用城镇统一的坐标系统和标高系统，避免发生混乱和互不衔接。如有几个坐标系统和标高系统时，需加以换算，取得统一。

2．充分利用现状管线，只有当原有管线不适应生产发展的要求或不能满足居民生活需要时，才考虑废弃和拆迁。

3．对于基建期间施工用的临时管线，也必须予以妥善安排，尽可能使其和永久性管线结合起来，成为永久性管线的一部分。

4．安排管线位置时，应考虑今后的发展，留有余地，但也要节约用地。

5．在不妨碍今后的运行、检修和合理占有土地的情况下，应尽可能缩短管线长度以节省建设费用。但需避免随便穿越和切割可能作为工业企业和居住区的扩展备用地，避免布置凌乱，造成今后管理和维修不便。

6．居住区内的管线，首先考虑在街坊道路下布置，其次在次干道下，尽可能不将管线布置在交通频繁的主干道的车行道下，以免施工或检修时开挖路面而影响交通。

7．埋设在道路下的管线，一般应和道路中心线或建筑红线平行。同一管线不宜自道路的一侧转到另一侧，以免多占用地和增加管线交叉的可能。靠近工厂的管线，最好和厂边平行布置，便于施工和今后的管理。

8．在道路横断面中安排管线位置时，首先考虑布置在人行道下与非机动车道下，其次才考虑将修理次数较少的管线布置在机动车道下。往往根据当地情况，预先规定哪些管线布置在道路中心线的左侧或右侧，以利于管线的设计综合和管理。但在综合过程中，为了使管线安排合理和改善道路交叉口中管线的交叉情况，可能在个别道路中会变换预定的管线位置。

9．工程管线在道路下面的规划位置应相对固定。从道路红线向道路中心线方向平行布置的次序，应根据工程管线的性质、埋设深度等确定。分支线少、埋设深、检修周期短和可燃、易燃和损坏时对建筑物基础安全有影响的工程管线应远离建筑物。

布置次序宜应为：（1）电力电缆；（2）电信电缆；（3）燃气配气；（4）给水配水；（5）热力干线；（6）燃气输气；（7）给水输水；（8）雨水排水；（9）污水排水。

10．编制管线工程综合布置规划时，应使道路交叉口的管线交叉点越少越好，这样可减少交叉管线在标高上发生矛盾。

11．管线发生冲突时，要按具体情况来解决，一般是：

（1）还未建设管线让已建成管线；

（2）临时管线让永久管线；

（3）小管道让大管道；

（4）压力管道让重力自流管道；

（5）可弯曲的管线让不易弯曲的管线。

12．沿铁路敷设的管线，应尽量和铁路线路平行；与铁路交叉时，尽可能成直角交叉。

13．可燃、易燃的管道，通常不允许在交通桥梁上跨越河流。在交通桥梁上敷设其他管线，应根据桥梁的性质、结构强度，并在符合有关部门规定的情况下加以考虑。管线穿越通航河流时，不论架空或在河道下通过，均须符合航运部门的规定。

14．电信线路和供电线路通常不合杆架设，在特殊情况下，征求有关部门同意，采取相应措施后（如电信线路采用电缆或皮线等），也可合杆架设。同一性质的线路应尽可能合杆，如高低压供电线等。高压输电线路和电信线路平行架设时，要考虑干扰的影响。

15．综合布置管线时，管线之间或管线与建筑物、构筑物之间的水平距离，除了要满足技术、卫生、安全等要求外，还必须符合国防上的规定。

四、规划综合与设计综合的编制

在城镇规划的不同工作阶段，对管线工程综合有不同的要求，一般可分为，规划综合、初步设计综合、施工详图检查。各阶段相互联系，内容逐步具体化。

（一）规划综合

主要以各项管线工程的规划资料为依据，进行总体布置。主要任务是解决各项工程干线在系统布置上的问题，如确定干管的走向，找出它们之间有无矛盾，各种管线是否过分集中在某一干道上。对管线的具体位置，除有条件的必须定出个别控制点外，一般不作肯定。经过规划综合，可以对各单项工程的初步设计提出修改意见，有时也可以对道路的横断面提出修改的建议。

（二）初步设计综合

相当于城镇规划的详细规划阶段，它根据各单项管线工程的初步设计进行综合。设计综合不但确定各种管线的平面位置，而且还确定其控制标高。将它们综合在规划图上，可以检查它们之间的水平间距和垂直间距是否合适，在交叉处有无矛盾。经过初步设计综合，对各单项工程的初步设计提出修改意见，有时也可以对规划区道路的横断面提出修改建议。

（三）施工详图的检查

经过初步设计的综合，一般的矛盾已解决，但是各单项工种的技术设计和施工详图，由于设计工作进一步深入，或由于客观情况变化，也可能对原来的初步设计有修改，需要进一步将施工详图加以综合核对。在一些复杂的交叉口，各管线之间的垂直标高上的矛盾及解决的工程技术措施，需要加以校核综合。

参考文献

[1] 王宁. 城镇规划与管理[M]. 北京：中国物价出版社，2002.

[2] 骆中钊，李宏伟，王炜. 小城镇规划与建设管理[M]. 北京：化学工业出版社，2004.

[3] 王雨村，杨新海. 小城镇总体规划[M]. 南京：东南大学出版社，2002.

[4] 袁中金，王勇. 小城镇发展规划[M]. 南京：东南大学出版社，2001.

[5] 金兆森. 村镇规划[M]. 南京：东南大学出版社，1999.

[6] 同济大学. 城市规划原理[M]. 2 版. 北京：中国建筑工业出版社，1991.

[7] 韩会玲，程伍群，刘苏英，李宗惠，张庆宏. 小城镇给排水[M]. 北京：科学出版社，2001.

[8] 孙更生，米照宏，等. 中国土木工程师手册（下册）[M]. 上海：上海科学技术出版社，2001.

[9] 王宁，王炜，赵荣山. 小城镇规划与设计[M]. 北京：科学出版社，2001.

[10] 王宇清. 供热工程[M]. 哈尔滨：哈尔滨工业大学出版社，2001.

[11] 胡开林，叶燎原，王云珊. 城镇基础设施工程规划[M]. 重庆：重庆大学出版社. 1999.

[12] 杜白操，张万方. 小城镇规划设计施工指南[M]. 北京：中国建筑工业出版社，2004.

[13] GB 50188—93. 村镇规划标准. 北京：中国计划出版社，1994.

[14] GB 50028—93. 城镇燃气设计规范.

[15] GBJ 13—86. 室外给水设计规范.

[16] GBJ 15—88. 建筑给水排水设计规范.

[17] GBJ 14—87. 室外排水设计规范.

[18] GB/T 50331—2002. 城市居民生活用水量标准.

[19] GB 50282—98. 城市给水工程规划规范.

[20] 建标（2000）259 号. 中华人民共和国工程建设标准强制性条文.

[21] GB 50289—98. 城市工程管线综合规划规范.

第六章 道路交通工程规划

小城镇道路交通规划是在小城镇总体布局指导下的专项工程规划，是小城镇总体规划的重要组成部分，是构成城镇发展的重要条件，必须与小城镇经济、社会和环境发展相互协调。小城镇道路交通规划以小城镇用地功能组织为前提，同时合理的道路交通组织又能反作用于用地规划，有利于优化城镇用地布局。因此，道路交通规划的编制应建立在对现状和规划资料进行系统分析、综合比较的基础上，并且还应向有关部门广泛征求意见或与交通部门合作进行，虽然目前还没有一个简单明确的标准来判断规划方案的优劣，但一般认为一个较好的道路交通规划方案应具有以下特点：

1. 满足小城镇居民出行的交通要求，反映现代交通的发展特点；
2. 符合小城镇自然地理条件；
3. 符合小城镇用地布局的总体要求；
4. 有利于改善城镇环境，体现城镇特色风貌；
5. 满足突发灾害时抢险救灾的要求；
6. 在满足安全、合理的基础上，尽量减少工程量，降低造价。

第一节 小城镇道路交通的特点及分级

一、小城镇交通的特点

在规划设计道路时，需要研究小城镇道路交通的特点，认识和掌握它的规律，从而科学地规划小城镇道路。小城镇道路交通的主要特点有如下几方面：

1. 交通运输工具类型多

小城镇道路上的交通工具主要有卡车、拖挂车、拖拉机、客运车、小汽车、吉普车、摩托车等机动车，还有自行车、三轮车、平板车等非机动车。

2. 缺少停车场，违章建筑多

小城镇一般缺少专用停车场，各种车辆任意停靠，占用车行道与人行道，加之管理不够，道路两侧违章搭建房屋多，摆摊设点、占道经营多，造成道路交通不畅。

3. 人流、车流的流量和流向变化大

由于小城镇规模小，相对于城市而言，其日常生活作息的规律性强而多样性弱，因此每天在上下班和上学放学时段形成了早晚两次人流、车流高峰。在这两次高峰之外的时间段，由于城镇内部的货物运输相当有限，道路上的交通量明显减少。

4. 车辆增长快，道路功能不清

随着社会主义市场经济深入持久的发展，小城镇经济繁荣，车流、人流发展迅速，现有道路不能满足人流、车流增长的需要，致使小城镇道路拥挤、人车混行、交通堵塞、混乱。

5. 道路基础设施差

小城镇往往由于历史的原因，造成道路性质不明确、技术标准低、缺乏必要的排水设施。

6. 交通管理制度不健全

二、小城镇道路的分类与分级

1. 小城镇道路的分类

从城镇地域来看，按道路功能和使用特点可分为公路和城镇道路。

（1）公路是城镇与城镇、城镇与农村间的联系道路。按现行交通部标准《公路工程技术标准》的规定，公路按使用任务、性质和交通量大小分成两类五个等级，这五个等级的公路构成全国公路网络，同时与城镇道路一起构成城镇道路系统。

由于小城镇的过境交通和进出城交通较多，使过境道路（公路）在小城镇的道路系统中占有重要地位，过境交通一般不应穿越镇区，避免与镇区交通之间的相互干扰。同时，小城镇用地规划应充分考虑过境交通的未来增长，以及由此带来的公路等级的提高，为过境道路的今后发展留有余地。既满足公路交通的通行要求，又减少过境道路与城镇道路的交叉连接，避免不必要

的相互干扰。

（2）城镇道路是指城镇内部道路，按其在道路系统中的重要性可分为主要道路和次要道路，按其承担的交通功能又可分为交通性和生活性两类。

① 主要交通性道路。主要承担工业区、仓储区、车站、码头等交通量较大的用地之间的货运交通联系。若机动车交通量较多而非机动车交通量较少，可采用一块板的形式；若非机动车交通量也较多，在用地条件允许的前提下，可采用三块板形式，将机动车与非机动车分开。

② 次要交通性道路。一般指工业区内部或与其他用地之间联系的低等级货运交通道路，一般为一块板形式。

③ 主要生活性道路（包括步行街）。主要承担镇区中心、住宅区与其他功能区之间的客运交通联系，非机动车和行人较多，可有少量的货车通行。沿生活性道路，应布置住宅、公共建筑、商业服务及公共绿地等用地。

④ 次要生活性道路（包括非机动车道）。主要承担生活居住区内部各种功能用地之间的低等级客运交通联系。主要通行非机动车和行人，机动车很少。

2. 小城镇道路的分级

小城镇的道路分级，应根据城镇规模大小确定。如以道路的通行能力划分，小城镇道路可分为四级，即主干路、次干路、支路和巷路；一般小城镇镇区道路分为三级。对小城镇内部道路系统的规划，要根据小城镇的层次与规模、当地经济特点、交通运输特点等综合考虑，一般可按表 6-1、表 6-2 的要求设置不同级别的道路。个别中、远期可能升级的小城镇，在道路规划时，应注意远近结合，留有余地，如由于资金不足等问题也可分期实施。

表 6-1 小城镇道路系统组成

镇层次	规划规模分级	道路分级			
		一	二	三	四
中心镇	大型	●	●	●	●
	中型	○	●	●	●
	小型	—	●	●	●
一般镇	大型	—	●	●	●
	中型	—	●	●	●
	小型	—	○	●	●

注：1. 引自《村镇规范标准》（GB 50188—93）；

2. 表中●——应设的级别；○——可设的级别。

表 6-2 小城镇道路规划技术指标

规划技术指标	城镇道路级别			
	一	二	三	四
计算行车速度/（$km \cdot h^{-1}$）	40	30	20	—
道路红线宽度/m	24～32	16～24	10～14	—
车行道宽度/m	14～20	10～14	6～7	3.5
每侧人行道宽度/m	4～6	3～5	0～2	0
道路间距/m	≥500	250～500	120～300	60～150

注：1. 引自《村镇规范标准》（GB 50188—93）；
2. 表中一、二、三级道路用地按红线宽度计算，四级道路按车行道宽度计算；
3. 当大型中心镇规划人口大于 3 万人时，其主要道路红线宽度可大于 32 m。

第二节　小城镇道路系统规划

一、道路系统规划的基本要求

小城镇道路规划的目的是为了适应小城镇建设和社会经济发展的需要，保障城镇内外交通联系方便、安全畅通。在规划时，应以小城镇现状、发展规模、用地布局和交通运输需求为依据，从全局出发，既充分考虑城镇道路网络的合理性和可能性，满足小城镇交通流量、流向及其发展要求；又要妥善处理道路网与自然地理条件、环境保护、景观布局、各种工程管线布置以及其他交通运输、人工构筑物等的关系；同时还应符合国家的方针、政策以及相应的技术规范和要求。

（一）满足内外交通运输的要求

规划道路系统时，应使所有道路主次分明、分工明确，并有一定的机动性，以组成一个高效、合理的交通运输系统，从而使小城镇各区之间有安全、方便、迅速、经济的交通联系，具体要求为：

1. 道路的交通布置要求

（1）铁路的交通布置

铁路由铁路线路和铁路站两部分组成。小城镇所在的铁路站大多是中间车站，客货合一，多采用横列式的布置方式。铁路站的布置往往与货场的位置有很大的关系，由于小城镇用地范围小，工业仓库也较少，为避免铁路分割城镇、互相干扰，原则上铁路站应布置在小城镇一侧的边缘，并将客站和货站用地布置在小城镇的同侧方向，客站应接近小城镇生活区附近，货站则应接近工业、仓库用地。

当铁路线路不可避免地穿越城镇时，应配合城镇规划的功能分区，把铁路线路布置在各分区的边缘，铁路两侧均应配置独立完善的生活福利文化设施，以尽量减少跨越铁路的交通。

当铁路车站客、货部分不能在城镇一侧而必须采用客、货站对侧布置，城镇交通不可避免地跨铁路时，应保证镇区发展以一侧为主，货场和地方货源、货流同侧，以充分发挥铁路的运输效率，在城镇用地布局上尽量减少跨越铁路的交通量。

（2）公路的交通布置

公路线路与小城镇的联系和位置分两种情况，即公路穿越小城镇和绕过城镇。采用哪种布置方式要根据公路的等级、过境交通和入境交通的流量、城镇的性质与规模等因素来确定。

2. 汽车站的布置要求

公路汽车站又称长途汽车站，按其性质可以分为客运站、货运站、客货两运站三种。

（1）客运站

小城镇镇区面积不大，客运人数和车流量都较少，大都设一个客运站，布置在小城镇边缘，还可将长途汽车站和铁路车站综合布置，以便联运。

（2）货运站

货运站位置的选择与货源性质有关，一般布置在小城镇边缘，且靠近工业区和仓库区，便于货运，同时也要考虑与铁路货场、货运码头的联系，便于组织货运联运。

（3）客货混合运站

城镇规模小、客货流量较少且比较平衡时，常采用客货混合站，其位置应综合客运站与货运站的要求。

3. 满足重要地段、交叉口交通布置要求

小城镇各主要用地和吸引大量居民的重要地点之间，应有短捷的交通路线，使全年最大的平均人流、货流能沿最短的路线通行，以使运输工作量最小，交通运输费用最省。

4. 道路交叉口布置要求

道路系统应尽可能简单、整齐、醒目，以便行人和行驶车辆辨别方向，易于组织和管理交叉口的交通。交叉口间距不应太短，以避免交叉口过密，从而降低道路通行能力和降低车速，一个交叉口上交汇的街道不宜超过 4～5 条，交叉

角不宜小于 60° 或不宜大于 120° 。一般情况下，不要规划星形交叉口，不可避免时，宜分解成几个简单的十字形交叉；同时，应避免将吸引大量人流的公共建筑布置在路口，增加不必要的交通负担，如图 6-1、图 6-2 所示。

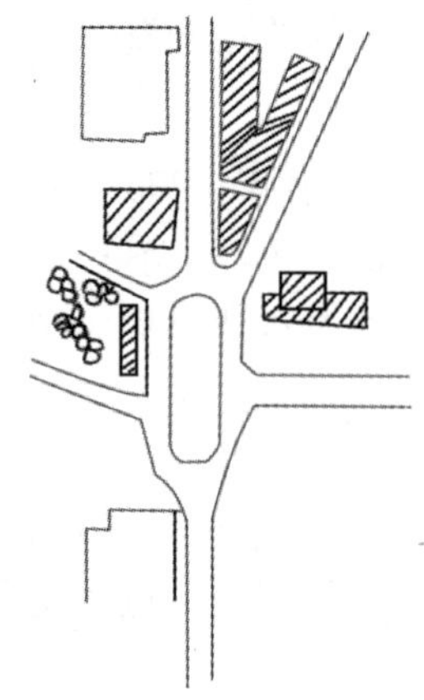

图 6-1 十字形交叉

注：引自《小城镇总体规划》（王雨村，杨新海，2002）。

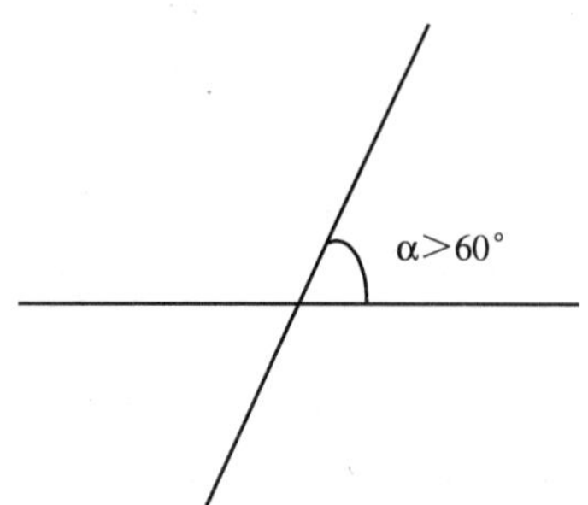

图 6-2 交叉角大于 60° 的两条道路

注：引自《小城镇总体规划》（王雨村，杨新海，2002）。

5. 道路密度要求

道路密度是指每平方公里城市用地的面积内平均所具有的道路长度，单位以 km/km^2 来表示。一般而言，道路网密度大，交通联系方便。但密度过大，交叉口增加，反而影响车速和道路通行能力，同时造成城镇用地过度分割，增加建设投资。由于小城镇居民出行主要依靠步行和自行车，且道路上机动车流量相对较小，因此其干道网密度可较城市高，一般可达 5～6 km/km^2，干道间距相应为 300～400 m；同时一般道路网（含支路）密度可达 8～13 km/km^2，道路间距为 150～250 m。城镇道路网密度受现状、地形、交通分布，建筑及桥梁位置等条件的影响，不同类型小城镇、城镇中的不同区位、不同性质的地段的道路网密度应有所不同。城镇道路网密度过小会造成交通不便，过大则会造成用地和投资的浪费。

实际规划中，应结合道路现状、地形、环境等灵活确定，不宜机械挪用。

确定小城镇道路网密度一般应考虑下列因素：

（1）道路网的布置应便利交通，居民步行距离不宜太远；

（2）交叉口间距不宜太短，以避免交叉口过密，降低道路的通行能力和降低车速；

（3）适当划分小城镇各区及街坊的面积。

小城镇规模较大时，其道路网规划可参考《城市道路交通设计规范》中小城市道路网规划指标（见表 6-3）。

表 6-3 小城市道路网规划指标

项目	城市人口（万人）	干路	支路
机动车设计速度（km/h）	＞5	40	20
	1～5	40	20
	＜1	40	20
道路网密度（km/km^2）	＞5	3～4	3～5
	1～5	4～5	4～6
	＜1	4～6	6～8
道路中机动车车道条数（条）	＞5	2～4	2
	1～5	2～4	2
	＜1	2～3	2
道路宽度（m）	＞5	25～35	12～15
	1～5	25～35	12～15
	＜1	25～30	12～15

注：引自《城市道路交通规划设计规范》(GB 50220—95)。

（二）满足地形、地质条件要求

小城镇道路网规划的选线布置，既要满足道路行车技术的要求，又必须结合地形、地质和水文条件，并考虑到与临街建筑、街坊、已有大型公共建筑出入联系的要求。道路网尽可能平而直，尽可能减少土石方工程，并为行车、建筑群布置、路基稳定创造良好条件。

在地形起伏较大的小城镇，主干道走向应大致与等高线平行，避免垂直切割等高线，并视地面自然坡度大小对道路横断面组合做出经济合理安排。当主、次干道布置与地形有矛盾时，次干道及其他街道都应服从主干道线形平顺的需要。一般当地面自然坡度达 6%～10%时，可使主干道与地形等高线交成一个不大的角度，以使与主干道相交叉的其他道路不致有过大的纵坡，如图 6-3 所示。

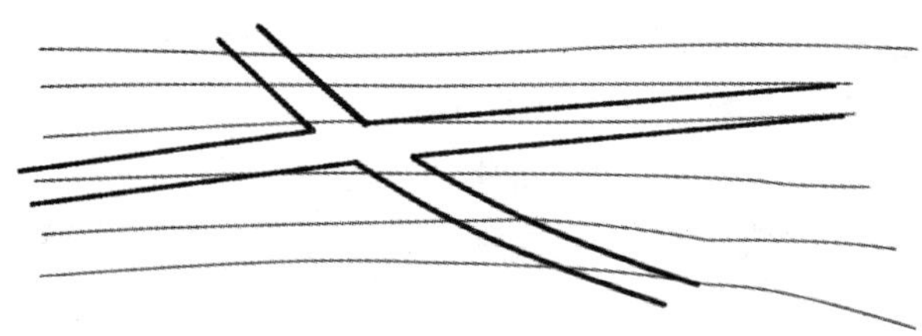

图 6-3　道路与等高线斜交

注：引自《村镇规划》(金兆森，1999)。

当地面自然坡度达 12%以上时，采用“之”字形的道路线形布置，如图 6-4 所示。其曲线半径不宜小于 13～20 m，且曲线两端不应小于 20～25 m 长的缓和曲线。为避免行人在“之”字形支路上盘旋行走，常在垂直等高线上修建人行梯道。

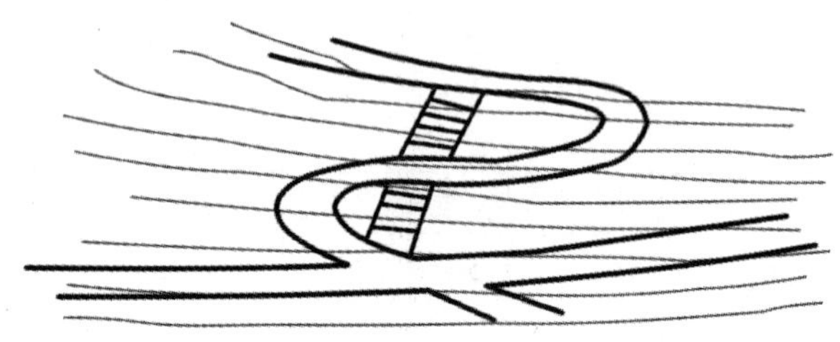

图 6-4　“之”字形路线

注：引自《村镇规划》(金兆森，1999)。

在道路网规划布置时，应尽可能绕过不良工程地质的地段，并避免穿过地形破碎地段，这样虽然增加了弯路和长度，但可以节省大量土石方和建设资金，缩短建设周期，同时也使道路纵坡平缓，有利于交通运输。

确定道路标高时，应考虑水文地质对道路的影响，特别是地下水对路基路面的破坏作用。

(三) 满足环境景观的要求

城镇道路的建设不仅要避免和减少对环境的破坏，而且要有利于城镇环境的改善。道路走向应有利于城镇通风，一般应与夏季主导风向平行。南方海滨、江边的道路要临水敞开，并布置一定数量的垂直于岸线的道路。北方一些受寒流、风雪及沙尘侵袭的小城镇，主干道则应与风雪和风沙季节的主导风向垂直或成一定角度，避免大风雪和风沙对城镇的直接侵袭。

在交通运输日益增长的情况下，对车辆噪声和尾气污染的防治也应引起足够重视。道路规划时一般可采取的措施有：合理确定城镇干道网密度，保持干道建筑与交通干道之间的足够距离；控制过境车辆、拖拉机穿越镇区，限制货车进入住宅区；道路断面作适当处理，安排必要的防护绿地来阻隔噪声和尾气；沿街建筑布置方式及建筑设计作特殊处理，如建筑后退道路红线，房屋山墙对路等，如图 6-5 所示。道路走向还应为两侧建筑布置创造良好的日照和通风条件，同时最好避开正东西方向，避免日光耀眼而导致交通事故。

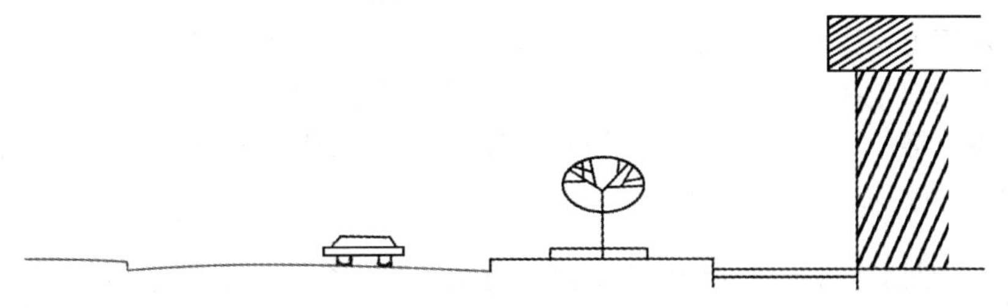

图 6-5 山墙降污

注：引自《小城镇总体规划》（王雨村，杨新海，2002）。

人们对城镇景观的体验主要是在城镇道路上展开的，城镇道路对城镇面貌起着重要的作用。因此，城镇道路系统应力求通畅、完善，注意道路与沿街建筑、绿地、广场、公用设施等的结合，协调街道平面和空间的组合。同时根据实际情况，把自然特色（山峰、湖泊、绿地）、历史文物（塔、亭、桥、古建筑）、现代建筑（纪念碑、雕塑、小品）等贯通起来，在不妨碍道路功能的前提下形成统一整体，使城镇面貌更加丰富多彩、富有特色。道路走向应尽可能地引借城镇的制高点或景点，如山峰、纪念碑、纪念性建筑或大型公共建筑等，不仅丰富道路景观，而且赋予城镇以标志，加强城镇的认知性。为了创造多层次的街道景观，对较长的道路应适当布置广场、绿地，山区道路则应利用其竖向的变化，临水道路应结合岸线规划巧妙布置。

（四）满足工程管线布置及其他要求

1. 满足各种工程管线布置要求

城镇道路一般也是排除雨水的通道。设计道路的纵坡时，除满足行车要求外还要符合城镇排水的要求，至少保持 0.3%的道路纵坡，而且一般街道的标高应稍低于两侧街坊地面的标高，以利于汇集、排除地面水。

城镇中的各种管线工程，一般都沿路铺设。由于各种管线工程的用途不一，性质和要求也各不相同，城镇道路应为它们的埋设创造必要的条件。如电信管道，占地不大，但要求有较大的检修入孔；排水管道埋设深，施工开槽用地较多；煤气管道要防爆，须远离建筑物，并与其他管道保持一定距离。当几种管线平行铺设时，它们之间要求一定的水平距离，以便在施工养护时不致影响相邻管线的工作和安全。道路与管线工程相互交叉时，要妥善处理好交叉管线的垂直分布，满足相互间的垂直距离。因此道路规划时，横断面设计要尽量为管线铺设留有足够的空间。

在规划道路纵断面和确定路面标高时，要充分考虑污水管、雨水管等重力自流管的铺设走向和坡度要求。重力自流管自身须保持一定的坡度，道路纵坡设计应尽可能予以配合。若道路纵坡过大时，排水管道需增加跌水井；而坡度过小时，排水管道又需增设泵站，从而增加市政设施的投资费用和日常运营费用。同时城镇道路也是防灾、救灾的重要通道，道路规划应和人防工程规划相结合，以利于防灾疏散。小城镇要有足够的对外交通出口，形成完善的系统，以保证平时或突发灾害时的交通畅通无阻。

2. 小城镇道路系统规划除应满足上述基本要求外，还应满足：

（1）对外交通以水运为主的小城镇，码头、渡口、桥梁的布置要与道路系统互相配合，码头、桥梁的位置还应注意避开不良地质；

（2）小城镇道路要方便居民与农机通往田间，要统一考虑与田间道路的相互衔接；

（3）道路系统规划设计，应少占田地，少拆房屋，不损坏重要历史文物。应本着从实际出发，贯彻以近期为主，远、近期相结合的方针，有计划、有步骤地分期发展、组织实施。

二、小城镇道路系统的空间布局

（一）交通量预测

道路因交通的需要而产生，道路网络规划的基础是交通量的分布、调查和预测。现状交通调查包括断面流量调查、交叉口流量流向调查等。对现状交通调查获得的现状交通流量和流向资料进行分析，结合社会经济发展规划和用地布局规划对远期交通流量、流向做出预测，以此作为道路网络规划的依据。旧镇区道路的改造设计，一般在现状交通量基础上进行预测；旧城新建道路，可参照现有同类道路进行交通量预测；对新建小城镇的道路，可参照规模相近的同类城镇进行交通量预测。

简单的交通量预测一般有以下几个方法：

1. 按年平均增长量估算

通过对道路上高峰小时机动车交通量观测的历年纪录，预测若干年后的高峰小时道路交通量或日平均道路交通量。

可按下式估算：

$$N_{远} = N_0 + n\delta \tag{6-1}$$

式中：$N_{远}$——远期高峰小时交通量；

N_0——最后统计年度高峰小时交通量；

δ——年均增长量；

n——预测年数。

以上计算出的远期高峰小时交通量，不能直接用于道路横断面设计。因为一般高峰小时交通量与平时交通量差距悬殊，若按高峰小时交通量设计的路面宽度将明显偏大，容易造成浪费。一般可以乘上折减系数（折减系数应根据高峰小时交通量和平时交通量悬殊情况而定，一般为 0.8 左右）。

2．按年均增长率估算

大部分小城镇没有逐年的交通量观测资料，因而可采用交通量年均增长率来估算远期交通量。年均增长率可参照同类城镇的交通量资料，并综合分析经济发展、用地布局和城镇道路网特点等，也可分析工农业生产的年均增长，由交通量增长及其他相关因素来确定。一般情况下，交通量的增长与小城镇工农业生产的增长存在着密切的相关关系（成正比）。本方法仅在缺少逐年交通量观测资料的情况下使用。

$$N_{远}=N_0+n(1+\eta)^n \qquad (6\text{-}2)$$

式中：$N_{远}$——远期高峰小时交通量；

N_0——最后统计年度高峰小时交通量；

η——交通量年增长率；

n——预测年数。

3．按车辆保有量的增长估算

小城镇机动车保有量增长的资料一般比较容易得到，因此可以据此来估算道路交通量的增长。一般是将机动车增长率乘以折减系数，作为小城镇机动车交通量的增长率。

对非机动车交通量的预测也可参照机动车交通量的估算方法进行。自行车是小城镇居民的主要交通工具，因而应特别注意分析自行车交通量的增长趋势。而其他非机动车，如板车（架子车）、三轮车等可能在部分路段上的交通量较大，应根据具体情况重点分析。

在估算车辆交通量增长的同时，应充分预计行人流量的增长，可参照交通量观测资料中行人交通量的增长或根据人口规模的增加数进行估算。估算时应注意：

（1）随着城镇居民物质文化水平的提高，居民的出行次数将会明显增加；

（2）附近农民进城次数的提高，也会大大增加小城镇行人的交通量。

（二）小城镇道路网的形式

小城镇道路系统规划是小城镇平面规划的基础，它不仅要满足基本要求，而且在几何形状上也要有正确合理的布置，否则会直接影响整个小城镇的布局、未来建设的发展和居住环境的好坏。道路系统的图形一经确定，就使整个小城镇交通运输系统、建筑布向、居民点及街区规划大体上也被固定了。

目前，常用的道路系统可归纳成四种类型：方格网式（也称棋盘式）、放射环式、自由式和混合式。前三种是基本类型，混合式道路系统是由几种基本类型组合而成。

1．方格网式（棋盘式）

方格网式道路系统，如图 6-6a 所示，其最大特点是街道排列比较整齐，基本呈直线，街坊用地多为长方形，用地经济、紧凑，有利于建筑物布置和识别方向；交通组织简单便利，道路定线比较方便；交通机动性好。这种道路系统也有明显的缺点，它的交通分散，道路主次功能不明确，交叉口数量多，影响行车畅通，其改善形式如图 6-6b 所示。方格网式道路系统一般适用于地形平坦的小城镇。

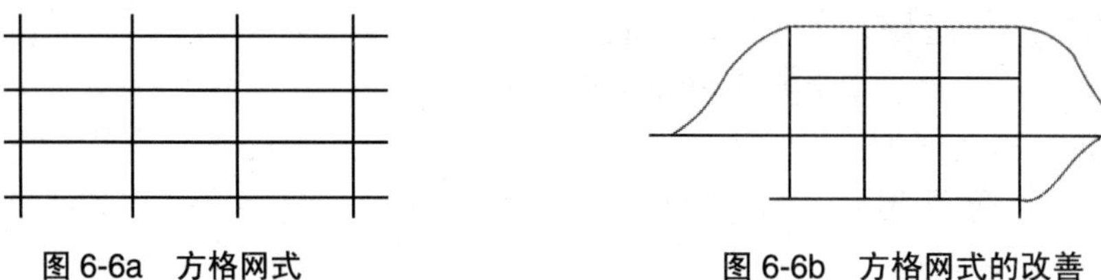

图 6-6a　方格网式　　图 6-6b　方格网式的改善

注：引自《村镇规划》（金兆森，1999）。

2．放射环式

放射环式道路系统是由放射道路和环形道路组成的。放射道路担负着对外交通联系，环形道路担负着各区域间的运输任务，并连接放射道路以分散部分过境交通（参见图 6-7a）。

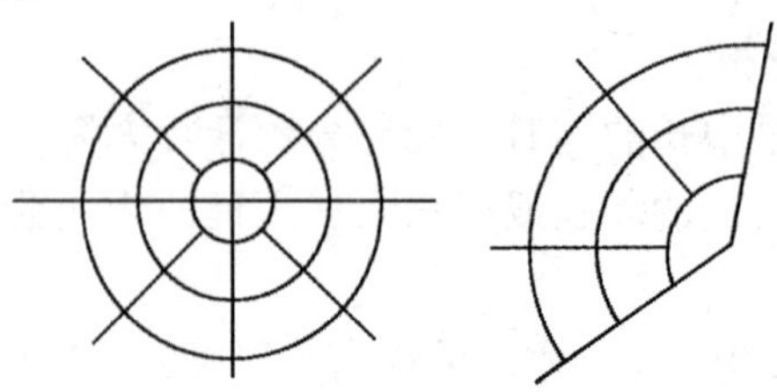

图 6-7a　放射环式

注：引自《村镇规划》（金兆森，1999）。

这种形式的道路系统优点是使公共中心区和各功能区有直接通畅的交通联系，同时环形道路可将交通均匀地分散到各区，但明显的缺点是容易造成中心交通拥挤、行人以及车辆的集中，有些地区的联系要绕行，其交通灵活性不如方格网式好，改进方式如图 6-7b 所示。放射环式道路系统适用于规模较大的小城镇。

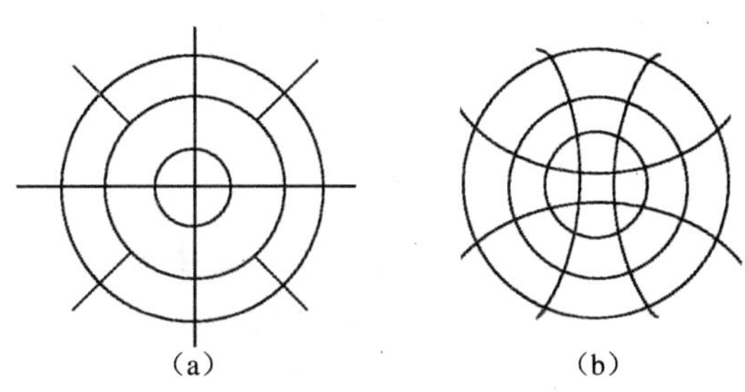

图 6-7b 放射环式的改进式

注：引自《村镇规划》（金兆森，1999）。

3. 自由式

自由式道路系统是道路结合地形起伏，迁就地形而形成的，因此道路弯曲自然，无一定的几何图形，如图 6-8 所示。

这种形式的道路系统优点是充分结合现状地形，道路自然、生动，修建时可以减少道路工程土石方量，节省工程费用。其缺点是道路弯曲、方向多变，比较紊乱，曲度系数较大。由于道路曲折，形成许多不规则的街坊，影响建筑物和管线工程的布置，同时由于建筑分散、居民出入不便，自由式道路系统适用于山区和丘陵地区。

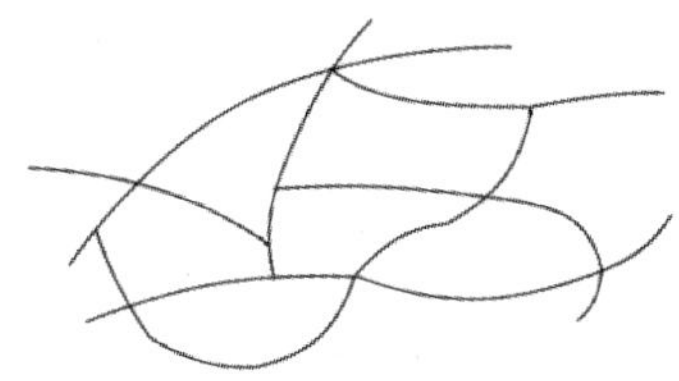

图 6-8 自由式

注：引自《村镇规划》（金兆森，1999）。

4. 混合式

混合式道路系统是结合小城镇的自然条件和现状，力求吸收前三种基本形式的优点，避免其缺点，因地制宜规划布置小城镇道路系统，如图 6-9 所示。

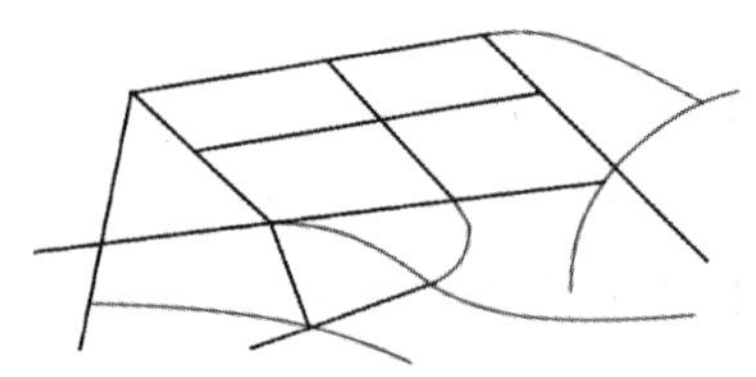

图 6-9　混合式

注：引自《村镇规划》(金兆森，1999)。

事实上在道路规划设计中，不能机械地单纯采用某种形式，应本着实事求是的原则，根据当地实际，综合考虑方格网式、放射环式、自由式道路系统的特点，扬长避短，科学、合理地进行小城镇道路系统规划布置。

每个小城镇道路系统的形式，都是在一定历史条件和自然条件下，根据当地政治、经济和文化发展的需要，逐渐演变发展而来的。在规划时应因地制宜，合理、灵活地选择以上四种形式的道路系统，充分发挥各自优缺点。在实际规划中，应综合考虑小城镇自然地理条件、经济状况、未来发展的趋势和民族传统习俗等因素，进行合理的选择和运用，绝对不能生搬硬套。

第三节　小城镇道路的技术设计

城镇道路的技术设计包括横断面、纵断面、平面线形和道路交叉口设计等。

一、道路横断面设计

道路横断面是指沿着道路宽度，垂直于道路中心线方向的剖面。城镇道路横断面设计的主要任务是根据道路功能和建筑红线宽度，合理地确定道路各组成部分的宽度及不同形式的组合及相互之间的位置与高差。对横断面设计的基本要求为：

1．保证车辆和行人交通的畅通和安全。对于交通繁重地段应尽量做到机动车辆与非机动车辆分流，人车分流，各行其道；

2．满足路面排水及绿化，地面杆线和地下管线等公用设备的工程布置技术要求；

3．路幅综合布置应与街道功能、沿街建筑物性质和沿线地形相协调；

4．节约村镇用地，节省工程费用；

5．减少由于交通运输所产生的噪声、扬尘和废气对环境的污染；

6．远、近期目标相结合，以近期为主。要为城镇交通发展留有必要的余地，做到一次性规划设计，如需分期实施，应尽可能使近期工程为远期所利用。

（一）道路宽度的确定

道路横断面的规划宽度，称为路幅宽度，它通常指城镇总体规划中确定的建筑红线之间的道路用地总宽度，包括车行道、人行道、绿化带以及安排各种管（沟）线所需宽度的总和。

1. 车行道的宽度

车行道是道路上提供每一纵列车辆连续安全按规定计算行车速度行驶的地带。车行道宽度的大小以“车道”或“行车带”为单位。所谓车道，是指车辆单向行驶时所需的宽度，其数值取决于通行车辆的车身宽度和车辆行驶中在横向的必要安全距离。车身宽度一般应采用路上经常通行的车辆中宽度较大者为依据，对个别偶尔通过的大型车辆可不作为计算标准。常用车辆的外轮廓尺寸，参见表 6-4。

表 6-4 各种车辆宽度和车道宽度

单位：m

车辆名称	机动车	自行车	三轮车	大板车	小板车	兽力车
车辆宽度	2.5	0.5	1.1	2.0	0.9	1.6
车道宽度	3.5	1.5	2.0	2.8	1.7	2.0

注：引自《村镇规划》（金兆森，1999）。

车辆之间的安全距离取决于车辆在行驶时横向摆动与偏移的宽度，以及与相邻车道或人行道侧石边缘之间的必要安全间隙，其值与车速、路面类型和质量、驾驶技术和交通规划等有关。在小城镇道路上行驶车辆的最小安全距离可为 1.0～1.5 m，行驶中车辆与边沟（侧石）距离为 0.5 m。

车行道宽度计算公式为：

$$N=(A+B)M+C \tag{6-3}$$

式中：N——车行道宽度（m）；

A—— 车辆距边沟（侧石）的最小安全距离（m）；

B—— 车辆宽度（m）；

C—— 两车错车时的最小安全距离（m）；

M—— 车道数。

车行道的宽度是几条车道宽度的总和。以设计小时交通量与 1 条车道的设计通行能力相比较，确定所需的车道个数，从而确定车行道总宽度。

应当注意，车道总宽度不能单纯按公式计算确定。因为这样既难以切合实际，又往往不经济。实际工作中应根据交通资料，如车速、交通量、车辆组成和类型等，以及规划拟定的道路等级、红线宽度、服务水平，并考虑合理的交通组织方案，加以综合分析确定。如果镇域道路上的机动车高峰量较小，一般单向 1 个车道即可。

小城镇的客运高峰期一般有 3 个，第 1 个是早上 8 点前的上班高峰；第 2

个是中午的上下班高峰；第 3 个是下午 5 点至 6 点的下班高峰。这 3 个高峰以中午的高峰最为拥挤，因在此高峰期间不但有集中的自行车流，还有一定数量的其他车流和人流。因此，以中午客运高峰小时的交通量进行校核较为恰当。

2. 人行道的宽度

人行道是小城镇道路的基本组成部分。它的主要功能是满足步行交通的需要，同时也应满足绿化布置、地上杆柱、地下管线、护栏、交通标志和信号，以及消防栓、清洁箱等公用附属设施布置安排的需要。

人行道宽度取决于道路类别、沿街建筑物性质、人流密度和构成（空手、提包、携物等）、步行速度，以及在人行道上设置的灯杆和绿化种植带，还应考虑在人行道下埋设地下管线及备用地等方面的要求。

由于影响行人交通流向、流量变化的因素错综复杂，远期高峰小时的行人流量难以准确估计，因此，通常多根据小城镇规模、道路性质和特点来确定步行带的宽度，表 6-5 为小城镇道路、人行道宽度的综合建议值。

表 6-5　人行道宽度建议值

单位：m

道路类别	最小宽度	步行带最小宽度
主干道	4.0～4.5	3.0
次干道	3.5～4.0	2.25
车站、码头、公园等路	4.5～5.0	3.0
支路、街坊路	1.5～2.5	1.5

注：引自《村镇规划》(金兆森，1999)。

3. 分隔带

分隔带又称分布带，它是组织车辆分向、分流的重要交通设施。但它与路面画线标志不同，在横断面中占有一定宽度，是多功能的交通设施，为绿化植树、行人过街停歇、照明杆柱、公共车辆停靠、自行车停放等提供了用地。

分隔带分为活动式和固定式两种。活动式是用混凝土墩、石墩或铁墩做成，墩与墩之间以铁链或钢管相连。一般活动式分隔墩高度为 0.7 m 左右，宽度为 0.3～0.5 m，其优点是可以根据交通组织变动灵活调整。固定式一般是用侧石围护成连续性的绿化带。国内的一块板式干道和繁忙的商业大街，大多采用活动式分隔带，借此来分隔机动车道和非机动车道以及人行横道。

分隔带的宽度应与街道各组成部分的宽度比例相协调，最窄为 1.2～1.5 m。若兼作公共交通车辆停靠站或停放自行车用的分流分隔带，不宜小于 1 m，除了为远期拓宽预留用地的分隔带外，一般其宽度不宜大于 4.5～6.0 m。

作为分向用的分隔带，除过长路段而在增设人行横道线处中断外，应连绵不断直到交叉口前。分流分隔带仅在重要的公共建筑、支路和街坊路出入口以及人行横道处中断，通常以 80～150 m 为宜，其最短长度不少于一个停车视距。采用较长的分隔带可避免自行车任意穿越进入机动车道，以保证分流行车的安全。

分隔带足够宽时，其绿化配置应采用高大直立乔木为主；若分隔带窄时，限用小树冠的常青树，间以低矮黄杨树；地面栽铺草皮，逢节日以盆花点缀，或高灌木配以花卉、草皮并围以绿篱，切忌种植高度大于 0.7 m 的灌木丛，以免妨碍行车视线。

4．道路边沟宽度

为了保证车辆和行人的正常交通，改善小城镇卫生条件，以及避免路面的过早破坏，要求迅速将地面雨、雪水排除。根据设施构造的特点，道路的雨、雪水排除方式有明式、暗式和混合式三种。

明式是采用明沟排水，仅在街坊出入口、人行横道处增设一些带漏孔的盖板明沟或涵管，这种方式多用于一些村庄的道路和乡镇或临街建筑物稀少的道路，明沟断面尺寸原则上应经水力计算确定，常采用梯形或矩形断面，底宽不小于 0.3 m，深度不宜小于 0.5 m。暗式是用埋设于道路下的雨水沟管系统排水，而不设边沟。混合式是明沟和暗管相结合的排水方式。

（二）道路横断面的综合布置

1．道路横断面的基本形式

根据小城镇道路交通组织特点不同，道路横断面可分为一、二、三块板等不同形式，如图 6-10 所示。一块板（又称单幅路）就是在路中完全不设分隔带的车行道断面形式；两块板（又称双幅路）就是在路中心设置分隔带将车行道一分为二，使对向行驶车流分开的断面形式；三块板（又称三幅路）就是设置两道分隔带，将车行道一分为三，中央为机动车道，两侧为非机动车道。

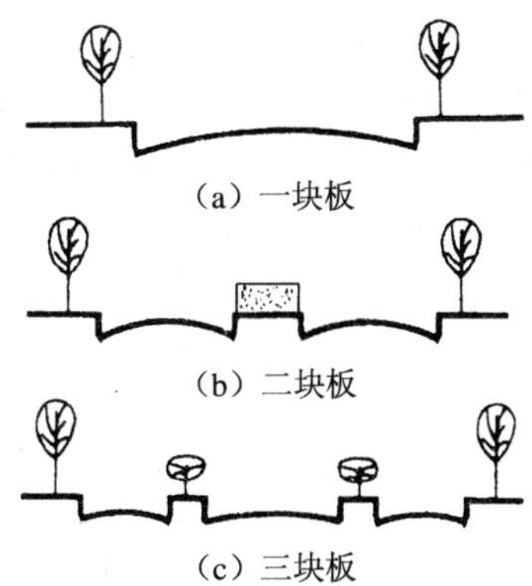

图 6-10 道路横断面

注：引自《村镇规划》（金兆森，1999）。

三种形式的断面，各有其优缺点。从交通安全上来看，三块板比一、二块板都好，这是由于三块板解决了经常产生交通事故的非机动车和机动车相互干扰的矛盾，同时分隔带还起了行人过街的安全岛作用，但三块板分隔带上所设的公共车辆停靠站，对乘客上下车穿越非机动车道较为不便。从行车速度上来看，一、二块板由于机动车和非机动车混合行驶，车速较低，三块板由于机动车和非机动车分流，互不干扰，车速较高。从道路照明上来看，板块划分越多，照明越易解决，二、三块板均能较好地处理照明杆线与绿化种植之间的矛盾，因而照度易于达到均匀，有利于夜间行车。从绿化遮阳上来看，三块板可布置多条绿化带，遮阳面大，因而非机动车在盛夏行车比较舒适，同时也利于防止黑色路面发生泛油等现象。从环境质量上来看，三块板由于机动车道在中央，距离两侧建筑物较远，并有分隔带和人行道上的绿化带隔离，可吸尘和消音，因而有利于沿街居民保持较为宁静、良好的生活环境。从小城镇用地和建设投资上来看，在相同的通行能力下，以一块板占用土地量最少，建设投资也省，三块板由于机动车和非机动车分流后，非机动车道路面质量要求可降低些，能做到一定程度的经济合理，但总造价仍要大一些，二块板造价大体介于一块板和三块板之间。

2. 道路横断面的选择

道路横断面的选择必须根据具体情况，如小城镇规模、地区特点、道路类型、地形特征、交通性质、占地、拆迁和投资等因素，经过综合考虑、反复研究及技术、经济比较后才能确定，不能机械地规定。

道路横断面设计除考虑交通外，还要综合考虑环境、沿街建筑使用对景观以及路上、路下各种管线和杆柱设施的协调、合理安排。具体应考虑如下因素：

（1）路幅与沿街建筑物高度的协调；

（2）横断面布置与工程管线布置的协调；

（3）横断面总宽度的确定与远近规划结合。

有关小城镇道路的路幅宽度值，目前尚无统一规定。

道路工程建设应贯彻“充分利用，逐步改造”与“分期修建，逐步提高”的原则。因此，道路断面上各组成部分的位置，不仅要注意适应近、远期交通量组成和发展的差别，而且也要为今后路网规划布局的调整、变动留有余地。对于近、远期宽度的相差部分，可用绿化带、分隔带或备用地加以处理，有些街道根据拆迁条件，也可采取先修建半个路幅的做法。

（三）道路的横坡度

为了使道路地面的雨水、雪水和街道两侧建筑物出入口以及毗邻街坊道路出入口的雨水、雪水能迅速排入道路两侧或一侧的边沟或排水暗管，在道路横向必须设置横坡度。

道路横坡度的大小，主要根据路面结构层的种类、表面平整度、粗糙度和吸湿性、当地降雨强度、道路纵坡大小等确定。一般路面愈光滑、不透水、平整度与行车车速要求高，横坡值就偏小，以防车辆横向滑移，导致交通事故；反之，路面愈粗糙、透水且平整度差，车速要求低，横坡就可偏大。结合交通部《公路工程技术标准》，我国小城镇道路横坡度的数值可参见表 6-6 取用。

表 6-6　道路横坡度

车道种类	路面结构	横坡度/%
车行道	沥青、水泥	1.0～2.0
	其他黑色路面、整齐石块	1.5～2.5
	半整齐石块、不整齐石块	2.0～3.0
	碎、砾石等粒料路面	2.5～3.5
	粒料加固土、其他当地材料加固或改善土	3.0～4.0
人行道	砖石铺砌	1.5～2.5
	砾石、碎石	2.0～3.0
	砂石	3.0
	沥青面层	1.5～2.0
自行车道		1.5～2.0
汽车停车场		0.5～1.5
广场行车路面		0.5～1.5

注：引自《村镇规划》(金兆森，1999)。

二、道路纵断面设计

沿道路中心线的纵向剖面称为道路纵断面。纵断面设计的主要内容是确定道路中心线的设计标高和原地面标高、纵坡度、纵坡长度。城镇道路的纵断面设计一般是在平面线型确定以后进行，两者之间是相互联系、相互制约的，设计时应对两者进行综合考虑。

1. 道路纵坡

道路纵坡是指道路纵向的坡度。道路纵坡分为最大纵坡与最小纵坡，最大纵坡决定于车辆性能和路面质量，最小纵坡为满足排水需要，为了行车安全，减少车辆爬坡时油耗及机械磨损，对纵坡有所限制。一般平面地区纵坡不大于 6%，丘陵地区与山区纵坡不大于 7%，特殊情况可达 8%～9%，考虑到城镇非机动车较多，在确定纵坡时不宜过大，一般以不大于 3%为宜。

2. 道路纵坡长度

道路的纵坡长度与纵坡坡度有直接关系，道路纵坡在 2%以下时，其坡长不受限制；如果道路纵坡坡度大，坡长就不应太长，太长则机动车上坡时必须低挡行驶，燃料消耗增加，发动机燃烧过热，机件磨损较大；下坡时则需不断刹车，容易发生交通事故。但纵坡坡长也不应过短，过短则路线起伏，行车容易颠簸，乘客感觉不舒服，货物也易受震荡。在道路纵坡值发生变化的地方，即转坡点处，一般需设置竖曲线。当相邻的两个纵坡差在主要道路上大于 0.5%或在次要道路上大于 1%时，应设置竖曲线。

三、城镇道路平面线型

道路平面线型是以道路中心线为准，按照行车技术要求和两旁用地条件，确定道路在平面上的直、曲线路段及其衔接路段。道路在平面上的弯道采用圆曲线，一般称为平曲线，平曲线的半径称为曲线半径。汽车在转弯时受到离心力作用，车速愈大，曲线半径愈小，离心力愈大，所以在小半径的曲线上高速行车对行车安全是一个威胁。因此，在道路曲线段上，如果条件许可，尽量采用大半径的平曲线，只有在条件不允许时，才选用最小平曲线半径。

四、城镇道路交叉口

1. 平面交叉口的类型

道路交叉口是道路与道路相交的部位，可分为平面交叉和立体交叉两种类型，其中平面交叉在小城镇道路中最为常见。平面交叉是指各相交道路中心线在同一高程相交，其常见形式有下列几种类型：

（1）十字形交叉口。两条道路相交，互相垂直或近于垂直，这是最基本的交叉口形式，其交叉形式简洁，便于交通组织，适用范围广，可用于相同等级或不同等级的道路交叉。

（2）X 形交叉口。两条道路以锐角或钝角斜交。由于当斜交的锐角较小时，会形成狭长的楔形地段，对交通不利，建筑也难处理，应尽量避免这种形式的交叉口。

（3）T 形、错位形、Y 形交叉口。一般用于主要道路和次要道路相交的交叉口，为保证干道上的车辆行驶通畅，主要道路应设在交叉口的顺直方向。

（4）复合交叉口。用于多条道路交叉，这种交叉口用地较大，交通组织复杂，应尽量避免。

（5）环行交叉口。车辆沿环道按逆时针方向绕中心岛环行通过交叉口。

2. 交叉口的视距

为了保证安全行车，保证司机在进入交通最复杂的交叉口之前的一段距离内，能看清相交道路驶来的车辆，以便安全通过或及时停车，这段距离应不小于车辆行驶时的停车视距（车辆在道路上行驶时，司机从看到前方路面上的障碍物开始刹车起，至到达障碍物前安全停止所需的最短距离）。当设计行车速度为 15～

25 km/h 时，停车视距一般为 25～30 m；当设计行车速度为 30～40 km/h 时，停车视距为 40～60 m。

由两相交道路的停车视距在交叉口所组成的三角形，称为视距三角形。在视距三角形以内不得有任何阻碍驾驶人员视线的建、构筑物和其他障碍物，此范围内如有绿化，应控其高度不大于 0.7m。视距三角形是设计道路交叉口的必要条件，应从最不利的情况考虑，一般为最靠右的第一条直行车道与相交道路最靠中的一条车道所构成的三角形。

3．交叉口的转角缘石半径

为了保证各个方向的右转弯车辆以一定的速度顺利地转弯，交叉口转角处的缘石应做成圆曲线，其半径为缘石半径（也有称转弯半径）。缘石半径过小，则要求转弯时行驶车辆降低速度，否则右转弯车辆会侵占相邻车道，影响其他车道上车辆正常行驶。

道路等级不同，交叉口的缘石半径也不一样，缘石半径的取值为：主要交通干道 R_1=15～20 m，次要干道及居住区道路 R_2=9～15 m，支路 R_3=6～9 m。

随着城镇的发展，负担城镇交通运输的车量也向着大型化、大量化发展，因此为了避免右转弯车辆的速度降低太多，并考虑今后交通发展的需要，应尽量争取较大的缘石半径。

第四节　小城镇道路绿化

一、道路绿地率指标

在规划道路红线宽度时，应同时确定道路绿地率，道路绿地率应符合下列规定：

1．园林景观路绿地率不得小于 40%；

2．红线宽度大于 50 m 的道路绿地率不得小于 30%；

3．红线宽度在 40～50 m 的道路绿地率不得小于 25%；

4．红线宽度小于 40 m 的道路绿地率不得小于 20%。

二、道路绿地布局与景观规划

1．道路绿地布局应符合下列规定：

（1）种植乔木的分车绿带宽度不得小于 1.5 m，主干路上的分车绿带宽度不得小于 2.5 m，行道树绿带宽度不得小于 1.5 m；

（2）主、次干路中间分车绿带和交通岛绿地不得布置成开放式绿地；

（3）路侧绿带宜与相邻的道路红线外侧其他绿地相结合；

（4）人行道毗邻商业建筑的路段，路侧绿带可与行道树绿带合并；

（5）道路两侧环境条件差异较大时，应将路侧绿带集中布置在条件较好的一侧。

2．道路绿化景观规划应符合下列规定：

（1）在城市绿地系统规划中，应确定园林景观路与主干路的绿化景观特色。园林景观路应配置观赏价值高、有地方特色的植物，并与街景结合；主干路应体现城市道路绿化景观风貌；

（2）同一道路的绿化应有统一的景观风格，不同路段的绿化形式可以有所变化；

（3）同一路段上的各类绿带，在植物配置上应相互配合，并应协调空间层次、树形组合、色彩搭配和季节变化的关系；

（4）毗邻山、河、湖、海的道路，其绿化应结合自然环境，突出自然景观特色。

三、树种和地被植物选择

1．道路绿化应选择适应道路环境条件、生长稳定、观赏价值高和环境效益好的植物种类；

2．寒冷积雪地区的城市，分车绿带、行道树绿带种植的乔木，应选择落叶树种；

3．行道树应选择深根性、分枝点高、冠大荫浓、生长健壮、适应城市道路环境条件，且落果对行人不会造成危害的树种；

4．花灌木应选择枝繁叶茂、花期长、生长健壮和便于管理的树种；

5．绿篱植物和观叶灌木应选用萌芽力强、枝繁叶密、耐修剪的树种；

6．地被植物应选择茎叶茂密、生长势强、病虫害少和易管理的木本或草本观叶、观花植物，其中草坪地被植物还可选择萌蘖力强、覆盖率高、耐修剪和绿色期长的种类。

参考文献

[1] 王宁. 城镇规划与管理[M]. 北京：中国物价出版社，2002.

[2] 骆中钊，李宏伟，王炜. 小城镇规划与建设管理[M]. 北京：化学工业出版社，2004.

[3] 王雨村，杨新海. 小城镇总体规划[M]. 南京：东南大学出版社，2002.

[4] 袁中金，王勇. 小城镇发展规划[M]. 南京：东南大学出版社，2001.
[5] 金兆森. 村镇规划[M]. 南京：东南大学出版社，1999.
[6] 同济大学. 城市规划原理[M]. 2 版. 北京：中国建筑工业出版社，1991.
[7] 李旭宏. 道路交通规划[M]. 南京：东南大学出版社，1997.
[8] 任福田，肖秋生，薛宗蕙. 城市道路规划与设计[M]. 北京：中国建筑工业出版社，1991.
[9] 王宁，王炜，赵荣山. 小城镇规划与设计[M]. 北京：科学出版社，2001.
[10] 胡开林，叶燎原，王云珊. 城镇基础设施工程规划[M]. 重庆：重庆大学出版社. 1999，12.
[11] 杜白操，张万方. 小城镇规划设计施工指南[M]. 北京：中国建筑工业出版社，2004.
[12] GB 50188—93. 村镇规划标准. 北京：中国计划出版社，1994.
[13] GB 50220—95. 城市道路交通规划设计规范.
[14] CJJ 75—97. 城市道路绿化规划与设计规范.
[15] GB 50220—95. 城市道路交通规划设计规范.

第七章　居住区规划

居住区是城镇中人们生活居住的地方，具有完整的生活服务及文化休息设施。居住区规划是城镇专项规划的主要内容之一，是实现城镇总体规划的重要步骤。居住区的规划影响着居民的生活质量、城镇的环境质量，在很大程度上体现了小城镇的发展水平。

第一节　居住区规划的原则与内容

一、居住区规划的原则

1．以人为本，注重人与自然的和谐发展。居住区的规划设计是为居民营造良好的居住环境，首先必须坚持以人为本的原则，注重人与自然的和谐发展，使居住生活环境达到方便、舒适、安全、优美的要求，以满足人们不断提高的物质与精神生活的需求。

2．可持续发展与综合效益原则。居住区规划的目的是要建立居住区各功能同步运转的正常秩序，谋求居住区整体水平的提高，从而达到社会、经济、环境三者统一的综合效益与持续发展。

二、居住区规划的任务和内容

（一）居住区规划的任务

居住区规划的任务，简单地讲就是为居民经济、合理地创造一个满足日常物质和文化生活需要、舒适、方便、卫生、安宁和优美的环境。在居住区内，除了布置住宅建筑外，还需布置居民日常生活所需的各类公共服务设施、绿地、活动场地、道路、市政工程设施等，也可考虑设置少数无污染、无干扰性的工业。此外，居住区规划的编制应考虑一定时期内国家经济发展水平，居民文化、经济生活水平，各地区、各民族居民的生活习惯和需要，当地的物质技术条件，注意远、近期结合，留有发展备用地，以满足城镇发展的弹性要求。

（二）居住区规划的内容

居住区规划的内容一般包括以下几个方面：

1．选择、确定居住用地的位置和范围，包括改建、拆迁的范围；

2．确定人口规模和所需用地的大小，或者根据改建地区的用地大小来决定人口规模；

3．拟定住宅类型、层数比例、数量，以及其规划布置的方式；

4．拟定公共服务设施的内容、数量、规模、分布和布置的方式；

5．拟定居住区内部道路的宽度、断面形式及道路系统的规划布置；

6．拟定公共绿地、体育、休息等室外场地的数量、分布和布置方式；

7．拟订各项工程管线的设计方案；

8．拟订竖向规划设计方案；

9．拟定各项技术经济指标和造价估算。

三、居住区规划的要求

小城镇居住区规划是一项综合性较强的工作，它涉及的面比较广，一般应满足以下几个方面的要求：

1．方便

居住区用地布局合理，各项用地联系方便；道路顺捷、交通方便、车行人行互不干扰，并有充足方便的停车设施；公共配套设施完善、布点合理、使用方便；为居民社会活动、人际交往以及闲暇时间利用提供场所；同时考虑为残疾人、老幼等特殊人群提供生活和社会活动的方便条件。规划需充分考虑居民生活行为模式与特征、地方习俗以及新生活需求。

2．舒适

居住区选址首先要考虑具有良好的生态环境，远离污染源和强烈噪声源。住宅建筑功能质量完善，居住环境有良好的日照、采光、通风条件，无噪声干扰，设备先进、生活能源供给充足，生活水质好，无次生污染，有较高的环境绿化水平，良好的小气候，空气新鲜洁净。在增强自然生态的同时，有条件的地区应利用太阳能、风能、雨水等自然资源，并对生活有机废弃物再生能源进行再循环利用，提高居住区自然平衡能力，使之具有健康、舒适、可持续发展的居住环境。

3．安全

居住区的社会安全应周密考虑安全防卫、物业管理、交通安全、社会秩序、人权保障、邻里关系等。居住区各功能系统要配套完善，保证正常运转及防灾抗灾的能力。规划还需满足领域与归属、私密与交往、认同与识别等生理与心理需求。社区服务为居民分忧解难，消除后顾之忧，使人们安居乐业。

4．经济

居住区规划建设应同小城镇的经济发展水平、居民生活水平和生活习俗相适应，也就是说在确定住宅建筑的标准、院落的布置时，需要考虑当时、当地的建设投资以及居民的生活习俗和经济状况，正确处理需要和可能的关系。降低建设费用和节约用地，是住宅建筑群规划布置的一项重要原则。要达到这一目的，必须对住宅建筑的相关标准和用地指标严格控制。此外，还要善于运用各种规划布局的手法和技巧，对各种地形、地貌进行合理改造，充分利用，以减少经济投入。

5．优美

居住区的环境景观应赏心悦目，建筑形式与环境协调并具特色；空间富于层次和变化，绿化和建筑交织，色调和谐协调；整个居住环境统一完整，具有较高的文化品位和审美境界，使居民尤其是少年儿童有良好的成长环境，潜移默化，培养品格，陶冶情操。

第二节　居住区的组成、类型和规模

一、居住区的组成

（一）居住区的内容组成

居住区根据工程类型基本上可分为以下两类：

1．建筑工程。主要为居住建筑，包括住宅和单身宿舍，其次是公共建筑、生产性建筑、市政公用设施用房（如泵站、调压站、锅炉房等）以及小品建筑等。

2．室外工程。包括地上、地下两部分，主要有道路工程、工程管线以及挡土墙、护坡、踏步等。

（二）居住区的环境组成

居住区环境组成可分为两部分：

1．内部居住环境指住宅的内部环境和住宅楼的公共部分的内部环境；

2．外部生活环境一般包括以下几个方面。

（1）空间环境。指各类空间环境的大小和质量。如公共绿地的面积大小和绿化质量水平的高低等；

（2）大气环境。指空气中有害气体和有害物质的浓度等；

（3）声环境。指噪声的强度，居住区对噪声强度要有一定的限制；

（4）视觉环境。指住宅互相间的视线干扰程度以及建筑空间质量和整体色彩等；

（5）生态环境。指绿地的数量和质量、“绿色”建材的应用、太阳能的应用等；

（6）小气候环境：指居住区环境的气温、日照、防晒、防风和通风等状况；

（7）邻里和社会环境。指居住区环境内的社会风尚、治安、邻里关系、居民的文化水平和修养等。

（三）居住区用地构成

根据用地不同的功能要求，居住区用地可分为以下四类：

1. 住宅用地。指住宅建筑基底占有的用地及其四周的一些空地，其用地包括通向住宅入口的小路、宅旁绿地和家院；

2. 公共服务设施用地。指居住区内各类公共服务设施建筑物基底占有的用地及其四周的用地，包括道路、场地和绿化用地；

3. 道路用地。指居住区内各级道路的用地，还包括回车和停车场用地；

4. 公共绿地。指居住区内公共使用的绿地，包括居住区级公园、小游园、运动场、林荫道、带状和小面积的绿地、儿童游戏场地，以及青少年、成年人和老年人的活动和休息场地。

（四）居住区规划总用地

居住区规划总用地包括居住区用地和其他用地两类。其他用地指规划范围内居住区用地以外的用地，例如工厂和作坊用地、大型公共设施用地、企业单位用地、防护用地等。

二、居住区的类型和规模

（一）居住区类型

1. 按不同的建设条件划分

可分为新建的居住区和城镇旧居住区，山地居住区和平原或水网地区的居住区。

新居住区的建设和对旧居住区的改造由于建设条件的不同应区别对待。一般来说旧居住区的改造要比新居住区的建设更为复杂，应根据建设的需要和可能，对旧居住区进行改造。

山地居住区的规划设计与平原或水网地区的居住区相比有其特殊的要求，如地形坡度、坡向对住宅类型的选择和群体布置的影响很大，必须慎重考虑。

2．按居住区所处位置划分

（1）城市型居住区

这类居住区在用地上是城镇功能用地的有机组成部分，是具有相对独立的居住生活单位。在居住区内一般只考虑设置为居住区服务的公共服务设施，而居住区级以上的公共服务设施则由城镇统一考虑安排。城市型居住区无论从建筑管理上、生活供应上以及居民的工作、学习、休息等方面都与城镇有密切的联系。

（2）独立型工矿企业居住区

这类居住区是专为一个或几个工矿企业的职工及其家属而建设的，因此居住对象比较单一。此类居住区大部分由于远离城镇或与城镇交通联系不便而具有较强的独立性。在这类居住区内除了考虑设置一般城市型居住区所必需的公共服务设施，还要设置更高一级的内容，如设备较为齐备的医院等。此外，这类居住区靠近农村，其公共服务设施还要兼为农村服务。因此，独立工矿企业居住区公共服务设施的项目和定额比城市型居住区应适当增加，但建筑标准并非高于城市型居住区。

（二）居住区规模

居住区的规模包括人口和用地两个方面，以人口数作为规模的标志。居住区作为城镇的一个居住组成单位，并且由于其本身的功能、工程技术经济和管理等方面的要求应具有适当的规模。这个合理规模主要由以下一些因素决定。

1．公共服务设施的配套设置、合理服务半径的影响

成套配置居住区级商业、文化、医疗等公共服务设施的经济合理性在相当长的时期内将是影响居住区合理规模（人口规模）的一个重要因素。根据有关部门的调查，从项目、经营管理、服务半径等因素分析，配置成套居住区级公共服务设施的合理规模，一般以3万～5万人为宜。

合理的服务半径，是指居住区内居民到达居住区级公共服务设施的最大步行距离，一般为 800～1 000 m，在地形起伏的地区还应适当减少。合理的服务半径是影响居住区用地规模的重要因素。

另外，有些居住区由于其所处位置的不同应区别对待，例如一些独立的工矿企业的居住区，有的虽然人口规模并不大，但也要配置较齐全的公共服务设施，以方便职工的生活，同时也可兼为附近农村服务。

2．城镇道路交通方面的影响

现代城镇交通的发展要求城镇干道之间要有合理的间距，以保证城镇交通

的安全、快速和畅通。因而被城镇干道所包围的用地往往是决定居住区用地规模的一个重要条件。

3. 居民行政管理体制方面的影响

居住区的规模与居民行政管理体制相适应或相结合，这是在我国社会主义制度下居住区规划的一个重要特征，也是影响居住区规模的另一个因素。因为在我国居住区的规划和建设不仅只是为了解决人们的居住问题，而且还要满足居民的物质和文化生活的需要，组织居民的生产（主要指居住区工业）以及组织居民的社会活动等。此外，自然地形条件和城镇规模等因素对居住区的规模也有一定的影响。

综合以上分析，居住区作为城镇的一个有机组成部分，应有其合理的规模，这个合理的规模应符合功能、技术经济和管理等方面的要求。

第三节 居住区规划

一、住宅建筑规划

住宅建筑用地是城镇以居住为主要用途的地段，包括居民住宅、宅基地及其间距、进户小路用地，不包括路宽 3.5 m 以上能通过消防车的巷路，单身职工宿舍亦不包括在内。

住宅建筑是居民生活居住的空间，住宅建筑群规划布置合理与否将直接影响到居民的工作、生活、休息、游憩等方面；因此住宅建筑群的规划布置应满足使用合理、技术经济、安全卫生和面貌美观的要求。

（一）住宅建筑的规划布置

住宅建筑及其用地的规划布置是居住区规划的主要内容，这不仅仅是由于住宅建筑面积和用地面积在居住区中占有相当大的比重，而且住宅建筑在空间的群体组合对城镇面貌起着重要作用。

居住建筑选型是一个很重要的环节，将直接影响居民生活的方便与否，国家建设投资和城镇用地的经济效益。另外城镇面貌的形成也是居住区规划重要内容之一。

1. 居住建筑的类型及其特点

由于使用对象的不同，居住建筑基本上分为两大类，第一类是供以家庭为单位居住的建筑，一般称为住宅；另一类是供单身集体使用的建筑，如学校的学生，工矿企业的单身职工等居住的建筑，一般称为宿舍。

第一类以户为基本组成单位的住宅主要有以下几种类型：

（1）按平面组成分

可分为梯间式（也称单元式）、内廊式、外廊式、内天井式、点式、跃廊式、梯廊式、台阶式、独院式、单联式。

以上所述的是我国在城镇住宅建设中所出现的 10 种不同的类型，但常见的主要是前 5 种，有些类型还需在实践中总结改进。

（2）按“套型”分

所谓“套型”就是指供不同住户使用的成套住宅的类型。“套型”一般以每户使用面积的多少来划分，套型的确定主要是为了满足住户不同家庭人口组成的需要，而这与每人平均居住面积的定额标准有密切关系，一般标准越高，每户使用面积越大。按套型可分为单一套型和多种套型。

（3）按层数分

可分为低层住宅、多层住宅、中高层住宅、高层住宅。

（4）按体形分

可分为条式、点式、其他形状（L、门、工、E 形）住宅。

2. 合理选择居住建筑类型

合理选择居住建筑类型一般应考虑以下几个方面：

（1）住宅建筑标准

住宅建筑标准是指面积和质量标准。面积标准一般指平均每户建筑面积和平均每人居住面积的大小，而质量标准是指设备的完善程度（如卫生设备、煤气、供电、供热等）。

（2）满足套型比的要求

所谓套型比是指各种不同套型的比例，而套型分为大套、中套和小套三种。套型比的确定通常是根据居民的家庭构成类型比，参照国家或当地住宅定额标准，结合各建设单位的具体情况，并考虑住户的稳定年限等多方面的因素来确定。如果套型比定得不适当，将造成住户使用不合理和房屋分配的困难，因为居住的基本要求是住得下、分得开、住得稳。

套型比的平衡，一般有两种方法：一是选用多种套型住宅，使套型在一个单元或一幢住宅内进行平衡；二是选用单一套型住宅，让套型在几幢住宅或更大范围内进行平衡。也可选用套型能灵活变化的住宅，使住宅对套型比有更大的适应性。

（3）确定住宅建筑层数和比例

住宅建筑层数的确定，要综合考虑用地的经济、建筑造价、施工条件、建筑材料的供应、市政工程设施、居民生活水平、居住方便的程度等因素。根据我国目前的条件，小城镇以 4～5 层为主，受用地条件限制的地方可适当建造一些高层住宅。

（4）适应当地自然气候条件和居民的生活习惯

我国自然气候条件相差很大，例如南方地区，气候比较炎热，在选择住宅时，首先应考虑满足居室有良好的朝向和自然通风；而北方地区，气候寒冷，主要矛盾是冬季防寒、防风雪。

（二）住宅建筑群的规划布置

1. 住宅建筑群平面布置基本形式

住宅建筑布置受多方面因素的影响，如气候、地形、地质、现状条件以及选用的住宅类型等，因而会形成各种不同的布置方式。比如，一般地形平坦的地区，布置可以比较整齐；山地丘陵地区需要结合地形，布置则比较灵活。规划区的住宅用地划分的形状、周围道路的性质和走向，都影响住宅的布置方式。概括起来，住宅建筑的平面布置形式一般可分以下几种基本形式：

（1）行列式

住宅建筑按一定的朝向和合理的间距成行成排地布置，形式比较整齐，有较强的规律性。这种形式能使绝大多数居室获得良好的日照和通风，是我国目前许多地区广泛采用的布置形式，但是如果处理不好，会产生单调、呆板的感觉，容易造成穿越交通的干扰。

（2）周边式

住宅建筑或院落沿街坊周围布置，这种布置形式形成近乎封闭的空间，具有一定的空地面积，便于组织公共绿化休息园地，组成的院落比较完整、安静。在寒冷及风沙较严重的地区，周边建筑可以起到阻挡风沙、减少寒风袭击及院落内积雪的作用。它还可提高居住建筑的密度，有利于节约用地。

（3）混合式

它是上述两种形式的混合布置，通常以行列式为主，布置在少量住宅或公共建筑的街道及院落的周边。

（4）自由式

它是从实际出发，照顾日照和通风要求，密切结合地形，灵活自由的、有规律的成组布置住宅。它可以充分结合地形起伏状况和道路弯曲相宜布置，适于山地、丘陵地区。

以上四种基本布置形式并不包括住宅建筑布置的所有形式，而且也不可能一一列举所有的形式。任何一种形式都是在特定的条件下产生的，在进行规划布置时，避免从形式出发，应根据具体情况，因地制宜地创造不同的布置形式。

2. 住宅建筑群体组合方式

（1）成组、成团的组合方式

是由一定规模和数量的住宅（或结合公共建筑）成组、成团的组合，构成居住区或小区的基本组合单元，有规律地反复。其规模受建筑层数、公共建筑配置方式、自然地形、现状条件及居住区管理等因素的影响。住宅组团可由同一类型、同一层数或不同类型、不同层数的住宅组合而成。成组、成团的组合方式功能分区明确，组团用地有明确范围，组团之间可用绿地、道路、公共建筑或自然地形进行分隔。这种组合方式有利于分期建设，即使在一次建设量较小的情况下，也容易使住宅组团在短期内建成而达到面貌比较统一的效果。

（2）成街、成坊的组合形式

成街、成坊的组合方式是住宅沿街组成带状的空间，一般用于城镇道路和居住区主要道路的沿线和带形地段的规划。成坊的组合方式是住宅以街坊作为一个整体的布置方式，一般用于规模不太大的街坊或保留房屋较多的旧居住地段的改建。成街组合是成坊组合中的一部分，两者相辅相成，密切结合，特别在旧居住区改建时，不应只考虑沿街的建筑布置，而不考虑整个街坊的规划设计。

居住建筑群体成组、成团和成街、成坊的组合方式并不是绝对的，往往这两种方式相互结合使用；在考虑成组、成团的组合方式时，也要考虑成街、成坊的要求；而在考虑成街、成坊的组合方式时，也要注意成组、成团的要求。

3. 住宅群体的空间组合

住宅群体的空间组合就是运用建筑空间构图的规律以及建筑空间构图的手段将住宅、公共建筑、绿化、道路和建筑小品等有机的组成完整统一的建筑群体。住宅群体的组合不仅是为了满足人们对使用的要求，同时还要符合工程技术、经济以及人们对审美的需要，而建筑群体的空间组合就是解决审美问题的一个重要方面。评价一个建筑群体的好坏，建筑单体设计的水平固然重要，但群体的空间组合往往起着决定性的作用。住宅群体的空间构图手法主要有对比、节奏和韵律、比例和尺度三种。

（1）对比

所谓对比就是指同一性状物质的悬殊差别。例如大与小、简单与复杂、高与低、长与短、横与竖、虚与实、色彩的冷与暖、明与暗的对比。对比的手法是建筑群体空间构图的一个重要和常用的手段，通过对比，可以达到突出主体建筑或使建筑群体空间富于变化，从而打破单调、沉闷和呆板的感觉，如图 7-1 所示。

（2）韵律和节奏

同一形体的有规律的重复和交替使用所产生的空间效果，有如节奏、韵律。产生韵律和节奏的构图手法常用于沿街或沿河线状布置的建筑群的空间组合，如图 7-2 所示。

图 7-1　点状与条状对比

注：引自《城镇规划原理与设计》（裴杭，1992）。

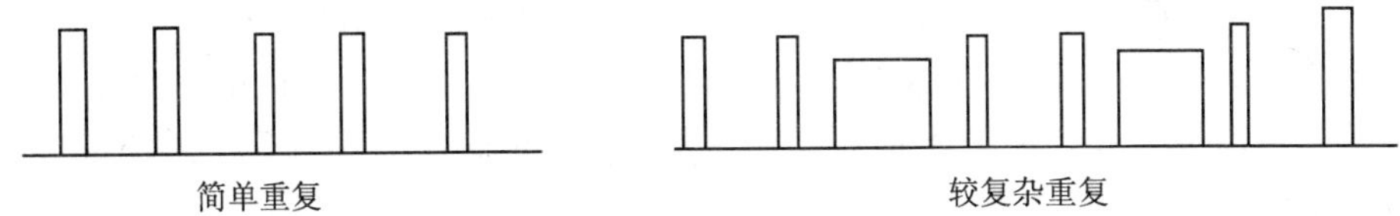

图 7-2　简单与较复杂的重复

注：引自《城镇规划原理与设计》（裴杭，1992）。

（3）比例和尺度

在建筑构图范畴内，比例的含义是指建筑物的整体或局部在其长、宽、高的尺寸，体量间的关系以及建筑的整体与局部、局部与局部、整体与周围环境之间尺寸、体量的关系。而尺度的概念则与建筑物的性质和使用对象密切相关。在组织居住院落的空间时，要考虑住宅高度与院落大小的比例关系以及院落本身的长宽比例。一般认为建筑高度与院落进深的比例在 1∶3 左右为宜，而院落的长宽比则不宜悬殊，特别应避免住宅之间形成狭窄的空间，否则会使人感到压抑、沉闷。沿街的群体组合，也应注意街道宽度与两侧建筑高度的比例关系。一般认为，道路的宽度为两旁建筑物高度的 3 倍左右为宜，这样的比例可以使人们在较好的视线角度内完整地观赏建筑群体。

此外，建筑的色彩、绿化的配置、道路的线形、地形的变化以及建筑小品等也是空间构图不可缺少的重要辅助手段。

二、居住区公共建筑规划布置

公共建筑是居住区中一个重要的组成部分，与居民的生活密切相关，它是为了满足居民的物质生活和精神生活需要，与居住建筑配套建设的。公共建筑项目的设置和布置方式直接影响居民的生活方便程度，同时公共建筑的建设量和占地面积仅次于居住建筑，而其形体色彩富于变化，有利于组织建筑空间，丰富建筑群体面貌，在规划布置中应予以足够的重视。

（一）公共建筑的分类

居住区公共建筑的内容和项目是很广泛的，所以可从不同角度去分类：

1. 按其使用性质划分，有儿童教育、医疗卫生、商业饮食、公共服务、文娱体育、行政经济和公用设施等。

2. 按居民对公共建筑的使用频率可分为两种，一种是居民每日或经常使用的公共建筑，包括综合商店、中学、小学、幼儿园、居委会、卫生站、青少年活动站、老年人活动室、服务站、自行车寄存处等，这些公共建筑统称为小区级公共建筑；另一种是居民必需的非经常使用的公共建筑，包括百货、食品、服装、家具、五金、交电、照相、药店、洗染、邮电、银行、医院、街道办事处、房管所、派出所、少年之家、俱乐部、影剧院等，这些公共建筑统称为居住区级公共建筑。

居住区公共建筑的内容和项目并不是一成不变的，它与人民的生活水平、各地的生活习惯、社会经济体制、公共服务设施完善的程度等有关，另外与人们社会生活组织的变化等也有关。

（二）公共建筑规划布置的要求和方式

公共建筑的规划布置既要考虑居民的使用方便，又要考虑公共建筑本身的经营与管理的合理性和经济性。

1. 规划布置的基本要求

（1）便于居民使用，各类公共建筑应有合理的服务半径，一般认为：

① 居住区级公共建筑为 800～1 000 m；

② 居住小区级公共建筑为 400～500 m；

③ 居住生活单元级公共建筑为 150～200 m。

（2）应设在交通比较方便、人流比较集中的地段，可结合职工上下班的走向布置；

（3）应在考虑附近地区和农村使用方便的同时，保持居住区内部的安宁；

（4）应利用公共建筑本身的特点组成富有个性的各级公共中心，且应与公共绿地结合布置或靠近河湖水面，以取得较好的环境效果。

2. 规划布置方式

居住区公共建筑规划布置的方式可按以下三级布置。

第一级（居住区级）公建项目，主要包括一些专业性的商业服务设施和文化活动中心、医院、街道办事处、派出所、邮电局、银行、粮管所、房管所、工商管理及税务所等为全区居民服务的机构；

第二级（小区级）主要包括粮油店、菜站、综合副食店、煤（气）站、小吃部、小百货店、幼托、小学等；

第三级（组团级）主要包括居委会、卫生站、综合基层店、早晚服务点、文化活动站、自行车存车处等；

第二级和第三级的公共服务设施都是居民日常必须的，通称为基层公建，这些公建可以如上述分为二级，也可不分。

（三）居住区级公共建筑的规划布置

居住区级公共服务设施，一般应相对集中布置，以形成居住区中心。居住区中心主要由商业服务设施组成。

1. 居住区中心的位置选择

为方便居民使用，通常将居住区商业服务设施集中布置，以形成居住区的生活服务中心。既要考虑方便居民使用，又要适当注意商店的营业额。其规划布置应根据居住区总的公共服务设施分布系统来确定，一般可选择位于居住区的中心地段和居住区的主要出入口布置。

2. 居住区中心的布置方式

根据我国居住区规划和建设的实践，居住区中心的布置方式大致有以下几种：

（1）沿街线状布置。这种布置方式应根据道路的性质和走向等综合考虑，在交通过于繁忙的城镇干道上一般不宜布置。在沿城镇主要道路或居住区主要道路布置时，如交通量不大，可沿道路两侧布置；当交通量较大时，则应布置在道路一侧，以减少人流和车流的相互干扰。道路的走向也影响建筑的布置，如当道路为南北走向时，往往产生建筑朝向与沿街面貌要求之间的矛盾，在这种情况下，通常应在保证住宅有良好朝向的前提下考虑沿街建筑群体的艺术要求，一般不宜把有大量人流的公建布置在交通量大的交叉口。在道路交叉口布置公共建筑时，应将建筑适当后退，留出小广场，以作人流集散的缓冲。沿街线状布置公建时，应根据公建的功能要求和行业特点相对成组集中布置。

沿街线状布置公建，特别是一些吸引人流较多且时间集中的项目，如饭店、文化活动中心、集贸市场等，必须保证有足够的供人流集散用的人行道宽度和车辆停放的场地。沿街线状布置公建时，车行道和人行道最好用绿化带分隔，以保证行人安全和减少灰尘与汽车噪声的干扰。

（2）成片集中布置。成片集中布置公建时，应根据各类建筑的功能要求和行业特点成组结合分块布置，在建筑群体的艺术处理上既要考虑沿街立面的要求，又要注意内部空间的组合，以及合理地组织人流和货流的线路。

成片集中布置的方式实际上是一种步行区的形式，无论在功能组织、居民使用、经营管理等方面都比沿街线状布置有利，但用地较多。

（3）沿街和成片集中相结合的布置方式，是上述两种方式的结合。布置得当可充分发挥两种方式各自的优点，而克服其缺点。

居住区中心采用哪种布置方式，要根据当地居民的传统习惯、气候条件、自然地形以及用地的紧张程度等因素综合考虑。此外，居住区中心除了考虑平面的规划布置外，还应考虑空间的规划布局，如充分利用地下空间和地形等。

（四）小区级公共建筑的规划布置

小区级公共建筑是居民日常必须使用的，因此，必须布置在步行安全、方便到达的范围内，其服务半径不应超过 500 m，其中有些项目的服务范围还应更小些。

1. 小区公共建筑项目的合理定位

（1）新建小区使用的四种定位方式

① 在小区地域几何中心成片集中布置，如图 7-5 所示。

此方式服务半径小，便于居民使用，利于居住小区内的景观组织，但购物与出行路线不一致，再加上位于小区内部，不利于吸引过路顾客，在一定程度上影响经营效果。在居住小区中心集中布置公共建筑的方式主要适用于远离小城镇交通干线，更有利于为本小区居民服务。

② 沿小区主要道路带状布置，如图 7-4 所示。

此方式兼为本区及相邻居民和过往顾客服务，经营效益较好，有利于街道景观组织，但居住小区内部居民购物行程长，对交通也有干扰。沿小区主要道路带状布置公共建筑适合位于城镇主要街道两侧的小区。

③ 在小区道路四周分散布置，如图 7-3 所示。

此方式兼顾本小区和其他居民使用方便，可选择性强，但布点较为分散，难以形成规模，主要适用于居住小区四周为居住区道路的居住小区。

④ 在小区主要出入口处布置，如图 7-6 所示。

此方式便于本小区居民上下班使用，也兼为小区外的附近居民使用，经营效益好，便于交通组织，但偏于居住小区的一角，对规模较大的小区来说，居民到公共建筑中心距离远近不一。

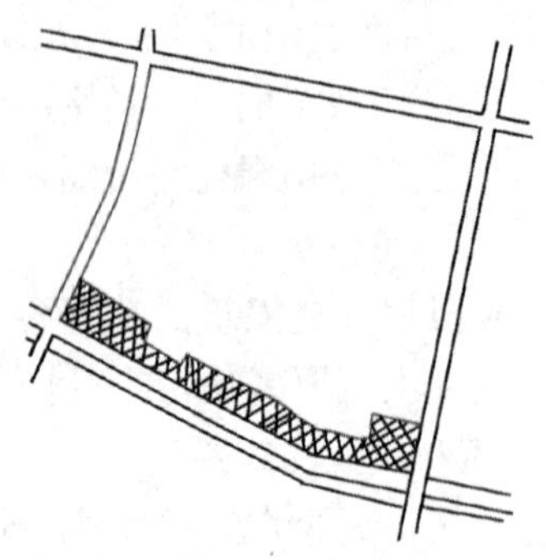

图 7-3　在小区道路四周分散布置

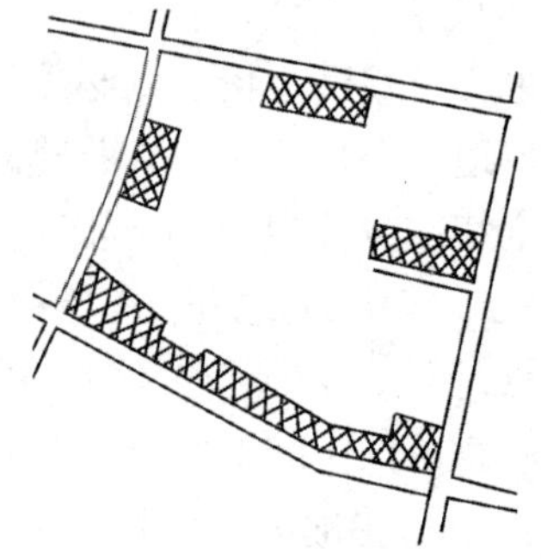

图 7-4　沿小区主要道路带状布置

注：引自《城镇规划原理与设计.》（裴杭，1992）。

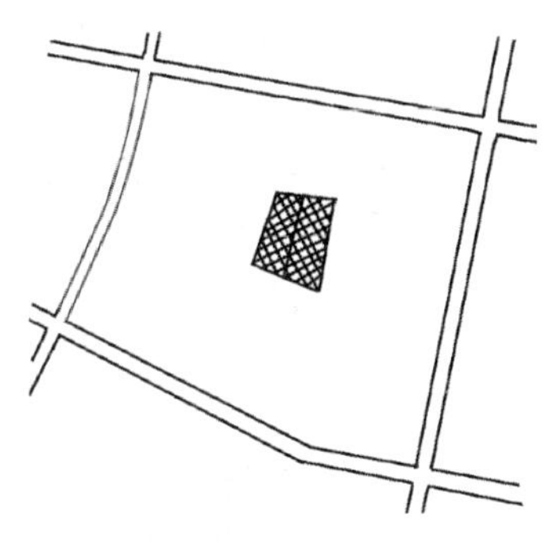

图 7-5 在小区地域几何中心成片集中布置

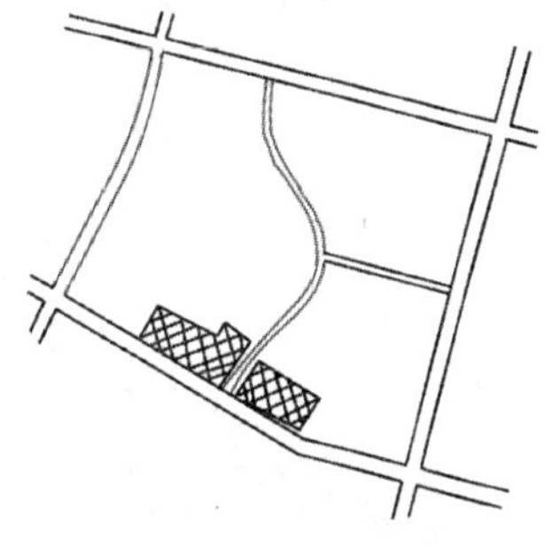

图 7-6 在小区出入口布置

注：引自《城镇规划原理与设计》（裴杭，1992）。

（2）旧区改建的公共建筑定位

居住小区若改建，可参照上述四种定位方式，对原有的公共建筑布局作适当调整，并进行部分改建和扩建，布局手法要有适当的灵活性，以方便居民使用。

2. 公共建筑的布置形式

在居住小区公共建筑合理定位的基础上，应根据居住小区的具体环境条件对公共建筑群作有序的安排。

（1）带状式步行街。这种布置形式经营效益好，有利于组织街景，购物时不受交通干扰，但较为集中，不便于就近零星购物，主要适合于商贸业发达、对周围地区有一定吸引力的小区，如图 7-7 所示。

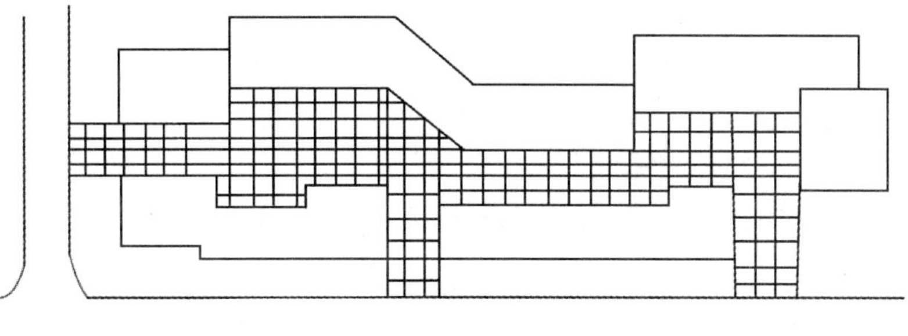

图 7-7 带状式步行街示意

注：引自《城镇规划原理与设计》（裴杭，1992）。

（2）环广场周边庭院式布局。这种布局方式有利于功能组织、居民使用及经营管理，易于形成良好的步行购物和游憩休息的环境，一般采用的较多。但其占地较大，且若广场偏于规模较大的居住小区的一角，则居民行走距离长短不一，因此适合于用地较宽裕，且广场位于城镇的居住小区中心，如图 7-8 所示。

（3）点群自由式布局。一般说来，这种布局灵活，可选择性强，经营效果好，但分散，难以形成一定的规模、格局和气氛。除特定的地理环境条件外，一般情况下不多采用，如图 7-9 所示。

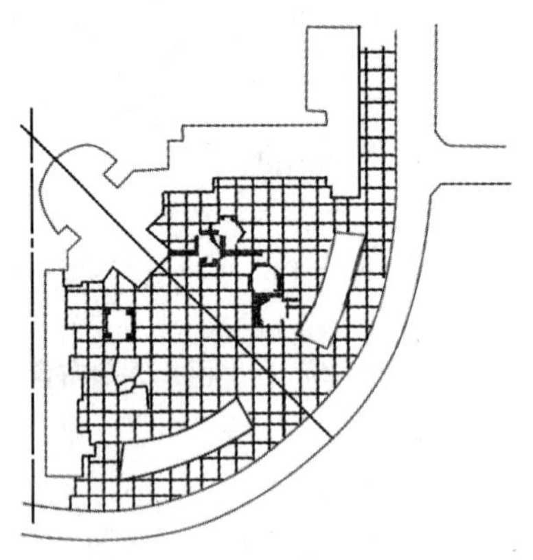

图 7-8　环广场周边庭院式布局

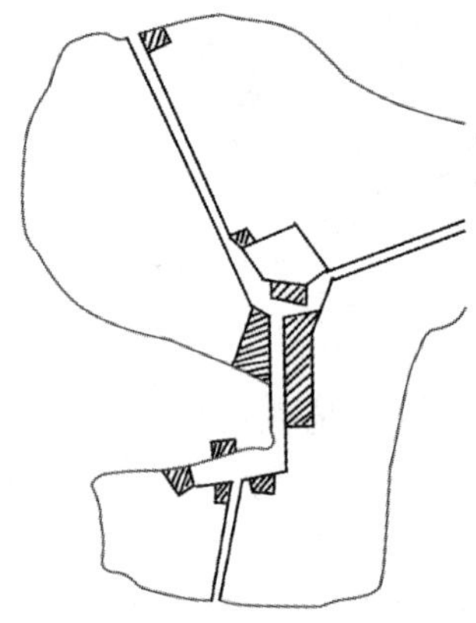

图 7-9　点群自由式布置示意

注：引自《城镇规划原理与设计》（裴杭，1992）。

三、居住区道路的规划布置

（一）居住区道路的分级和基本要求

1．居住区道路的分级

居住区内部道路要考虑居民日常生活交通的方便，还要考虑通行一些市政公用车辆的要求，如清除垃圾、递送邮件等交通，以及满足居住区铺设各种工程管线的需要。此外，还应考虑一些特殊情况，如救护车、消防车和搬运家具等交通的要求。根据功能的要求和居住区规模的大小，居住区道路一般可分为三级或四级。

（1）居住区级道路。是居住区的主要道路，用以解决居住区的内外交通联系。车行道宽度不应小于 9 m，道路红线宽度一般为 20～30 m；

（2）居住小区级道路。是居住区的次要道路，用以解决居住区内部的交通联系。车行道宽度一般为 5～8 m，道路红线宽度一般 10～14 m；

（3）居住组团级道路。是居住区内的支路，用以解决住宅组群的内外联系。车行道宽度一般为 3～5 m；

（4）宅间小路。是通向各户或各单元门前的小路，一般路面宽度不小于 2.5 m。

此外，在居住区内还可能有专供步行的林荫步道，多雪地区还要考虑堆积清扫道路积雪面积，道路宽度可酌情放宽，但要根据规划设计的要求而定，并符合当地城镇规划管理部门的有关规定。

2. 居住区道路规划布置的基本要求

（1）居住区道路系统应根据功能要求进行分级。为了保证居住区内居民的安宁，不应有过境交通穿越居住区，特别是居住小区。同时，不宜有过多的车道出口通向城镇交通干道；

（2）道路走向要便于职工上下班，尽量减少反向交通；

（3）应充分利用和结合地形，如尽可能结合自然分水线和汇水线，以利雨水排除。在多河地区，道路应与河流平行或垂直布置，以减少桥梁和涵洞的投资。在丘陵地区则应注意减少土石方工程量，以节约投资；

（4）在进行旧居住区改建或更新时，应充分利用原有道路和工程设施；

（5）车行道一般应通至住宅每单元的入口处。建筑物外墙面与人行道边缘的距离应不小于 1.5 m，与车行道边缘的距离不小于 3 m；

（6）尽端式道路长度不宜超过 120 m，在尽端处应能便于回车；

（7）若车道宽度为单车道时，则每隔 150 m 左右应设置车辆会让处；

（8）道路宽度应考虑工程管线的合理敷设；

（9）考虑为残疾人设计无障碍通道。

（二）居住区道路系统规划

1. 居住区道路系统的基本形式

根据不同的交通组织方式基本可分三种形式。

（1）人车交通分流的道路系统

是由车行和步行两套独立的道路系统组成。

（2）人车混行的道路系统

在居住区内私人小汽车数量不多的情况下，采用此种形式比较适合，特别是对以自行车出行为主的城镇更为适宜，我国目前大多数城镇基本都采用这种方式。

（3）人车部分分流的道路系统

这种形式是在人车混行的道路系统的基础上，另外设置一套联系居住区内各级公共服务中心或中小学的专用步行道，但步行道和车行道的交叉处不采取立交的形式，仍是平交。

2. 小区道路系统的布置方式

（1）车行道、人行道并行布置

① 微高差布置

人行道与车行道的高差为 30 cm 以下，这种布置方式对行人上下车较为方便，道路的纵坡比较平缓，但大雨时，对迅速排除地面水有一定的难度，主要适用于地势平坦的平原地区及水网地区，如图 7-10 所示。

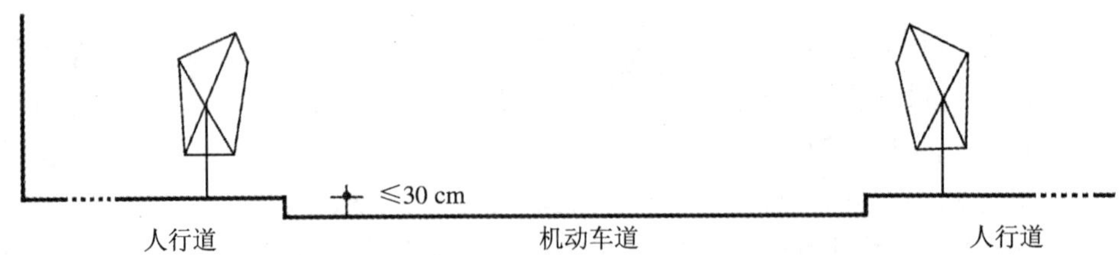

图 7-10　微高差示意图

注：引自《城镇规划原理与设计》（裴杭，1992）。

② 大高差布置

人行道与车行道的高差在 30 cm 以上，每隔适当的距离或在合适的部位应设置梯步将高低两行道联系起来。这种布置方式能够充分利用自然地形，减少土石方量，节省建设费用，且有利于地面排水，但行走不方便，道路曲度系数大，不易形成完整的居住小区的道路网络，主要适用于山地、丘陵地的居住小区，如图 7-11 所示。

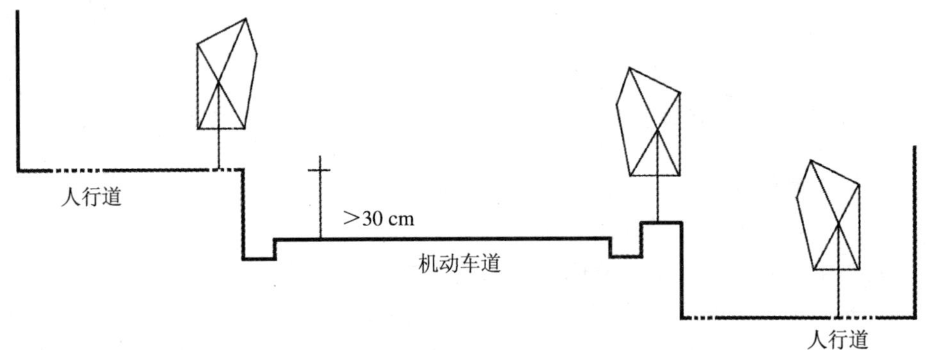

图 7-11　大高差示意图

注：引自《城镇规划原理与设计》（裴杭，1992）。

③ 无专用人行道的人车混行路

这种布置方式已被各地居住小区普遍使用，是一种常见的交通组织形式，比较简便、经济，但不利于管线的敷设和检修，车流、人流多时不太安全，主要适用于人口规模较小的居住小区干路或人口规模较大的居住小区支路。

（2）车行道、人行道独立布置

这种布置方式应尽量减少车行道和人行道的交叉，减少相互间的干扰，应以并行布置和步行系统为主来组织道路交通系统，但在车辆较多的居住小区内，应按人车分流的原则进行布置，适用于人口规模大、经济状况好的居住区。

① 步行系统

由各住宅组群之间及其与公共建筑、公共绿地、活动场地之间的步行道构成，路线应简捷，无车辆行驶。步行系统应较为安全随意，便于人们购物、交往、娱乐和休闲。

② 车行系统

道路断面无人行道，不允许行人进入。车行道是专供机动车和非机动车通行的，且自成独立的路网系统。当有步行道跨越时，应采用信号装置或其他管制手段，以确保行人安全。

3. 居住区道路布置形式

居住区道路布置的形式应根据地形、现状条件、周围交通情况等因素综合考虑，不应单纯追求形式与构图。

（1）居住区内主要道路的布置形式

居住区内主要道路的布置形式一般常见的有丁字形、十字形和山字形等。

（2）居住小区内部道路的布置形式

居住小区内部道路的布置形式有环通式、尽端式、半环式、混合式等。在地形起伏较大的地区，为使道路与地形紧密结合，还有树枝形、环形、蛇形等，如图 7-12 所示。

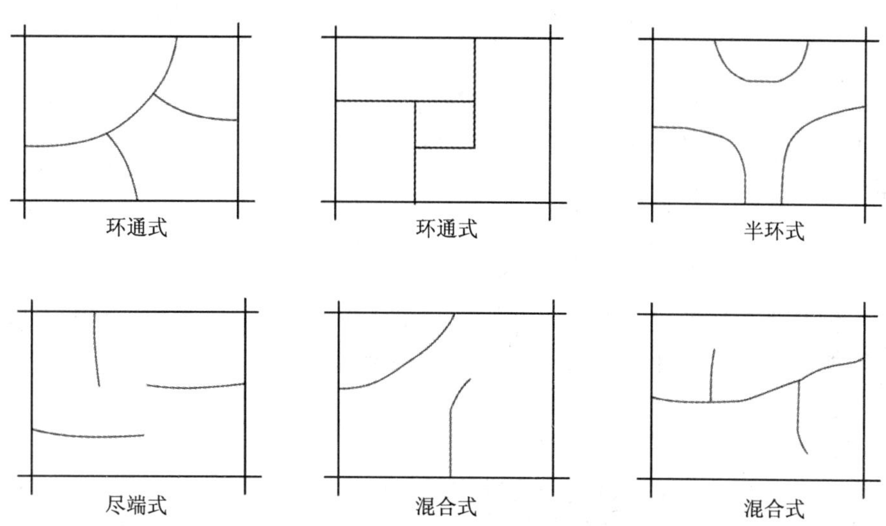

图 7-12 居住小区内部道路的布置形式

注：引自《城镇规划原理与设计》（裴杭，1992）。

四、居住区绿地的规划布置

城镇化的结果打破了自然界的生态平衡，人类为此付出了极大的代价。在新建和改建居住区中，应尽量为居民创造健康的生活环境，因此合理的绿化是必不可少的。居住区绿地是城镇绿地系统的重要组成部分，与居民关系密切，对改善居民生活环境和城镇生态环境具有重要作用。

（一）居住区绿地规划的基本要求

1．根据居住区的功能组织和居民对绿地的使用要求，采取集中与分散、重点与一般，点、线、面相结合的原则，以形成完整统一的居住区绿地系统，并与城镇总的绿地系统相协调；

2．充分利用自然地形和现状条件，尽可能利用劣地、坡地、洼地进行绿化，以节约用地；对建设用地中原有的绿地、湖河水面等应加以保护和利用，以节省建设投资；

3．合理选择、配置绿化树种，力求投资少、收益大，且便于管理，既能满足使用功能的要求，又能美化居住环境，改善居住区的自然环境和小气候。

（二）公共绿地的规划布置

1．“点”、“线”、“面”相结合

以公共绿地为点，路旁绿化及沿河绿化带为线，住宅建筑的宅旁和宅院绿化为面，将三者有机地结合，使其分布在居住区环境之中，形成完整的绿化系统。

2．平面绿化与立体绿化相结合

立体绿化的视觉效果非常引人注目，在搞好平面绿化的同时，应加强立体绿化，如对院墙、屋顶平台、阳台的绿化，对棚架绿化、篱笆与栅栏绿化等。

3．绿化与水体相结合

应尽量保留、整治、利用小区内的原有水系，包括河、渠、塘、池。在居住区的河流、池塘边种植树木、花草，修建小游园或绿化带；也可设置近水的小路、台阶、平台，还可设花坛、座椅等设施，供小区居民游憩、赏玩。

4．绿化与各种用途的室外空间场地、建筑及小品相结合

结合建筑基座、墙面可布置藤架、花坛等，丰富建筑立面，柔化硬质景观；将绿化与小品融合设计，如铺地砖间留出缝隙植草等，以丰富绿化形式，获得

彼此融合的效果；利用花架、树下空间布置停车场地；利用植物间隙布置游戏空间等。

5．观赏绿化与经济作物绿化相结合

城镇居住区的绿化，特别是宅院和庭院的绿化，除种植观赏性植物外，还可以种植一些诸如药材、瓜果和蔬菜类的花卉和植物。

6．绿地分级布置

居住区内的绿地应根据居民的生活需要，分为集中公共绿地、分散公共绿地、庭院及宅旁绿地等四级，如表 7-1 所示。

表 7-1　绿地分级设置要求

分级	属性	绿地名称	设计要点	最小规模（m^2）	最大步行距离（m）	空间属性
一级	点	集中公共绿地	配合总体注重与道路绿化衔接；位置适当，尽可能与小区公共中心结合布置；利用地形，尽量保护原有地形和植物；布局紧凑，活动分区明确；植物配置丰富、层次分明	≥750	≤300	公共
二级		分散公共绿地	有开敞式和半封闭式；每个组团应有一个较大的绿化空间；绿化以低矮的灌木、绿篱、花草为主，点缀少量高大乔木	≥200	≤150	
	线	道路绿化	乔木、灌木或绿篱			
三级	面	庭院绿地	以绿化为主，重点考虑幼儿活动场地	≥50	酌定	半公共
四级		宅旁绿化和宅院绿化	宅旁绿地以开敞式为主；庭院绿地可为开敞式或封闭式；逐一划分出公共与私人空间领域；院内可搭配棚架、水池，种植果树、蔬菜、芳香植物；利用植物搭配、小品设计增强标志性和可识别性		酌定	半私密

注：引自《小城镇规划与设计》（王宁，2001）。

（三）居住区绿化树种的选择和植物配置

绿化树种的选择和配置与绿化功能、经济和美化环境等各方面作用的发挥、绿化规划意图的体现有着直接关系，在选择和配置植物时，原则上应考虑以下几点：

1．居住区绿化是大量而普遍的绿化，宜选择易管理、易生长、省修剪、少

虫害和具有地方特色的优良树种，一般以乔木为主，也可考虑一些有经济价值的植物；

2．要考虑绿化不同功能的需要，如行道树应选用遮阳力强的阔叶乔木，儿童游戏场和青少年活动场地忌用有毒或带刺植物，而体育运动场地则应避免采用大量扬花、落果、落花的树木等；

3．为了使居住区的绿化面貌迅速形成，尤其是新建居住区，可将速生树种和慢生树种相结合，以速生树种为主；

4．绿化树种配置应考虑四季景色的变化，可采用乔木与灌木，常绿与落叶以及不同树姿和色彩变化的树种，搭配组合，以丰富居住区的环境。

五、居住区环境小品的规划布置

环境小品虽然体量不大，但题材广泛、内容丰富，对美化居住区环境和满足居民精神生活都起着十分重要的作用。

（一）环境小品的分类

环境小品按使用性质一般分以下几类：

1．建筑小品

休息亭、廊、书报亭、钟塔、售货亭、商品陈列窗、出入口、宣传廊、围墙等。

2．装饰小品

雕塑、水池、喷水池、叠石、花坛、花钵、壁画等。

3．公用设施小品

路牌、废物箱、垃圾集收设施、路障、标志牌、广告牌、邮筒、公共厕所、自动电话亭、交通岗亭、自行车棚。消防龙头、灯柱等。

4．游憩设施小品

戏水池、游戏器械、沙坑、座椅、坐凳、桌子等。

5．工程设施小品

斜坡、护坡、台阶、挡土墙、道路缘石、雨水口、井盖、管线支架等。

6．铺装

车行道、步行道、停车场、休息广场等的铺装。

（二）环境小品规划设计的基本要求

1. 环境小品应与建筑群体，绿化种植等密切配合，综合考虑，要符合居住区环境设计的整体要求以及总的设计构思。

2. 环境小品的设计要考虑实用性、艺术性、趣味性、地方性和大量性。所谓实用性就是要满足使用的要求；艺术性就是要达到美观的要求；趣味性是指要有生活的情趣，特别是一些儿童游戏器械对此要求更强烈，以适应儿童的心理；地方性是指环境小品的造型、色彩和图案要富有地方特色和民族传统；至于大量性，就是要适应居住区环境小品大量性生产建造的特点。

（三）环境小品的规划布置

1. 建筑小品

休息亭、廊大多结合居住区的公共绿地布置，也可布置在儿童游戏场地内，用以遮阳和休息；书报亭、售货亭和商品陈列橱窗等往往结合公共商业服务中心布置；钟塔可以结合建筑物设置，也可布置在公共绿地或人行休息广场；出入口指居住区、小区和住宅组团的主要出入口，可结合围墙做成各种形式的门洞或用过街楼、雨篷或其他小品如雕塑、喷水池、花台等组成入口广场。

2. 装饰小品

装饰小品主要起美化居住区环境的作用，一般重点布置在公共绿地和公共活动中心等人流比较集中的显要地段。

3. 公用设施小品

公共设施小品的规划和设计应主要满足使用要求这一前提，其色彩和造型都应精心考虑，如垃圾箱、公共厕所等，它们与居民的生活密切相关，既要方便群众，又不能设置过多。照明灯具是公共设施小品中为数较多的一项，根据不同的功能要求有街道、广场和庭院等照明灯具之分，其造型、高度和规划布置应根据不同的功能和艺术等要求进行。公共标志是现代城镇中不可缺少的内容，在居住区中也有不少公共标志，如标志牌、路名牌、门牌号码等，它给人们带来方便的同时，又给居住小区增添美的装饰。道路路障是合理组织交通的一种辅助手段，凡不希望机动车进入的道路出入口、步行街等，均可设置路障。路障不应妨碍居民和自行车、儿童车通行，在形式上可用路墩、栏木、路面做高差等各种形式，设计造型应力求美观大方。

4. 游憩设施小品

游憩设施小品主要是供居民日常游憩活动之用，—般结合公共绿地、广场等布置。

桌、椅、凳等游憩小品又称室外家具，是游憩小品设施中的一项主要内容。一般结合儿童、成年或老年人活动休息场布置，也可布置在人行休息广场和林荫道内，这些室外家具除了一般常见形式外，还可模拟动植物等的形象，也可设计成组合式的或结合花台、挡土墙等其他小品。

5．铺装

居住区内道路和广场占地比例相当大，因此这些道路和广场的铺装材料和铺砌方式在很大程度上会影响居住区的面貌。铺装的材料、色彩和铺砌的方式要根据不同的功能要求选择经济、耐用、色彩和质感美观，为了便于大量生产和施工往往采用预制块进行灵活拼装。

第四节　居住区规划的技术经济分析

居住区在用地及建设量上都占有很大的比重，其规划的内容，既要符合客观要求、设施标准、建设规模和速度，又要与经济发展水平相适应，充分发挥投资效果，节约用地。

居住区规划的技术经济问题就是从量的方面衡量和评价规划质量及其综合效益的工作，使居住区建设在技术上达到经济合理，并成为在具体规划设计工作的依据和控制标准。技术经济问题一般包括用地分析、技术经济指标和建设投资等方面。

一、用地分析

用地分析是经济分析工作中的一个基本环节，它主要是对居住小区现状和规划设计方案的用地使用情况进行分析和比较。居住区规划中各项用地界限的划定如下所述：

1．居住区用地范围的确定

（1）居住区以城镇道路、居住小区（级）道路、小区路或自然分界线为界限时，用地范围划至道路中心线或自然分界线；

（2）当规划总用地与其他用地相邻，用地范围划至双方用地的交界处；

（3）天然障碍物或人工障碍物相毗邻时，以障碍物用地边缘为界；

（4）居住小区内的非居住用地或居住小区级以上的公共建筑用地应扣除。

2. 住宅用地范围的确定

（1）以居住小区内部道路红线为界，宅前宅后小路属住宅用地；

（2）住宅与公共绿地相邻时，没有道路或其他明确界线时，如果在住宅的长边，通常以住宅高度的1/2计算；如果在住宅的两侧，一般按3～6 m计算；

（3）住宅与公共建筑相邻而无明显界限时，以公共建筑实际所占用地的界线为界。

3. 公共建筑用地范围的确定

（1）有明显界限的公共建筑，如幼托、学校均按实际用地界限计算；

（2）无明显界限的公共建筑，如菜店，饮食店等，则按建筑物基底占用土地及建筑物四周所需利用的土地划定界线；

（3）当公共建筑设在住宅建筑底层或住宅公共建筑综合楼时，用地面积应按住宅和公共建筑各占该幢建筑总面积的比例分摊用地，并分别计入住宅用地和公共建筑用地；底层公共建筑突出于上部住宅或占有专用场院或因公共建筑需要后退红线的用地，均应计入公共建筑用地。

4. 住宅底层为公共服务设施时的确定

（1）当公共服务设施在住宅建筑底层时，将其建筑基层及建筑物周围用地按住宅和公共服务实施项目各占该幢建筑总面积的比例分摊，并分别记入住宅用地或公共服务设施用地；

（2）当公共服务设施突出于上部住宅或占有专用场地与院落时，突出部分的建筑基底、因公共服务设施需要后退红线的用地及专用场地的面积均应记入公共服务设施用地内。

5. 道路用地范围的确定

（1）居住区道路作为居住区用地界线时按一半计算；

（2）小区路、组团路，按路面宽度计算。当小区路设有人行便道时，人行便道计入道路用地面积；

（3）非公共建筑配建的居民小汽车和单位通勤车停放场地，按实际占地面积计入道路用地；

（4）公共建筑用地界限外的人行道或车行道均按道路用地计算。属于公共建筑用地界限内的道路用地不计入道路用地，应计入公共建筑用地；

（5）宅间小路不计入道路用地面积。

6. 公共绿地范围的确定

（1）公共绿地指规划中确定的居住小区公园、小区公园、组团绿地，以及儿童游戏场和其他的块状、带状公共绿地等；

（2）宅前宅后绿地，以及公共建筑的专用绿地不计入公共绿地；

（3）组团绿地面积的确定，是绿地边界距宅间路、组团路和小区路边 1 m，距房屋墙脚 1.5 m。

7. 其他用地

其他用地指规划范围内除居住区用地以外的各种用地，应包括非直接为本区居民配建的道路用地、其他单位用地、保留的自然村或不可建设用地等，如居住小区级以上的公共建筑、工厂（包括街道工业）或单位用地等。

在具体进行用地计算时，可先计算公共建筑用地、道路用地、公共绿地和其他用地，然后从小区总用地中扣除，即得到居住建筑用地面积。

二、技术经济指标的内容

技术经济指标的内容见表 7-2。

表 7-2 居住小区技术经济指标的项目

项目	住宅平面层数/层	建筑密度/%	人口毛密度/（人/hm²）	人口净密度/（人/hm²）	住宅面积毛密度（住宅容积率）/（m²/hm²）	住宅面积净密度（住宅容积率）/（m²/hm²）	居住区建筑面积毛密度（容积率）/（m²/hm²）	住宅建筑净密度/%	绿地率/%
指标	▲	△	▲	▲	▲	▲	△	▲	▲

注：1. ▲ 表示必要指标；△表示选用指标；

2. 引自《小城镇规划与设计》（王宁，2001）。

三、技术经济指标的计算

（一）各项技术经济指标的计算

1. 住宅平均层数

平均层数是指各种住宅层数的平均值，公式表示为：

平均层=各种层数的住宅建筑面积之和（住宅总建筑面积）/底层占地面积之和

2. 建筑密度

建筑密度=各居住建筑底层建筑面积之和/居住建筑用地×100%

建筑密度主要取决于房屋布置对气候、防火、防震、地形条件和院落用地等要求，与房屋间距、建筑层数、层高、房屋排列有直接关系，在同样条件下，住宅层数愈多，居住建筑密度愈低。

3．人口毛密度

人口毛密度=居住总人口数/小区用地总面积（人/hm^2）

4．人口净密度

人口净密度=居住总人口数/住宅用地总面积（人/hm^2）

人口净密度与人口毛密度不仅反映了住宅和小区各建筑物分布的密集程度，还反映了平均居住水平。在同样居住面积密度条件下，平均每人居住面积越高，则人口密度相对越低。

5．住宅面积毛密度

是指每公顷居住小区用地上拥有的住宅建筑面积。

住宅面积毛密度=住宅建筑面积/居住区用地面积（m^2/hm^2）

6．住宅面积净密度（住宅容积率）

是指每公顷住宅用地上拥有的住宅建筑面积。

住宅面积净密度=住宅建筑面积/住宅用地（m^2/hm^2）

7．居住小区建筑面积毛密度（容积率）

是指每公顷居住小区用地上拥有的各类建筑的建筑面积（m^2/hm^2）。

容积率=总建筑面积/居住区用地面积（m^2/hm^2）

8．住宅建筑净密度

住宅建筑净密度=住宅建筑基底总面积/住宅总用地（%）

9．绿地率

绿地率=居住区用地范围内各类绿地总和/居住区用地总面积（%）

绿地应包括公共绿地、宅旁绿地、公共服务设施所属绿地和道路绿地（即道路红线内绿地），不应包括屋顶、晒台的人工绿地。

（二）建筑投资

居住小区建设的投资主要包括居住建筑、公共建筑和室外工程设施、绿化工程等造价，此外还包括土地使用准备费（如土地征用、房屋拆迁、青苗补偿等），以及其他费用（如工程建设中未能预见到的后备费用，一般预留总造价的 5%）。

在居住区建设投资中，住宅建筑的造价所占比重最大，约占 70%，其次是公共建筑造价，居住小区建筑投资内容见表 7-3。

表 7-3　居住小区造价概算

编号	项目	单位	数量	单价（元）	造价（元）	占总造价比重（%）	备注
1	土地使用准备 1. 土地征用费 2. 房屋拆迁费 3. 青苗补偿费	 hm^2 间 hm^2					
2	居住建筑 1. 住宅 2. 单身宿舍	 m^2 m^2					
3	人防造价						
4	公共建筑 1. 儿童教育 2. 医疗 3. 经济 4. 文娱 5. 商业服务	 m^2 m^2 m^2 m^2 m^2					
5	室外市政工程设施 1. 土石方工程 2. 道路 3. 水、电、暖外线	 m^2 m^2 m^2					
6	绿化	m^2					
7	其他						
8	居住区总造价	万元					
9	平均每个居民所占总造价	元/人					
10	平均每公顷居住区用地造价	元/hm^2					
11	平均每平方米居住建筑面积造价	元/m^2					

注：引自《小城镇规划与设计》(王宁，2001)。

参考文献

[1] 肖敦余，胡德瑞. 小城镇规划与景观构成[M]. 天津：天津科学技术出版社，1989.

[2] 骆中钊，李宏伟，王炜. 小城镇规划与建设管理[M]. 北京：化学工业出版社，2004.

[3] 金兆森. 村镇规划[M]. 南京：东南大学出版社，1999.

[4] 朱建达. 小城镇住宅区规划与居住环境设计[M]. 南京：东南大学出版社，2001.

[5] 白德懋. 居住区规划与环境设计[M]. 北京：中国建筑工业出版社，1993.

[6] 裴杭. 城镇规划原理与设计[M]. 北京：中国建筑工业出版社，1992.

[7] 王宁. 小城镇规划与设计[M]. 北京：科学出版社，2001.

[8] 李德华. 城市规划原理[M]. 北京：建筑工业出版社，2001.

[9] 朱家瑾. 居住区规划与设计[M]. 北京：中国建筑工业出版社，2000.

第八章　公共中心区规划

城镇公共中心，就是指城镇公共建筑分布集中的地区，也指居民进行政治、经济、文化等社会活动比较集中的地方。根据各主要公共建筑的功能要求和群众公共活动的需要，配置广场、绿地及交通设施形成一个公共设施相对集中的紧凑地区或地段。城镇中心往往是指一个地区的范围，一般并不具有明确的地点界限。城镇中心是逐步形成的，它是随着社会经济制度的变革及城镇自身的发展而发展起来的。

第一节　小城镇公共中心的构成与类别

一、公共中心的构成

公共中心是城镇主要公共建筑分布集中的地区，是居民进行各种活动、互相交往的场所，是城镇社会生活的中心。城镇中心应有各类公共建筑物、各类活动场地、道路、绿地等设施，它可以组成一个广场或组织在一条道路上，也可以是在街道和广场上结合布置，形成一个建筑群体。有的公共中心规模范围较大，可由几个建筑群体空间系列的道路和广场组合而成，其内容一般包括以下几个部分：

1．行政管理机构。如党政机关、社会团体、经济管理机构等的建筑，这些建筑根据自身的功能要求和建筑特点，可组织在城镇干道或广场上作为主景；

2．科学文化机构。如科学技术展览馆、博物馆、广播站、电视台、文化馆、图书馆、学校等；

3．纪念性的建筑。如纪念馆、纪念堂、历史文物建筑等，往往布置在视线集中的重要位置上，或保留在特定的环境中，不但能丰富城镇的艺术面貌，而且能成为人们瞻仰活动、游览休息的地方；

4．商业服务的建筑。如百货商店、各种专业商店、旅馆餐厅等，一般有精美的橱窗、变化无穷的建筑造型及夜间灯光的变幻等；

5．文娱、体育设施。如电影院、俱乐部、体育馆（场）等建筑，一般都拥有一定的形体和空间，这些设施有大量的人流集散，因此应布置在交通流畅、易组织车流和人流的地方；

6．邮电、金融机构。如邮政局、电信局、银行、保险公司等；

7．医疗卫生设施。如各类医院、卫生站、急救中心、防疫站等；

8．交通设施。如各类车站、码头、航空港等，这些建筑和设施在功能方面要求较高，在一般城镇中，这类交通性建筑起着城镇门户的作用。车站、码头的主要建筑可作为城镇交通道路的对景，易于游人辨认。

二、公共中心的分类

公共中心因其性质和服务范围的不同，有着不同的分类。

（一）按公共中心的性质划分

可分为政治活动、科技活动、文体活动、商业经济活动、纪念游览活动等中心。在一般情况下，往往是一个中心兼有各方面的功能，综合解决人们的各种要求，特别是在小城镇中，一般多数是这种布置。

（二）按公共中心的服务范围划分

1．市（镇）中心：为全城镇服务的公共中心；

2．区中心：分别为城镇各区服务的公共中心；

3．小区中心：为居住小区服务的公共中心。

第二节　公共中心的规模与规划布置

一、公共中心的规模

（一）公共中心的数量

公共中心的数量对城镇的性质、规模、结构、行政管理有很大的影响。一般规模小的城镇有时只有一个公共活动中心，要综合解决各方面的活动要求。在设置公共中心时，要注意当城镇的生活居住区由几个居住区组成时，可有市（镇）和区中心。如果市（镇）中心选择在某一居住区内，则该区区中心可不必设置，市（镇）中心可以结合考虑区中心的内容和要求。如果一个城镇只有一个居住区，那么城镇中心和区中心也可以结合起来考虑，不需分开设置。

（二）公共中心的规模

城镇公共活动中心，不仅为本城镇内的居民服务，而且也为城镇所辖范围以及相邻乡镇居民服务，为来本城镇旅游、办事、探亲的流动人口服务。因而城镇公共活动中心规模的大小和内容，不仅和城镇的大小、经济水平有关，而且还与服务范围和流动人口有关。尤其是具有突出特点和优势的城镇，如风景城镇、历史名城、对外开放城镇，或在某项工业、商业、农业等方面有特色的城镇，以及医疗、疗养、科学文化、旅游接待等特殊类型的城镇，其公共活动中心的规模和设施比一般城镇要大，内容也更为丰富。

二、公共中心的规划布局

（一）公共活动中心的位置选择

公共活动中心的位置，要根据城镇规划布局，统筹考虑后确定，应满足各类建筑在功能上的要求，正确处理它们的相互关系，避免相互之间的干扰。具体工作中应注意以下几点：

1．利用原有设施

城镇公共活动中心的位置应从现状出发，满足建设经济的要求，充分利用原有的设施和基础。尤其是在扩建、改建城镇中，必须调查研究原有公共活动中心的实际情况、发展条件，同时分析城镇的发展对公共活动中心的建设要求，尽量利用原有设施，根据具体情况，采取保留、改造、扩建等方法，将它们合理地组织到规划中来。

2．位置适中，交通方便

城镇中心是为整个城镇服务的，在理论上一般应位于城镇的中心，有最佳的服务半径。但由于城镇是多因素的综合体，是自然因素和社会因素的聚焦点，所以其中心并不一定是地面的几何中心。根据自然条件、历史文化、传统习惯、交通联系和人流主要方向等，其中心应选在位置适中、交通方便、居民能便捷到达的和自然条件良好的地段。有时由于城镇的发展使原有中心的位置不适中，或原有中心的基础较差，或原有中心改建时拆迁量较大，也可考虑重新选址，将原有中心改作他用。

3．适应性的要求

城镇公共活动中心的位置应与城镇用地发展方向相适应，近、远期结合。城镇中心的位置既要使近期比较适中，又要使远期趋向于合理，在布局上保持一定的灵活性。公共活动中心各组成部分的修建时间有先后，不同时期的建筑技术与经济条件也不一样，应注意公共中心在不同时期都能有比较完整的面貌，使其既满足分期建设的要求，又能达到完整统一的效果。

4. 节省建设资金

选择公共活动中心的位置时，除考虑充分利用现状，避免大量拆迁外，还应考虑工程地质、水文地质的条件和现状，避免进行大量的、复杂的工程技术措施，以节省建设资金。

（二）公共中心的空间布局形式

1. 沿街布置

城镇中心主要公共建筑布置在街道两侧，沿街呈线状发展是传统的布置方式，有便利的交通条件，易于形成繁华热闹的城镇景观。

采用沿主要街道布置公共建筑时，应注意将功能上有联系的建筑成组布置在道路一侧，或将人流量大的公共建筑集中布置在道路一侧，以减少人流频繁穿越街道。在人流量大、人群集中的地段应适当加宽人行道，或建筑适当后退形成集散场地，以减少对道路交通的影响，对于人流、车流过于集中的地段，并且人车混行，严重妨碍车辆行驶，又威胁行人的安全的情况，则应采用步行商业街的形式。

另外，当街道较长时，应分段布置，设置街心花园和小憩场所。在分段规划中，形成高潮区和平缓区，“闹”、“静”结合，街景适当变幻，削减行人疲劳。对于公共建筑项目较少的城镇，可以单边街布置公共建筑，以减少人流过街穿行，或将人流大的公共建筑布置在街道的单侧，另一侧少建或不建大型公共建筑。

2. 街坊式布置

在城镇干道划分的街区内，布置城镇中心公共建筑群、步行道路、广场、停车场、建筑小品及绿化休息设施，这种布局避免了城镇交通对其中心内部公共活动的干扰，也有利于城镇交通的组织，被国内外较多采用。

3. 结合地形，自由布置

利用自然条件，结合地形，将山坡地、河湖水面等天然要素组织在城镇中心内。城镇中心的各项用地，如建筑、道路广场、园林绿地及各种设施，巧妙布置在这种地段内，创造优美的公共中心环境，排除交通运输车流干扰，同时又与城镇干道有方便的联系。这些要素的布置，以巧用地形为规划原则，贵在灵活。

（三）公共中心的交通组织

公共中心集中了各类公共建筑，形成一定的建筑空间环境，此空间又是行人密集、交通频繁之处，既要求有良好的交通条件，又要避免交通拥挤、人车干扰，为了保证城镇中心各项活动的正常进行，要进行公共中心区的交通组织。

在交通组织上可以考虑以下几点：

1. 交通分散

分散与公共中心活动无关的交通；开辟与城镇中心主干道相平行的交通性道路；将通过城镇中心的交通性道路改为地下行驶；在城镇公共中心地区的外围开辟环行道路；在交通管理上进行处理，如控制车辆的通行时间和通行方向，如图 8-1 所示。

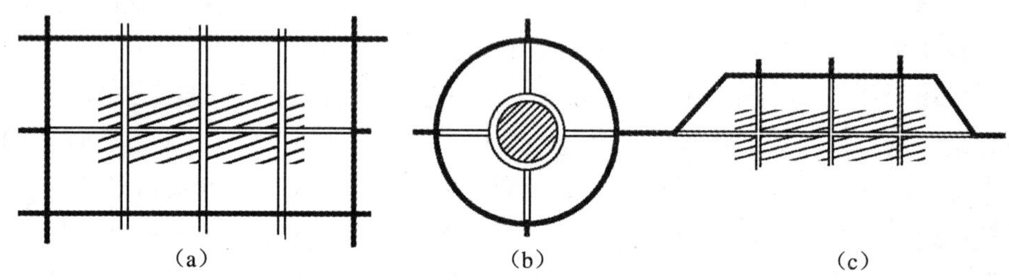

（a）方环绕过中心　（b）圆形绕过中心　（c）半环绕过中心

图 8-1　小城镇中心过往车辆绕行方式

注：引自《小城镇规划与设计》（王宁，2001）。

2. 合理布置吸引人流的大型公共建筑与设施

对于人流量大的公共建筑，当被安排在交通量较大的道路上时，应布置在干道的一侧，并加宽人行道和行人活动的面积，以减少可能来回穿越交通干道的人流。影剧院、体育场的出入口前，应组织相应的集散场地。在繁忙的交叉口四周，不宜布置吸引人流量大的建筑和设施，更不能将这些建筑和设施的出入口布置在交叉口处的转角地带。在吸引大量人流的设施前，应辟出广场以满足人流量的要求，并组织好人行通道。

3. 人车分流

开辟完整的步行道系统，把人流量大的公共建筑组织在步行道系统中，使人流、车流分开，各行其道，避免相互干扰。

（四）公共中心的艺术处理

公共活动中心的规划应考虑艺术布局的要求，它主要通过广场、道路、建筑群的组合，形成各种空间，再结合绿化布置，来体现它的艺术面貌。城镇公共中心的艺术布局，应建立在充分解决活动功能、交通要求的基础上，不能单纯追求艺术面貌，而且每个城镇的主要公共中心都应有自身独特的风格，而不应是千篇一律的。

利用历史文化建筑创造环境美。古建筑或新的建筑，在城镇中心规划中应予以适当依托和利用，令人抚古仰新，增加城镇风貌的感染力。拓宽视廊、开辟广场，新与旧巧妙联系和过渡，形成整体建筑的群体美，创造城镇地方特色。

政治活动或纪念活动要求有较好的活动中心设施，宜均衡对称。商业活动或文娱活动中心的布置，则应自由灵活。在平原地区或较平坦的地段，可采用均衡对称处理；而在丘陵山区、滨水地段或地形复杂之处，可视各自具体情况加以灵活处理。

第三节　中心区广场的规划

广场是城镇中心空间体系中的一个组成部分，是根据城镇功能上的要求而设置的，是供人们活动的空间，供车辆和行人交通的枢纽，在城镇道路系统中占有重要的地位，同时也是城镇政治、经济、文化活动的场所。广场上一般布置着城镇中的重要建筑和设施，集中地表现了城镇的艺术面貌。

一、广场的类型

1．中心集会广场

中心集会广场是小城镇的重要组成部分之一，通常设在中心地区，平时可供游览及一般活动，需要时可供群众集会、节假日欢庆之用。广场要有足够的游行集会面积，并能合理组织交通，保证集会游行时大量人流的迅速聚散。一般由行政办公、展览性、纪念性建筑结合雕塑、水体、绿地等组成，并且是气氛比较庄严、宏伟、完整的空间环境。一般布置在城镇中心交通干道附近，便于人流、车流的集散。

2．交通集散广场

交通集散广场主要解决人流、车流的交通集散，如影剧院、体育场、展览馆前的广场以及交通枢纽的站前广场等，都起着交通集散的作用。交通集散广场的车流和人流应组织好，以保证广场上的车辆和行人互不干扰，畅通无阻。广场要有足够的行车面积、停车面积和行人活动面积，其大小应根据广场上车辆及行人的数量决定。

3. 商业广场

商业广场是供居民集中购物或进行市场贸易和游憩活动的广场，是城镇商业贸易、餐饮、娱乐等设施集中的商业区，也是人流最集中的地方。因此，设计时要注意处理好广场出入口和活动区域之间的关系，并且组织好车流、人流的关系。

4. 纪念性广场

在有历史意义的地区，需要建设有重大纪念意义的建筑物，其前庭广场建筑主要为居民提供瞻仰历史纪念物、文化教育等用。广场的建筑及环境设施等均要有较高的艺术价值，这种广场除单独设置外，也可与其他类型广场结合组成在一起。

5. 生活广场

生活广场主要供居民休息、健身、聊天、下棋及儿童游戏活动使用。一般设置在居住区、居住小区或街坊内。生活广场面积较小，但其中绿地占较大的比例。

城镇的各类广场中有不少广场兼有多种功能。城镇广场的功能，一方面是为广场本身所属的性质服务，另一方面是通过路网面向城镇服务。在城镇规划中，必须解决城镇功能布局、路网结构和城镇广场三者之间的有机联系，形成完整的城镇道路广场系统。中小城镇广场类型比较简单，可考虑综合利用，即一个广场兼有多种功能；有些城镇可考虑利用体育场或其他公共建筑前的广场举办集会，而不专门设置集会广场。

二、广场的空间环境规划

广场的空间环境包括形体环境和社会环境两方面。形体环境由建筑、道路、场地、植物、环境设施等物质要素构成。社会环境则由人们的各种社会活动构成，如欣赏、游览、交往、购买、聚会等。

（一）广场的形状

广场的形状是多种多样的，按其平面布置形式，大体可分为规则式和不规则式两类。城镇各类广场一般采用规则的几何形（主要是矩形）为多。

1．规则式广场

广场的形状比较严整对称，有比较明确的纵横轴线，广场上的主要建筑物往往布置在主轴线的主要位置上。主要形式有：正方形广场、矩形广场、梯形广场、圆形和椭圆形广场。

2．不规则式广场

有的地区由于自然条件、用地条件、交通条件等，使广场平面规划为不规则的形式。不规则式广场适宜于特殊的环境条件，可以打破严谨对称的平面构图，比较活泼。不规则式广场实际上是有规律可循的，只是不同于规则式广场的对称而已，在山区，由于平地不可多得，有时在几个不同标高的台地上，也可组织不规则式广场，如图 8-2 所示。

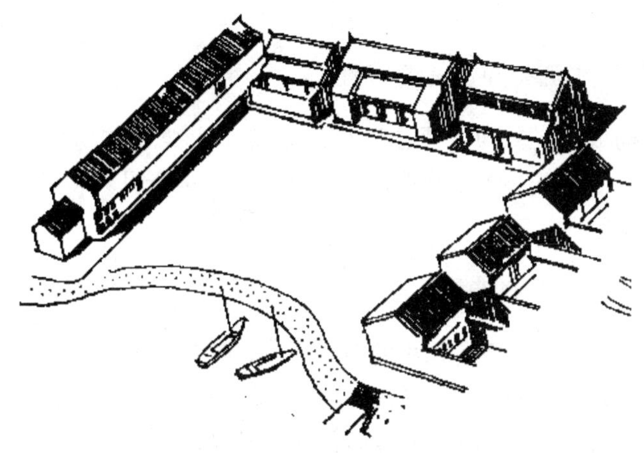

图 8-2　不规则广场示例

注：引自《城镇规划原理与设计》（裴杭，1992）。

（二）广场的规模、比例与尺度

1．广场的规模

广场的规模取决于广场的性质、广场在城镇中的地位以及广场上主要建筑物的尺度与交通状况等因素。交通广场取决于交通流量的大小、车流运行规律和广场四周交通组织的方式等；影剧院、体育馆、展览馆前的集散广场，则取决于在许可的集聚和疏散时间内，能满足人流、车流的组织要求；火车站的站前广场规模，要与火车站的等级和车站规模相适应。此外，广场面积还要满足相应的附属设施的场地，如停车场、绿化种植、公用设施等。广场的大小除考虑其功能需要外，还要同时考虑自然条件及广场建筑艺术空间的比例尺度的要求，所以广场面积的大小没有固定的模式。

2. 广场的比例、尺度

广场的比例有较多的内容，包括广场的用地形状、各边的长度尺寸之比、广场大小与广场上建筑物的体量之比、广场上各组成部分之间相互的比例关系、广场的整个组成内容和周围环境，如地形地势、城镇道路以及其他建筑群等的相互比例关系。

广场的尺度应根据广场的功能要求、广场的规模和人的活动要求而制定；广场的大小应与自身的性质、功能相适应，并与周围建筑高度相协调。广场的比例关系不是固定不变的，如天安门广场，周围建筑高度均在 30～40 m 之间，广场宽度为 500 m，高宽比为 1∶12，以致使人感到空旷，但由于广场中布置了人民英雄纪念碑、毛主席纪念堂、旗杆、花坛、林带等分隔了空间，这样就避免了过大的感觉。

（三）广场上建筑物和设施的布置

建筑物是构成广场的重要因素，广场上除了主要建筑物外，还有其他建筑物和各种设施，它们在广场上组成有机的整体，主从分明，关系协调，满足各组成部分的关系要求。

1. 广场上主要建筑的布置

在广场规划设计中主要建筑物的布置方法，一般有以下几种：

（1）主要建筑布置在广场中心。此方法要求主要建筑的体形必须是从四个方向观看都是完整的，采用这种布置方法必须特别注意交通组织问题。

（2）主要建筑沿广场的主要轴线布置在广场周边或纵深处，建筑物主要立面朝向广场，这是最常见的布置方式。

（3）广场轴线不明显时，可根据建筑物的朝向，广场四周的道路性质决定主要建筑的位置。这种情况，最好使主要建筑物比其他一般建筑物有更为丰富或更突出的轮廓线，可将主要建筑物布置在广场的转角上，使其立面突出在广场之中。

2. 广场与纪念物的关系

在布置广场中纪念性建筑的位置时，要根据纪念建筑物的造型和广场的形状来确定。纪念物是纪念碑时，无明显的正背关系，可从四面观赏，宜布置在方形、圆形、矩形等广场的中心。当广场为单向入口时，则纪念物宜对着主要入口一面，在不对称的广场中，纪念物的布置应与整个广场构图取得平衡。纪念物的布置应不妨碍交通，并使人流与良好的观赏角度取得关联，同时需要有良好的背景，使其轮廓、色彩、气氛等更加突出，以增加艺术效果。

3．其他设施

广场除有建筑之外，还应有灯光、音响等设备的布置，应与广场中的建筑物、纪念物等配合。此外还应有一些附属性的建筑，如亭、廊、座椅、宣传栏等小品，体量虽小，但与人活动的尺度比较接近，有较大的观赏效果，其位置应不影响交通和主要观赏视线。

4．广场的交通组织

有的广场还需考虑广场内的交通组织问题，以及城镇交通与广场内各组成部分之间的交通组织问题。组织交通的目的，主要在于使车流通畅、行人安全、管理方便。

5．广场的地面铺装与绿化

广场的地面是根据不同的要求而铺装的，同时要考虑人行、车行的不同要求。广场的地面铺装要有适宜的排水坡度，能顺利地解决场地的排水问题。有时因铺装材料、施工技术和艺术处理等的要求，广场地面上须划分网格或各种图案，增强广场的尺度感。铺装材料的色彩、网格图案等应与广场上的建筑，特别是主要建筑和纪念物等取得密切的配合，起到引导、衬托的作用。

有绿化和绿化艺术较高的广场，不仅能增加广场的表现力，还具有一定的功能作用。在规则式的广场中多采用规则式的绿化布置；在非规则式的广场中，多采用自由式的绿化布置；在靠近建筑物的地区宜采用规则式的绿化布置。绿化布置应不遮挡主要视线，不妨碍交通，并与建筑物组成优美的景观，植物配置力求简洁，同时绿化也可以遮挡不良的视线并作为地区的障景。

第四节 集贸市场的规划

集市贸易是我国城乡物资交流的重要途径，在发展城乡经济中起着一定的作用，它和人们的生活非常密切。从目前的情况来看，集贸市场已趋经常化、专业化，所以集贸市场要求开辟固定场地，建成专用设施。

一、集贸市场的类型、特点及发展趋势

（一）集贸市场的类型

1．集贸市场根据经营品种的不同，可分为粮油、副食、百货、土产、燃料、柴草、牲畜、生产资料、建筑材料等几类。

2．根据交易时间的不同，分为定期集市和早、中、晚市。定期集市一般隔数日一集，上市商品种类齐全，规模大，赶集人多，逢年过节更是盛况空前。早、中、晚市主要经营新鲜蔬菜、肉类、水果、禽蛋等。

（二）集贸市场的特点

有明显的季节性，农忙、农闲、节前假日，不同时期所需交易的品类有很大差异；赶集人数增减幅度大，瞬时集散量大；集日大量客货流主要来自城镇外，黎明上市，午至高潮，日落散尽，赶集人数一般几千人，有的多达数万人；地方差异很大，不同地区集市的经营内容、交易方式、服务对象亦不同，具有浓郁的地方习俗和民族风情等特点。

（三）集贸市场的发展趋势

集市贸易迅速发展，品种增多，销售量增大，需按物品类别分市，设置专项用地；对于人流增加，占地面积加大，则需扩建市场，以便于客货集散；农民进入城镇营业开店，国有企业在集市设点，交易趋向经常化，要求集贸市场场地固定，增设各项市场设施；与科技信息、文化娱乐联系密切，要求服务设施更完善。

二、集贸市场规划

（一）集贸市场的规划布置原则

1．按上市商品分类，划行归市，设置专业市场。根据经济条件，逐步地由露天市场过渡到顶棚市场。

2．与城镇居民生活关系密切的，搬运方便的商品，应尽可能地规划在城镇内部，以设置综合市场为宜。如蛋禽、肉类、蔬菜、副食、油料、百货等。

3．商品较大较重，搬运不便，或有粪便污染，或易发生火灾的商品，应规划在城镇边沿，或远离居住区，如牲畜市场、柴草市场。

4．市场的规划布置要照顾商品货源进城方向，尽量不使大宗上市商品穿越城区内部以影响交通和增加往返距离。

5．有大量过境车辆的道路上，不宜布设集贸市场，以免阻碍交通，造成交通事故。

6．城镇主要道路上不宜布置市场，以便维持正常的交通秩序，应付紧急事件。

7．重要工厂、仓库、对外交通、消防、医疗等单位比较集中的街道上不宜规划市场。

8．集贸市场的规划布置应与城镇道路规划、广场规划紧密配合，在专业集贸市场的周围应多规划些出入口以便发生紧急情况时人流的迅速疏散。

9．在集贸市场主要出入口处应规划足够面积的自行车、拖拉机停车场，以免影响人流的汇集和疏散。

10．在需要安静环境的公共建筑附近不宜规划集贸市场。如医院住院部、幼儿园、学校教学楼、图书馆等。

（二）集贸市场的规划要点

1．做好现状调查。对集贸市场的历史沿革、经营品种、服务范围、赶集人数、集市占地、集散方向、运输工具等都要做详细的调查；

2．分析现状，预测发展，确定市场用地规模；

3．根据客货流向，做好集贸市场选址的方案比较；

4．规划好道路系统，组织好瞬时集散，安排好大集时用地的临时措施；

5．配置集市各项设施，如摊棚、停车场地、管理和服务机构、场地设施（绿化、给水、排水、公厕、垃圾等）。

（三）集贸市场的布置形式

1．路边布置

沿道路两旁摆设摊位，人车混杂，容易引起交通堵塞，需要进行经常的交通管理，维持交通秩序。应及时划定摊位界限，安排好销售者进入市场的次序，否则交通运货车辆和购物通行人流之间相互干扰将非常严重。这种形式无须专门辟地，也没有棚舍投资，最为经济，但这种形式妨碍交通。在城镇中选择交通量小的街道作为菜市较为适宜，辟为步行区则更好。在经济水平较低的城镇，这是一种主要的布置形式。

2．集贸市场街

是在路边设置的高一级形式，在城镇中单独辟出街道来，或者新建一条街，作为专供集贸市场用的步行街，设置经常性的摊位，便于整日营业。

3．场院式布置

辟出单独的空地作为农贸市场，比路边布置易于管理，不影响城镇道路交通，也不影响路边商店的营业，对居民干扰少。这是一种较稳定的市场，设有固定摊位，地面要考虑便于洗刷，内部布置有一定的分区，把蔬菜类、果品类、鱼虾水产类、肉类、家禽等分类相对集中，有利于人们选购，使各类商品之间相互不干扰，购物路线的组织明确、畅通，使买卖双方都比较方便。

4. 专业市场

随着市场经济繁荣发展，近年来，不少地方的城镇根据本地的工农业生产产品的销售、原材料的供应、批发零售业务发展的需求，开始建设专业性的大型市场，兼营批发与零售，不仅面向本地区、全国甚至国外市场，如粮油市场、蔬菜批发市场、食品市场、水产品市场、纺织品市场、纺织原料市场、服装市场、小商品市场、皮货市场、珍珠市场、建材市场、家具市场、药材市场等。

第五节　街道建筑群规划

一、街道建筑统一规划意义

小城镇中普遍存在街道两旁沿街布置建筑，街道比较狭窄的现象。在机动车辆未成为主要交通工具，交通不很繁忙的时代，矛盾不突出。然而随着小城镇经济的发展，这种街道布置方式已经不能适应小城镇的发展要求。

街道规划是从城镇总体规划的要求出发，对城镇中某一条街道进行的详细规划。街道建筑群规划是在街道建筑红线，断面等规划设计决定之后，进行街道两旁的建筑群规划，使街道面貌能形成一个整体。

街道建筑群的规划，应根据街道性质，街道交通运输的要求做不同的处理，一般街道既要有交通运输的要求，又要有艺术的要求。

二、街道规划与建筑布置

（一）建筑布置与街道规划的关系

建筑的布置因街道的性质、走向，街道所在地区的自然环境条件，街道的线形而不同。在交通繁忙的街道上，要保证交通安全，街道两旁的绿化中只要求能起到隔声防尘的作用，在树种的选择上可考虑季节的变化及空间、色彩上的变幻。

不同地形环境的街道对建筑布置的要求也有不同。平坦地段的街道，建筑的布置或严整、或均衡、或比较自由。丘陵山区的街道，特别是梯级街道上，则应根据地势的上下，视线的组织，在高低错落中探求布置的规律。水网地区的街道，可与水系相傍平行，利用水系组成街景。沿河与水滨的街道，可在街道一侧布置建筑，而将临靠水域的一侧做绿化处理，将水上风光组织到街景中来。东西向的街道，沿街布置建筑，就难免光影的变化；南北向的街道，沿街布置建筑，就难免有东西向的不良朝向，特别是夏季炎热地区，午后西晒的房间是难以忍受的。在东西向的街道上，使用人数较多的建筑，如百货大楼，影剧院等，宜布置在街道北侧，并可适当加宽人行道；使用人数较少、要求安静的建筑，如银行、邮局、药店等，则可布置在街道南侧。

沿街建筑物不要都压红线建造，在某些地方要适当后退，前面留出一定空间，特别是高层建筑，前面必须留出一定面积的广场。交叉路口的建筑也应较多后退，前面设置绿化带或低层建筑，以增加景深与层次，主体切忌过分逼近道路或广场。

（二）沿街建筑的布置方式

沿街建筑的布置方式很多，归纳起来，可从下列几个方面考虑：

1. 间隔布置，即沿街修建彼此间有一定距离的成组建筑或独立建筑。这样的布置有利于消防、通风、日照等方面的处理，每幢建筑能与绿化充分结合。多幢建筑的短边或山墙向街时，也能组织良好的街景，可用低层的沿街建筑如商店等多层建筑的山墙连接起来，而组成统一的建筑群。间隔分幢布置，适应性较大。如在山区街道、圆弧形街道，特别是梯级的街道上，分幢布置建筑，无论在造型上或分期分批建设上都较有利，在街道的艺术面貌上，也能获得丰富多变的效果。但必须注意各幢建筑的处理，在艺术面貌上彼此协调、相互呼应，不能互争突出，破坏整条街道的完整性。

2. 连续周边布置，即沿街道建筑红线不间断地布置建筑。从节约城镇用地出发，是较为经济的，其建筑布置也比较简单，但在通风、日照、采光、消防等方面往往存在问题，街道面貌也比较单调。如两侧建筑较高，宛如两道高墙，中间像一条走廊。

实际上，街道的规划不能以某种固定的布置形式来决定，应该注意整条街道面貌的处理，街道空间的组织，而且还要考虑与街道两侧其他地域的统一协调，使整个地区有完整的面貌。

参考文献

[1] 肖敦余，胡德瑞. 小城镇规划与景观构成[M]. 天津：天津科学技术出版社，1989.

[2] 骆中钊，李宏伟，王炜. 小城镇规划与建设管理[M]. 北京：化学工业出版社，2004.

[3] 金兆森. 村镇规划[M]. 南京：东南大学出版社，1999.

[4] 裴杭. 城镇规划原理与设计[M]. 北京：中国建筑工业出版社，1992.

[5] 王宁. 小城镇规划与设计[M]. 北京：科学出版社，2001.

[6] 李德华. 城市规划原理[M]. 北京：建筑工业出版社，2001.

第九章　生态环境建设规划

环境是人类赖以生存的基本条件，是发展农业、渔业、牧业、林业和工业生产，繁荣城乡经济的物质源泉。人类通过劳动利用自然环境资源来发展生产、创造财富，同时又不断地改造不良的自然环境条件，来创造和改善人类居住生活的环境。人类社会为自己创造日益美好的物质文明的同时也使人类赖以生存的环境受到破坏，环境质量下降，甚至威胁着人类的生存条件。在城镇，工业的发展，人口的聚集，为城镇的经济发展提供有利条件，但与此同时也给城镇带来破坏环境和生态平衡的不利影响。因此对生态环境的保护，尤其是对城镇环境的保护，越来越多地引起人们的关注。保护环境，实施可持续发展是我国社会主义现代化建设必须始终坚持的一项基本战略，生态环境规划也成为小城镇规划中不可缺少的部分。

第一节　环境容载力理论

环境容载力是对环境容量与环境承载力两个概念的结合与统一。环境容量与环境承载力是环境系统的两个方面，它们紧密联系，共同体现和反映出环境系统的结构、功能与特征。通过对环境容载力的评估，可以确定环境容量和环境承载力，建立环境质量的生态调控指标，从而确定社会经济与生态环境相适应的小城镇发展规模。

一、环境容量

环境容量从狭义上理解，其概念可以表述为一定时间、空间范围内的环境系统在一定的环境目标下对外加污染物的最大允许承受量或负荷量。它往往是以环境质量标准为基础的污染物容纳阈值，即指基本环境基准，结合社会经济、技术能力指定的控制环境中各类污染物质浓度水平的限值。而广义的环境容量可以理解为是指某区域环境对该区域发展规模及各类活动要素的最大容纳阈值。这些区域环境容量包括自然环境容量（大气环境容量、水环境容量、土地环境容量）、人工环境容量（用地环境容量、工业容量、建筑容量、人口容量、交通容量等），这些容量的总和即为整体环境容量。环境容量是环境质量中“量”的方面，是质量的量化表现或定量化表述，一般情况下，环境容量通常可以由绝对值或单位标准值来表示。

从生态系统的角度看，环境可分为大气环境、水环境、土地环境、社会经济环境，其环境容量可分为标准时空容量、污染物极限容量、人口极限容量、生态容量（环境占用和资源消耗）四个方面（表 9-1），这四个坏境容量相互影响、相互制约。对城镇发展来说，环境标准时空容量是目标容量，污染物极限容量和人口极限容量均是控制容量，生态占用量是开发利用容量。在生态城镇建设过程中，一旦人口或污染物总量超过环境极限容量时，环境承载力就受影响，这需由生态容量来调控，这样才能协调城镇发展与环境容量的定量关系，彻底解决城镇环境污染、人口增长、资源利用、生态建设之间的矛盾。

（一）环境容量的估算

把某一区域的环境容量加以分解，分别求出大气、水质、土壤等环境要素和环境因子的容量，把保持某环境质量标准的污染物排放总量，即定为环境容量。这样，将求环境容量的问题，转化为用某种环境质量标准计算容许排放量的问题。

1. 大气环境容量

大气环境容量的确定，首先，要计算大气的有效空间规模。以 S_a 表示大气空间的有效面积，即指某区的图上平面面积。以 H_a 表示大气空间的有效高度，则应该是指大气平流层的海拔高程与某区的平均海拔高程间的高差。那么，某区有效空间规模（容积）以 V_a 表示，则有 $V_a = S_a \times H_a$；其次，要合理选取某区大气环境质量标准体系。一方面要以国家标准体系为依据和基础；另一方面还要具体分析区域环境特征和城镇自身环境特点，参照地区标准体系加以综合考虑和调整。

大气污染物的主要构成包括：TSP、SO_x、NO_x、CO_x、O_3、Pb 等，标准取值时间分为年平均、日平均、最大一次性和一级、二级、三级 3 个等级。若主要污染物的种类有 i 个，以 B_{ai} 表示第 i 种污染物的标准值，可以从所用的质量标准中得到；B_{aiO} 表示第 i 种污染物的本底值，是大气环境资源自身的原始状态，可以由比较样本测得；C_{aiO} 表示第 i 种污染物的大气同化能力，可以采用国际通用标准值；R 表示其他非主要污染物占污染物总量的比率，可以通过长年实际监测值进行回归取得，则大气环境容量 Q_a 可由下面公式计算：

$$Q_a = [V_a \times \sum_{i=1}^{i}(B_{ai} - B_{aiO}) + \sum_{i=1}^{i} C_{aiO}]/(1 - R_{aO}) \tag{9-1}$$

2. 水体环境容量

水体环境资源主要包括地表水体（河流、湖泊等）和地下水体（承压潜水等）。同样，城镇水体环境容量的确定，首先，要计算城镇水体的有效空间规模，亦即镇域辖区范围内水资源总量，可以通过长年水文观测资料获得。其次，也要合理选取水体环境质量标准体系。一方面主要根据区域水文环境特点，以地区标准体系为依据和基础；另一方面还要参照国家标准体系加以综合考虑和调整。

水体污染物的主要指标包括：COD、BOD_5、Cu、Hg、Pb、Cr^{6+}、As、Cd、溶解氧、挥发酚、氰化物等，标准取值范围应在国家质量标准六级体系中选取前三级作为水体环境质量标准，地区标准也可依法炮制。参照城镇大气环境容量的计算公式，可以类推得到城镇水体环境容量 Q_W 的计算公式如下：

$$Q_W = [V_W \times \sum_{i=1}^{i}(B_{Wi} - B_{WiO}) + \sum_{i=1}^{i} C_{WiO}]/(1 - R_{WO}) \qquad (9\text{-}2)$$

式中：V_W——水体环境资源总量；

B_{wi}——第 i 种污染物的标准值；

B_{WiO}——第 i 种污染物的本底值；

C_{WiO}——第 i 种污染物的水体同化能力，该值应按地区水体同化标准值计算；

R_{WiO}——其他非主要污染物占污染物总量的比率。

3. 土地环境容量

土地环境资源相对于大气和水体两种环境资源，无论是从其类型、构成，还是从其物理化学过程等方面，都要复杂得多。首先，就其资源量的确定来说，有两个方面必须考虑：第一，笼统而论，土地环境资源总量应是镇域范围内的国土总面积；第二，具体来讲，从城镇环境污染影响出发，土地环境资源有效总量应为有土壤层覆盖和裸露的镇域国土总面积。如果国土总面积以 S_I 表示，S_w 表示水体总面积（包括江、河、湖、库、渠等水面），S_P 表示非农产业用地总面积（第二、三产业等），S_t 表示交通用地总面积（城乡道路、机场等），S_s 表示无土壤覆盖的基岩裸露土地总面积。那么，土地环境资源有效总量 $S_e=S_I-(S_w+S_P+S_t+S_s)$；其次，也要合理选取土地环境质量标准体系。一方面主要根据区域土地、土壤环境特点，以地区标准体系为依据和基础；另一方面还要参照国家标准体系加以综合考虑和调整。

土地污染物的主要指标包括 COD、BOD_5、Hg、Cr^{6+}、As、Cd、SO_r、挥发酚、氰化物、油类等，标准取值范围应在实际监测基础上，制定出地区标准体系。参照城镇大气和水体环境容量的计算公式，结合土地、土壤系统的特点，可以类推得到土地环境容量 Q_I（g）的计算公式如下：

$$Q_I = [S_e \times M_i \times \sum_{i=1}^{i}(B_{Ii} - B_{IiO})] \qquad (9\text{-}3)$$

式中：S_e——土地环境资源总量；

B_{Ii}——第 i 种污染物的标准值；

B_{IiO}——第 i 种污染物的本底值；

M_i——每公顷（hm^2）土地的土壤重量 2 250 000（kg）。

4．单要素的总环境容量

某区域单要素的总环境容量可用下式表示：

$$V_E = V_{E_1} + V_{E_2} \tag{9-4}$$

$$V_{E_1} = (C_i - C_0)Q_W \text{或} Q_g$$

式中：V_E——某区域单要素的总环境容量；

V_{E_1}——单要素的基本环境容量；

V_{E_2}——单要素的变动环境容量（自净能力）；

C_i——单要素的环境目标值；

C_0——单要素的本底值；

Q_W——水体的重量；

Q_g——大气的体积。

（二）城镇环境容量

城镇环境容量是指环境对于城镇规模及人的活动提出的限度，具体地说，即城镇所在地域的环境，在一定的时间、空间范围内，在一定的经济水平和安全卫生要求下，在满足城镇生产、生活等各种活动正常进行的前提下，通过城镇的自然条件、现状条件、经济条件、社会文化历史条件等的共同作用，对城镇建设发展规模以及人们在城镇中各项活动的强度提出的容许限度。

1．城镇环境容量的影响因素

（1）城镇自然条件

自然条件是城镇环境容量中最基本的因素，包括地质、地形、气候、矿藏、动植物等。

（2）城镇现状条件

组成城镇的各项物质要素的现有构成状况对城镇发展建设及人们的活动都有一定的容许限度。

（3）经济技术条件

城镇拥有的经济技术实力对城镇的发展规模也具有一定的容许限度。一个城镇的经济技术条件越雄厚，则它所具有的改造城镇环境的能力也越大，城镇环境容量也越有可能提高。

2. 城镇环境容量的内容

城镇环境容量包括城镇人口容量、自然环境容量、城镇用地容量以及城镇工业容量、交通容量、建筑容量等。

（1）城镇人口容量

城镇人口容量为特定的时期内城镇这一特定的空间区域所能相对持续容纳的具有一定生态环境质量和社会环境质量水平及具有一定活动强度的城镇人口数量。城镇人口容量包含以下 3 个方面的内涵：

① 它是在特定的空间范畴内，在特定的社会生产力发展水平下所能容纳的人口规模；

② 此人口规模必须是在一定生态环境质量和社会生活水平条件下的人口数量；

③ 城镇的生态环境质量和社会环境不仅应满足一定人口规模的动态需求（这些人口在城镇中的各项活动），同时还应具有相对的时间延续性。

（2）城镇自然环境容量

城镇自然环境容量包括大气环境容量、水环境容量、土壤环境容量等，尤以前二者更为重要。

① 大气环境容量

大气环境容量是指在满足大气环境目标值（即能维持生态平衡又不超过人体健康阈值）的条件下，某区域大气环境所能承纳污染物的最大能力，或所能允许排放的污染物的总量。其大小取决于该区域内大气环境的自净能力以及自净介质的总量。

②水环境容量

水环境容量指在满足城镇居民安全卫生使用城镇水资源的前提下，城镇区域水环境所能承纳的最大污染物质的负荷量。水环境容量与水体的自净能力和水质标准有密切关系。

在城镇这一特定区域内，水环境容量还包括水资源储量（应考虑最不利条件，如枯水季节）能够满足某一城镇规模所需的用水量，其中包括生活用水、工业用水和农田水利用水等。

③ 土壤环境容量

土壤环境容量是指土壤对污染物质的承受能力或负荷量。当进入土壤的污染物质低于土壤容量时，土壤的净化过程成为主导方面，土壤质量能够得到保证，否则土壤将受到污染。土壤环境容量取决于污染物的性质和土壤净化能力的大小。

（3）城镇工业容量

城镇工业容量指城镇自然环境条件、城镇资源能源条件、城镇交通区位条件、城镇经济科技发展水平等对城镇工业发展规模的限度。影响城镇工业容量的因素很多，如前述的人口容量、大气环境容量和水环境容量等。也有研究者根据工业用地占城镇建设用地的比例，以及工业用地与居住用地比例之间的关系并参照国家规范加以比较分析，从而得出工业容量的结论。

（4）城镇交通容量

城镇交通容量是指现有或规划道路面积所能容纳的车辆数。城镇交通容量首先受城镇道路网形式及面积的影响，此外，还要受机动车与非机动车占路网面积的比重、出车率、出行时间及有关折减系数的影响。

二、环境承载力

环境承载力是指在一定时期、一定的状态或条件下、一定的区域范围内，在维持区域环境系统结构不发生质的变化、环境功能不遭受破坏的前提下，区域环境系统所能承受的人类各种社会经济活动的能力，或者说是区域环境对人类社会发展的支持能力。它包括两个组成部分，即基本环境承载力（或称差值承载力）和环境动态承载力（或称同化承载力）。前者可通过拟订的环境质量标准减去环境本底值求得，后者指该环境单元的自净能力。环境承载力是环境质量的“质”的方面，是质量的质化表现或定性概括。

环境承载力也是各个环境要素在一定时期、一定的状态下对社会经济发展的适宜程度，具体包括气候要素（气候生产指数、气候干旱指数等）、资源要素（资源丰富度、资源开发强度等）、地形要素（地形起伏度）等要素。

环境承载力可分为环境基本承载力、污染承载力、抗逆承载力、动态承载力四个方面（表 9-1），反映的是大气、水、土地环境、社会经济环境的动态和静态变化的水平。要得到环境承载力的结论一般需要建立数值模拟模型和预测模型，分析大气、水、土地、社会经济环境的动态和静态变化趋势，确定环境承载力指数。

表 9-1　环境容载力研究分解

环境容量	标准时空容量	污染物极限容量	人口极限容量	生态容量
大气	大气质量分级	大气环境容量	大气人口容量	大气资源生态容量
水	水环境质量分级	水环境容量	水环境人口容量	水资源生态容量
土地	土地质量分级	土地环境容量	土地人口容量	土地资源生态容量
社会	社会发展四个层次	社会污染源排放总量	经济人口容量	社会基础设施生态容量
环境承载力	基本承载力	污染物承载力	抗逆承载力	动态承载力
大气	气候资源丰富度指数	大气污染指数	大气污染调控指数	大气环境质量动态变化指数
水	水资源丰富度指数	水污染指数	水污染调控指数	水环境质量动态变化指数
土地	土地资源丰富度指数	土地环境污染指数	土地污染调控指数	土地环境质量动态变化指数
社会	社会基础设施指数	污染物排放密度与强度指数	社会经济支持度	社会可持续发展测度

注：引自《生态环境评价、规划与管理》（海热提，王文兴，2004）。

通过表 9-1 的环境承载力评价分解，综合环境承载力指数可以分解为基本承载力、污染承载力、抗逆承载力、动态承载力；也可以分解为大气环境承载力、水环境承载力、土地环境承载力、社会环境承载力。因此综合环境承载力计算指标体系可以通过这两种分解体系进行设计。将以综合环境承载力指数分解为基本承载力、污染承载力、抗逆承载力、动态承载力，构建的综合环境承载力计算指标体系如表 9-2 所示。

表 9-2a　环境承载力计算指标体系

<table>
<tr><th>A</th><th>B</th><th>C</th><th>D</th></tr>
<tr><td rowspan="8">综合环境承载力</td><td rowspan="4">基本承载力B1</td><td>气候资源丰富度指数 C1</td><td>气候生产力指数
人均氧气量
……</td></tr>
<tr><td>水资源丰富度指数 C2</td><td>人均水资源量
地表水资源丰富度
地下水资源丰富度
……</td></tr>
<tr><td>土地资源丰富度指数 C3</td><td>土壤肥沃度
生物多样性指数
生物资源丰富度
矿产资源丰富度
……</td></tr>
<tr><td>社会基础设施指数 C4</td><td>人均道路面积
人均公共绿地面积
……</td></tr>
<tr><td rowspan="4">污染承载力B2</td><td>大气污染指数 C5</td><td>大气功能区环境质量达标率
SO_x 污染指数
NO_x 污染指数
……</td></tr>
<tr><td>水污染指数 C6</td><td>水功能区环境质量达标率
COD 污染指数
总氮污染指数
总磷污染指数
……</td></tr>
<tr><td>土地污染指数 C7</td><td>土壤重金属污染指数
土壤农药污染指数
土地沙化污染指数
土壤侵蚀指数
……</td></tr>
<tr><td>社会污染指数 C8</td><td>生活垃圾排放指数
工业固废排放指数
噪声污染指数
……</td></tr>
</table>

注：引自《生态环境评价、规划与管理》(海热提，王文兴，2004)。

表 9-2b 环境承载力计算指标体系

A	B	C	D
综合环境承载力	抗逆承载力B3	大气污染调控指数 C9	工业废气处理率 年 SO_x 削减率 年 NO_x 削减率 ……
		水污染调控指数 C10	废水处理率 年 COD 削减率 ……
		土地污染调控指数 C11	退化土地恢复率 污染土壤治理率 ……
		社会污染调控指数 C12	固废综合利用率 危险废物处置率 ……
	动态承载力B4	大气环境质量动态变化指数 C13	3 年大气环境质量动态变化指数 5 年大气环境质量动态变化指数 10 年大气环境质量动态变化指数 ……
		水环境质量动态变化指数 C14	3 年水环境质量动态变化指数 5 年水环境质量动态变化指数 10 年水环境质量动态变化指数 ……
		土地环境质量动态变化指数 C15	3 年土壤环境质量动态变化指数 5 年土壤环境质量动态变化指数 10 年土壤环境质量动态变化指数 ……
		社会经济发展动态变化指数 C16	3 年社会经济发展动态变化指数 5 年社会经济发展动态变化指数 10 年社会经济发展动态变化指数 ……

注：引自《生态环境评价、规划与管理》（海热提，王文兴，2004）。

有了计算指标体系，就可以进行具体计算评价了。在计算环境承载力时，总体采用模糊归一化方法和加权法对指标的原始数据进行归一化处理，参见（9-5）式：

$$\bar{E}_{ji}=\sum W_j\times\bar{E}_j \tag{9-5}$$

式中：$\bar{E}_{ji}$——某污染指数，（例如大气）j=1，2，… m；i=1，2，… n；

j——某项污染的各项指标；

i——某项指标中的分量（一般取各年的分量）；

$\bar{E}_j$——第 j 项指标的污染指数；

$\bar{W}_j$——各项指标的加权值，W_j之和为 1。

三、环境容载力

由上述可见，环境容量强调的是区域环境系统对其自然灾害的削减能力和人类活动排污的容纳能力，侧重体现和反映了环境系统的自然属性，即内在的自然秉性和特质；环境承载力则强调在区域环境系统正常结构和功能的前提下，环境系统所能承受的人类社会经济活动的能力，侧重体现和反映了环境系统的社会属性，即外在的社会秉性和特质，环境系统的结构和功能是其承载力的根源。在区域的发展过程中，环境容量和环境承载力反映的是环境质量的两个方面，前者是环境质量表现的基础，反映的是环境质量的“量化”特征；后者是环境质量的优劣程度，反映的是环境质量的“质化”特征。一般来说，环境容量是以一定的环境质量标准为依据，反映的是环境质量的“量变”特征，而环境承载力是以环境容量和质量标准为基础的，反映的是环境质量的“质变”特征。

环境容载力概念的提出主要是源于对环境容量与环境承载力两个概念的有机结合与高度统一，也是环境质量的量化与质化的综合表述。从一定意义上讲，没有环境的容量和质量，就没有环境的承载力，环境的容载力就是环境容量和质量的承载力。因此，环境的容载力定义为：自然环境系统在一定的环境容量和环境质量支持下对人类活动所提供的最大的容纳程度和最大的支撑阈值。简而言之，环境容载力是指自然环境在一定纳污条件下所支撑的社会经济的最大发展能力。它可看做环境系统结构与社会经济活动的相适宜程度的一种表示，环境容载力可以用环境容量分值和环境承载力指数来综合评价。在小城镇生态环境建设规划中，依据环境容载力评价结果，预测环境容量变动和承载力变动趋势，其结果可作为生态环境功能分区的主要依据。

（一）环境容载力特点

环境系统是地球上最复杂的生态系统之一，因而环境容载力涉及的学科及范围极为广泛，它在本质上反映了环境系统的复杂性、资源的价值性、密集性等，具有下述特征。

1. 有限性

在一定的时期及地域范围内，一定的自然条件和社会经济发展规模条件下，一定的环境系统结构和功能的条件下，区域环境系统对其人口、社会、经济及各项建设活动所提供的最大的容纳程度和最大的支撑阈值或以最大的环境容量和环境质量支持人类社会经济发展的能力是有限的，即容载力是有限的。尤其是区域的社会经济发展规模、能力和环境系统的功能是决定区域环境容载力大小的主要因素。

2．客观性

区域环境容载力本身是一个客观的量，是环境系统客观自然属性的反映，也是环境系统的客观自然属性在“质”的方面的衡量。在一定的区域环境容载力的评价指标体系下，其指标值的大小是固定的，不以人们的意志为转移，即从“质”的角度来讲，其“质”的量化的大小是固定的。

3．稳定性

在一定的时期及地域范围内，一定的自然条件和社会经济发展规模条件下，一定的环境系统功能的条件下，区域环境的容载力具有相对的稳定性。如果把处于一定条件下的环境容载力看成一些数值，这些数值将在一个有限的范围内上下波动，而不会产生大的变化。

4．变动性

由于区域自然条件和社会经济发展规模、环境系统本身的结构和功能随城镇发展总是处于不停的变动之中的，这些变化一方面与环境系统自身的运动变化有关；另一方面与区域的发展对环境施加的影响有关。这些变化反映到区域环境容载力上，就是环境容载力在“质”与“量”这两种规定性上的变动。在“质”的规定性上的变动表现为环境容载力评价指标体系的变动，在“量”的规定性上的变动表现为环境容载力评价指标值大小上的变动。

5．可调控性

区域环境容载力具有可调控性，这种可调控性表现为人类在掌握环境系统运动变化规律的基础上，根据自身的需求对环境系统进行有目的的改造，从而提高环境容载力。如城市通过保持适度的人口容量和适度的社会经济增长速度从而提高环境的容载力。

（二）环境容载力的估算

1．环境容载力评价指标体系的建立

环境容载力评价指标是对环境容载力进行数值表达的一种形式或计量尺度。环境容载力评价指标体系是由一系列相互联系、相互补充、具有层次性和结构性的评价指标组成的一个具有科学性、相关性、目的性、动态性的有机整体。

我们应用层次分析法，从众多原始评价指标中层层筛选，最终形成由自然环境资源容载力指标 B_1、社会经济资源容载力指标 B_2、环境容载力可持续度指标 B_3 共 3 个指标组成二级层次；由大气容载力指标 C_1、水资源容载力指标 C_2、土地资源容载力指标 C_3、生物资源容载力指标 C_4、人口容载力指标 C_5、经济发展容载力指标 C_6、基础设施容载力指标 C_7、社会设施容载力指标 C_8、科技教育容载力指标 C_9、优势度指标 C_{10}、饱和度指标 C_{11}、潜力度指标 C_{12}、调控度指标 C_{13} 共 13 个指标组成三级层次；100 个具体指标 D_1，D_2…，D_{100} 构成区域环境容载力评价指标体系。评价指标体系结构如图 9-1 所示。

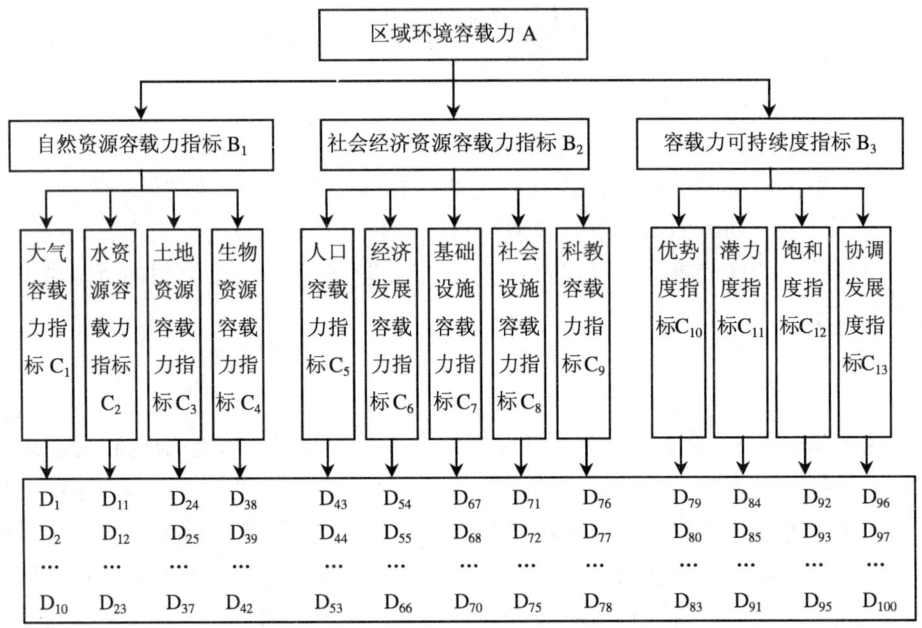

图 9-1 环境容载力评价指标体系层次图

注：引自《生态环境评价、规划与管理》（海热提，王文兴，2004）。

2. 环境容载力的计算

环境容载力评价指标体系中，自然资源环境容载力指标 B_1 和社会经济环境容载力指标 B_2 部分，是为了定量计算区域环境容载力大小的绝对值，而容载力可持续度 B_3，则是为了定量计算区域环境容载力大小的相对值，它的计算是根据 B_1 和 B_2 的值进行，反映的是不同区域环境容载力大小。具体计算是对优势度指标 C_{11}、潜力度指标 C_{12}、饱和度指标 C_{13}、调控度指标 C_{14} 进行综合评判，综合评判值用 I 表示，并按下列式计算：

$$I = \sum_{i=1}^{n} A_i Y_i \tag{9-6}$$

式中：I——综合评判值；

A_i——第 i 项指标的权重值；

Y_i——第 i 项指标的得分。

据此公式，可以计算出区域环境容载力可持续度综合评判值，在此给出可持续发展的判据如下：

（1）$I<0.25$（或 25%），非可持续性；

（2）$I=0.25\sim0.5$（25%～50%），初步可持续性；

（3）$I=0.5\sim0.7$（50%～70%），基本可持续性；

（4）$I>0.7$（70%），可持续性。

第二节　环境综合整治规划

小城镇综合整治规划是一项具体而又复杂的实施工程，必须逐步实行，使之与经济发展、小城镇建设同步协调发展。小城镇环境综合整治规划目前尚处于初始阶段，内容十分丰富，其含义一般概括为：在统一规划前提下，组织协调各行业，从各个方面采取多种综合措施，防治小城镇大气、水源、土壤废弃物污染，从而改善小城镇生态环境。小城镇环境综合整治规划主要包括三个方面的内容，即大气、水污染、固体废弃物的综合整治。

一、小城镇环境综合整治规划目标

（一）小城镇生态环境问题

环境污染一般是指由于人类在生产与生活的人工活动中产生并进入生态系统的有害物质的数量超过了生态系统本身的自净能力，造成环境质量下降或环境状况的恶化，使生态平衡及人们正常的生产、生活条件遭到破坏。小城镇的环境污染不仅仅表现在有污染工业的发展带来的镇区污染程度的增加和环境质量的下降；而且由于乡镇工业布局分散造成污染向农村的空间扩散；同时，由于农业生产过程中化肥、农药等的大量使用，农业环境也不断受到污染和破坏，并经过食物链直接影响城乡人民的健康。我国小城镇严峻的环境问题主要表现在以下几个方面：

1．耕地资源减少，质量下降

我国耕地资源的人均占有量很低，仅 0.078 hm^2/人（合 1.1 亩/人，约为世界平均水平的 1/4），而小城镇建设却存在着滥占、多占耕地的现象，土地浪费十分严重。同时，由于长期以来的盲目生产、高强度利用和土壤污染等原因，耕地质量呈下降趋势，有机质含量远低于欧美国家水平，盐碱化、沙化、水土流失和自然灾害等严重威胁着耕地资源。

2．水资源短缺危机日趋严重

全国每年城镇缺水量在 200 亿 m^3 以上，由此导致工业产值损失每年 1 200 亿元。此外，近年来严重的水体污染进一步加剧了水资源的危机，到 20 世纪 90 年代初，全国 82%的河流受到不同程度的污染，许多城镇有水不能用，水质型缺水日趋普遍。水资源的危机将严重危及城乡社会经济的发展和居民生活的质量，制约现代化建设进程。

3．森林资源缺乏，草地资源退化

我国是森林资源贫乏的国家，不仅量少，而且质低，表现为生长率低、生长量小。到 1995 年我国森林覆盖率仅为 13.4%，不足世界平均水平的一半。尽管我国实施了一系列措施，近年来森林面积有所扩大，但毁林事件仍时有发生，原生林面积仍在缩小。

我国人均草地面积同样不足世界平均水平的一半，且 70%的草地为干旱、半干旱草地，草地质量不高。由于长期以来对草地生态系统缺乏认识，过度放牧或盲目开垦用以种植粮食，导致草地退化严重。

4．城乡环境污染日益加剧

20 世纪 80 年代，在小城镇蓬勃发展的乡镇工业数量多、分布广、规模小、行业杂、技术力量薄弱，污染非常严重。据 1989—1991 年对全国乡镇工业中产生污染物较多的行业的主要污染源调查，1989 年我国乡镇工业重复用水率仅为 12.4%，废水中符合排放标准的仅占 10.44%，废水处理率只有 15.28%，处理达标率仅 16.3%。在乡镇工业排放的废水中，化学需氧量的平均排放浓度是城市工业的 3 倍，重金属平均排放浓度是城市工业的 2.2 倍，氰化物平均排放浓度是城市工业的 3.3 倍，挥发性酚平均排放浓度是城市工业的 9.9 倍；1989 年乡镇工业的废气排放量是全国废气排放总量的 16.9%，二氧化硫和烟尘的排放量是全国排放总量的 20.5%和 28.0%，其燃烧废气的消烟除尘率不到城市工业的 1/5；乡镇工业固体废物排放率是城市工业的 4.3 倍，固体废物处理率约为城市工业的一半。乡镇工业过度的污染排放对生态环境造成了极大的破坏，直接威胁到当代人和后代人的生存环境和资源基础。

除了乡镇工业污染和居民生活污染最终大都排向农村环境外，农业生产中大量使用农药、化肥，以及农村居民生活污染的直接排放，也导致了我国农村环境污染从 20 世纪 80 年代初以来日益严重，每年因环境污染而减产的粮食近 100 亿 kg。

（二）小城镇环境综合整治目标

根据国家或地方的环境质量标准、小城镇社会经济发展计划和小城镇总体规划，在现状环境质量评价、发展趋势分析和功能区划的基础上，确定小城镇环境整治的规划目标。

1. 大气环境综合整治目标

大气环境整治的规划目标包括大气环境质量、城镇气化率、工业废气排放达标率、烟尘控制区覆盖率等。大气环境质量标准分为三级：

一级标准，为保护自然生态和人群健康，在长期接触情况下，不发生任何危害影响的空气质量要求；

二级标准，为保护人群健康和城镇、乡村的动植物生存，在短期和长期接触情况下，不发生伤害的空气质量要求；

三级标准，保护人群不发生急、慢性中毒和城镇、乡村的一般动植物（敏感者除外）正常生长的空气质量要求。

表 9-3　空气污染物的三级标准浓度限值

污染物名称	浓度限值/（$mg\cdot m^{-3}$）				污染物名称	浓度限值/（$mg\cdot m^{-3}$）			
	取值时间	一级标准	二级标准	三级标准		取值时间	一级标准	二级标准	三级标准
总悬浮微粒	日平均	0.15	0.30	0.50	二氧化硫	年日平均	0.02	0.06	0.10
	任何一次	0.30	1.00	1.50		日平均	0.05	015	0.25
飘尘	日平均	0.05	0.15	0.25		任何一次	0.15	0.50	0.70
	任何一次	0.15	0.50	0.70	一氧化碳	日平均	4.00	4.00	6.00
氮氧化物	日平均	0.05	0.10	0.15		任何一次	10.0	10.0	20.0
	任何一次	0.10	0.15	0.30	光化学氧化剂（O_3）	1 小时平均	0.12	0.16	0.20

注：日平均——任何一日的平均浓度不许超过的限值；
年日平均——任何一年的平均浓度不许超过的限值；
任何一次——任何一次采样测定不许超过的限值，不同污染物“任何一次”采样时间见有关规定；
引自：环境空气质量标准（GB 3095—96）。

2. 水体环境综合整治目标

水体环境整治规划目标包括水体质量、饮用水源水质达标率、工业废水处理率及达标排放率、生活污水处理率等。地面水水域依据使用目的和目标分为 5 类：

Ⅰ类：主要适用于源头水、国家自然保护区；

Ⅱ类：主要适用于集中式生活饮用水水源的一级保护区、珍贵鱼类保护区、鱼虾产卵场等；

Ⅲ类：主要适用于集中式生活饮用水水源的二级保护区、一般鱼类保护区及游泳区；

Ⅳ类：主要适用于一般工业用水区及人体非直接接触的娱乐用水区；

Ⅴ类：主要适用于集中农业用水区及一般景观要求水域。

各类地面水水质标准见表 9-4，其他水体水质标准参见有关国家标准。

表 9-4　地面水环境质量标准

序号		Ⅰ类	Ⅱ类	Ⅲ类	Ⅳ类	Ⅴ类
	基本要求	所有水体不应有非自然原因所致的下述物质： ① 凡能沉淀而形成令人厌恶的沉积物 ② 飘浮物。如碎片、浮渣、油类或者其他的一些引起感官不快的物质 ③ 产生令人厌恶的色、嗅、味或者混浊度的物质 ④ 对人类、动物或植物有损害、毒性或者不良生理反应的物质 ⑤ 易滋生令人厌恶的水生生物的物质				
1	水温/℃	人为造成的环境水温变化应限制在：夏季周平均最大温升＜1°，冬季周平均最大湿降＜2°				
2	pH	6.5～8.5				6～9
3	硫酸盐*（以 SO_4^{2-}计）	＜250	＜250	＜250	＜250	＜250
4	氯化物*（以 Cl^-计）	＜250	＜250	＜250	＜250	＜250
5	溶解性铁*	＜0.3	＜0.3	＜0.5	＜0.5	＜1.0
6	总锰*	＜0.1	＜0.1	＜0.1	＜0.5	＜1.0
7	总铜*	＜0.01	＜1.0	＜1.0	＜1.0	＜1.0
8	总锌*	＜0.05	＜1.0	＜1.0	＜2.0	＜2.0
9	硝酸盐（以 N 计）	＜10	＜10	＜20	＜20	＜25
10	亚硝酸盐（以 N 计）	＜0.06	＜0.1	＜0.15	＜1.0	＜1.0
11	非离子氨	＜0.02	＜0.02	＜0.02	＜0.2	＜0.2
12	凯氏氮	＜0.5	＜0.5	＜1	＜2	＜2
13	总磷（以 P 计）	＜0.02	＜0.1	＜0.1	＜0.2	＜0.2
14	高锰酸钾指数	＜2	＜4	＜6	＜8	＜10
15	溶解氧	＞饱和 90%	＞6	＞5	＞3	＞2
16	化学需氧量（COD_5）	＜15	＜15	＜15	＜20	＜25
17	生化需氧量（BOD_5）	＜3	＜3	＜4	＜6	＜10
18	氟化物（以 F^-计）	＜1.0	＜1.0	＜1.0	＜1.5	＜1.5
19	硒（四价）	＜0.01	＜0.01	＜0.01	＜0.02	＜0.02
20	总砷	＜0.05	＜0.05	＜0.05	＜0.1	＜0.1
21	总汞**	＜0.000 05	＜0.000 05	＜0.000 1	＜0.001	＜0.001
22	总镉**	＜0.001	＜0.005	＜0.005	＜0.005	＜0.01
23	铬（六价）	＜0.01	＜0.05	＜0.05	＜0.05	＜0.1
24	总铅**	＜0.01	＜0.05	＜0.05	＜0.05	＜0.1
25	总氰化物	＜0.005	＜0.05	＜0.2	＜0.2	＜0.2
26	挥发酚**	＜0.002	＜0.002	＜0.005	＜0.01	＜0.1
27	石油类**（石油醚萃取）	＜0.05	＜0.05	＜0.05	＜0.5	＜1.0
28	阴离子表面活性剂	＜0.2	＜0.2	＜0.2	＜0.3	＜0.3
29	总大肠菌群***/（个·L）			＜10 000		
30	苯并（a）芘***/（ug·L）	＜0.002 5	＜0.002 5	＜0.002 5		

注：* 允许根据地方水域背景值特征适当调整的项目；

** 规定分析检测方法的最低检出限，达不到基准要求；

*** 试行标准；

引自：地面水环境质量标准（GB 3858—88）。

3. 固体废物综合整治目标

固体废物综合整治的目标包括固体废物综合处理处置率、资源化利用率、城镇生活垃圾无害化处理率等。

二、小城镇大气环境综合整治及其规划

大气污染综合整治是综合运用各种防治方法控制区域大气污染的措施。地区性污染和广域污染是由多种污染源造成的，并受该地区的地形、气象、绿化面积、工业结构、工业布局、建筑布局、人口密度等多种自然因素和社会因素的综合影响。大气污染物不可能集中起来进行统一处理，因此只靠单项措施解决不了区域性大气污染问题。实践证明，在一个特定的区域内把大气环境看成一个整体，统一规划能源结构、工业发展、城镇建设布局等，综合运用各种防治污染的技术措施，合理利用环境的自净能力，才有可能有效地控制大气污染。

主要措施概括起来有：

1．减少或防止污染物的排放。改革能源结构，采用无污染或低污染能源，对燃料进行预处理，以减少燃烧时产生的污染物；改进燃烧装置和燃烧技术，以提高燃烧效率和降低有害气体排放量；节约能源和开展资源综合利用，加强企业管理，减少事故性排放，及时清理、处置废渣，减少地面粉尘；

2．治理排放的主要污染物。主要用各种除尘器去除烟尘和工业粉尘，用气体吸收塔处理有害气体，回收废气中的物质或使有害气体无害化；

3．发展植物净化；

4．利用大气环境的自净能力。

（一）大气环境综合整治宏观分析

所谓大气污染综合整治宏观分析就是在制定大气污染综合整治对策时，根据城镇大气污染及大气环境特征，从城镇生态系统出发，对影响大气质量的多种因素进行系统的综合分析。从宏观上确定大气污染综合整治的方向和重点，从而为具体制定大气污染综合整治措施提供依据。

1．影响城镇大气质量的因素分析

在进行城镇大气质量影响因素系统分析时，可参考大气污染源调查及评价、大气污染预测等有关内容，具体分析步骤如下：

（1）先进行类比调查，查清小城镇所在地区的各有关因素指标与本省、全国平均水平的差距，或与有关指标原设计能力的差距。如调查除尘效率、能源结构、净化回收设施处理能力、热化和气化率等与全省、全国平均水平的差距。

（2）计算各因素指标达到全省、全国平均水平或原设计能力时，所能相应提高的污染物削减量。

（3）计算和分析各因素指标在平均控制水平下污染物削减量比值，从而确定主要的影响因素；或计算各因素指标在本地区所应达到的水平下污染物的削减量比值，从而确定主要的影响因素。

2．确定大气污染综合整治的方向和重点

通过对大气质量影响因素的综合分析，可以明确影响大气质量的主要因素和目前在控制大气污染方面的薄弱环节。在此基础上，就可以根据加强薄弱环节、控制环境敏感因素的原则，确定城镇大气污染综合整治的方向和重点。如果影响大气质量的主要原因是居民生活和社会消费活动（主要是面源）以及工业生产燃烧过程的降尘效率低，那么今后大气污染综合整治的方向和重点就应该从普及型煤、集中供热、煤气化、强化管理、提高除尘效率等方面考虑。如果影响大气质量的重点是气象因素和工业生产工艺过程，那么今后大气污染综合整治的方向和重点就应该从如何结合工业布局调整，合理利用大气自净能力和加强工艺技术改造，提高处理设施运行能力，强化工业尾气治理和管理等方面考虑。

通过对大气污染综合整治方向和重点的宏观分析可以避免制定大气污染综合整治措施中面面俱到、没有重点或抓不住重点的弊病。

（二）大气环境综合整治规划

城镇大气环境综合整治规划的主要内容包括：在污染源和环境质量现状及发展趋势分析的基础上进行功能区划，确定规划目标，选择规划方法与相应的参数。规划方案的制定及其评价与决策具体步骤如图 9-2 所示。

（三）城镇大气污染综合整治措施

大气污染综合整治措施的内容非常丰富，由于各城镇大气污染的特征、条件以及大气污染综合整治的方向和重点不尽相同，因此措施的确定具有很大的区域性，很难找到适合于一切情况的通用措施，这里仅简要介绍一般性的措施。

1．合理利用大气环境容量；

2．结合调整工业布局，合理开发大气环境容量；

3．强化污染源治理，降低污染物排放；

4．发展植物净化。

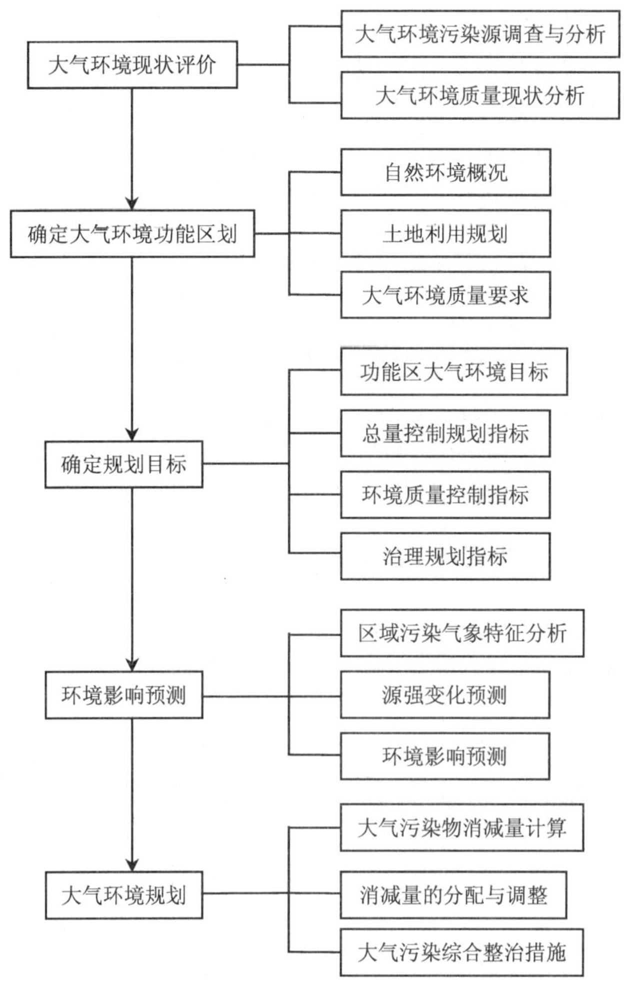

图 9-2 大气环境规划技术流程图

注：引自《小城镇环境规划编制技术指南》（国家环境保护总局，2002）。

三、小城镇水污染综合整治及其规划

随着城镇污水特别是各种工业废水排放量的不断增加，由于经济、技术和能源上的限制，单一的人工处理污水的方法已不能从根本上解决污染问题。20 世纪 80 年代以来进行了水污染综合防治，它是人工处理和自然净化、无害化处理和综合利用、工业循环用水和区域循环用水、无废水生产工艺等措施的综合运用。

（一）水污染综合整治宏观分析

水污染综合整治宏观分析就是在制定水污染综合整治对策时，对城镇取水、用水、排水以及水的再使用等各个环节进行系统的综合分析，根据城镇的性质、特征和水文地质条件，从宏观上确定城镇水污染综合整治的方向和重点，为具体制定水污染综合整治措施提供依据。

通过对主要相关因素的分析，可以明确水环境的主要问题和管理的薄弱环节，从而从宏观上确定水污染综合整治的方向和重点。

1. 重视城镇水资源供需情况及其主要矛盾

我国大部分城镇一方面水资源缺乏，另一方面水资源浪费又相当严重。针对这种情况，在制定水污染综合整治措施时，应该充分考虑水资源的合理利用和计划利用，解决目前存在的供需矛盾（或指出解决矛盾的方向和重点）。若水资源供需矛盾中水量不足，则应从用水的各个环节入手。一方面节约用水、计划用水；另一方面采取废水回用、废水资源化等。

2. 城镇工业废水和生活污水的去向分析

城镇工业废水和生活污水的去向问题是水污染综合整治的核心问题。在考虑工业废水和生活污水的去向时，应从以下三个方面分析：

（1）废水资源化的可行性。主要是从城镇的性质（如是否缺水或严重缺水），城镇的水文、地理、气象条件（如水域条件、土地条件、气温条件等），城镇的经济社会条件（如投资承载力，社会需要）以及城镇所处的流域条件和环境要求等，综合分析废水资源化的问题。

（2）合理利用水环境容量消除污染的可行性。如果城镇所处的区域为水域丰富区，如靠近大江、大河（包括近海），则可以利用水环境容量大的优势，在近期环保投资困难的情况下，分析通过调整水污染源分布和污染负荷分布，利用水体自净消除污染的可行性。

（3）分散厂内处理与集中处理。对一些特殊污染物，如难降解的有机物和重金属应以厂内处理为主，而对大多数能降解和适宜集中处理的污染物，应该以集中处理为主。目前，从改善区域环境质量和节省投资来看，集中处理是污水处理的发展方向，但也不可忽视厂内分散处理的作用。

（二）水环境综合整治规划

水环境综合整治规划首先应分析水污染现状和发展趋势，划分控制单元，确定规划目标，设计规划方案，并对所设计方案进行优化分析与决策。

1. 城镇水环境现状与发展趋势分析

（1）城镇水污染分类与筛选

城镇水污染源可以按以下五个方面进行分类：

① 按空间分布分类，将各污染物按水污染控制单元分类统计；

② 按排污去向分类，应从废水的资源化、集中处理、分散处理等方面进行分析；

③ 按排污时间特征分类，将污染源分为连续排放、间断排放、瞬时排放等；

④ 按污染物来源分类，分为生活污染物和工业污染物等；

⑤ 按污染物性质分类，分为有机污染源、难降解有机污染源、无机污染源以及酸性或碱性污染物等。

在各类污染源调查、分类的基础上进行评价与筛选，筛选出对城镇水环境影响较大的水污染源。

（2）污染源的预测与水质现状分析及评价。

（3）建立水质模型，确定控制目标。城镇水体污染的控制目标应包括水质目标和总量削减目标。对于水污染控制区（单元）来说，排放的污染物总量和水体浓度之间，并不是简单的水量稀释关系，是由包含沉降、再悬浮、吸附、解吸、光解、挥发、物化和生化等多种过程的综合效应所决定的。因此，确定水污染总量削减目标的技术关键是建立反映污染物在水体中运动变化规律及影响因素相互关系的水质模型，据此在一定的设计条件和排放条件下，建立反映污染物排放总量与水质浓度之间关系的相应模型。

2. 选择规划方法和排污去向

目前普遍采用的规划方法为系统分析方法，建立的模型为数学规划模型。其中包括：排污口处理最优规划模型（如非线性形式和离散规划形式），排污总量控制削减规划模型，污染源分散治理与城镇污水处理厂内处理组合优化模型等。

3. 水资源保护规划

水资源保护规划的制定与实施是水环境综合整治的重要一步，其主要目的是通过对城镇水资源的可开采量、供水及耗水情况分析，制订水资源综合开发计划，做到计划用水、节约用水。

（1）根据水环境功能区的划分结果，确定各功能水域的保护范围及保护要求

在水资源保护中，首先应该明确的是饮用水源的保护问题，主要体现在取水口的保护上，应该明确划分出保护界限，即对于水环境功能区划定的饮用水源地设一级及二级保护区。

一级保护区：以取水口为圆心，半径为 100 m 的区域，包括陆域。

二级保护区：以一级保护区的边缘为起点，上游 1 000 m，下游 100 m 的范围（主要指河流）。

对于设置一、二级保护区不能满足要求的城镇，可增设准保护区，即以二级保护区的边缘为起点，上游 1 000 m，下游 50 m（主要指河流）。

上述一、二级保护区应设有明显的标记。国家环境保护局、卫生部、水利部、地质矿产部联合颁发的《饮用水源保护区污染防治管理规定》对饮用水源的

保护作了详细规定。

对于饮用水地下水源保护，也应划分一、二级保护区，实行重点保护。《饮用水源保护区污染防治管理规定》第三章对饮用水地下水源保护也有具体规定。

（2）根据城镇耗水量预测结果，分析水资源供需情况，制订水资源综合开发计划

① 全面调查、测定、汇总城镇淡水储量。要做到计划开采水资源，首先必须探明淡水储量，这项工作可参考水利部门的资料，也可与水利部门合作重新测定城镇淡水储量；

② 确定城镇淡水可开采量。在探明城镇淡水储量之后，还要结合水文地质特征和开采技术水平，分析确定城镇淡水的可开采量；

③ 调查目前城镇用水量；

④ 根据城镇的经济社会发展战略，预测城镇需水量；

⑤ 分析水资源供需平衡，并制定水资源开采计划。

（三）水污染综合整治措施

1．合理利用水环境容量

水体遭受污染的原因，一是因为水体纳污负荷分配不合理；二是因为负荷超过水体的自净能力（环境容量）。在水环境综合整治中，应该针对这两方面原因，分别采取对策。

（1）科学利用水环境容量

根据污染物在水体中的迁移、转化规律，综合计算和评价水体的自净能力，在保证水体功能目标的前提下，利用水环境容量消除水污染。水污染自净除了利用水体本身的稀释净化作用外，还可利用水生植物的净化作用（如人工养殖凤尾莲等）和土壤对污染物的净化作用（如污灌，土地处理系统）等。因此在评价和应用水环境容量时，要考虑到这些相关因素，做到科学利用，但要注意不能超越容量，还应注意与区域下游地区的关系。

（2）结合调整工业布局和下水管网建设，调整污染负荷的分布

由于历史的原因，污水就近排放、盲目排放的现象相当严重，这也是造成城镇地面水污染的一个重要原因，尤其是上游污水的排放，对城镇地面水水质影响更大。因此，在调整城镇工业布局和城镇下水管网建设中，应该充分考虑这些因素，以保证城镇水污染负荷的合理分布。如将水污染排放口下移或将取水口（尤其是饮用水源取水口）上移；或合理利用大江、大河、近海海域的水环境容量将污染负荷引入环境容量较大的水体。

2．节约用水、计划用水，大力提倡和加强废水回用

综合防治水污染的最有效、最合理的方法就是节约用水，如组织闭路循环

系统，实现废水回用。因此全面节流、适当开源、合理调度，从各个方面采用节约用水措施，不仅关系到经济的持续、稳定发展，而且直接关系到水污染的根治。

经过妥善处理的城镇污水，首先可用于农田灌溉、养鱼和养殖藻类等水生生物；其次可用作工业用水，如在电力工业、石油开采、加工工业、采矿业和金属加工工业，把处理后的废水用作冷却水、生产过程用水、油井注水、矿石加工用水、洗涤水和消防用水等。当水质不能满足某些工艺的要求时，可在厂内进行附加处理。此外，还可作为城镇低质给水水源，用作不与人体直接接触的市政用水，如浇灌花草、喷泉和消防等。

对工业废水，首先要采取节流措施，即废水的循环利用。如回用造纸厂的白水，以减少洗涤水用量；煤气发生站排出的含酚废水，一般应通过处理封闭循环使用；各种设备的冷却水都应循环使用。在某些情况下，废水可以顺序使用，即将某一设备的排水供给另一设备使用。例如，锅炉水力冲灰系统可利用车间排出的没有臭味、不含挥发性物质的废水；回用钢厂冷却水来补充烟气洗涤水；用酸性矿山废水洗煤等。酸性和碱性废水常重复使用或转供他厂使用，食品工业废水和生活污水性质类似，经妥善处理后可以肥田。

此外，发展中水道，输送处理后符合相应水质标准的处理水作为低质给水，是解决城镇供水紧张的重要途径之一，日本等发达国家已在这方面开展研究和建设活动。我国某些城镇，尤其是缺水或严重缺水的城镇，有计划地建设中水道，是充分利用废水资源、解决长期供水紧张的战略性措施。

3. 强化水污染治理

水污染治理实际问题很多，下面主要介绍城镇污水和工业废水处理问题。

（1）城镇污水处理

根据污水流量和受纳水体对有机污染物的允许排放负荷或浓度，来确定污水的处理程度和规模。目前有些污水处理厂是二级处理厂，仅能去除可以生物降解的有机物，而不能去除难以生物降解的有机物以及氮、磷等营养性物质，处理后的污水排入水体仍会造成污染，因此，最近也有少数污水处理厂增加除氮、除磷等处理设施。在一些缺水城镇，有的还小规模地采取了三级处理系统，即将经过二级处理的水进行脱氯、脱磷处理，并用活性炭吸附或反渗透法去除水中的剩余污染物，用臭氧和液氮消毒，杀灭细菌和病毒，然后将处理水送入中水道，作为冲洗厕所、喷洒街道、浇灌绿化带、防火等的水源。由氧化塘（或曝气湖）、储存湖和污水灌溉田等组成的土地处理系统作为三级处理，是经济、有效的代用方法，在有条件的地区颇受重视并得到实际应用。

（2）工业废水处理

一些工业废水的成分和性质相当复杂，处理难度大，而且费用昂贵，必须采取综合措施。首先是改革生产工艺，用无毒原料取代有毒原料，以杜绝有毒废水的产生。在使用有毒原料的生产过程中，采用合理的工艺流程和设备，保证设备的妥善运行，消除遗漏以减少有毒原料的耗用量和流失量。重金属废水、放射性废水、无机有毒废水和难以生物降解的有机有毒废水，应尽可能与其他废水分流进行单独处理，要尽量采用封闭循环系统。流量大的无毒废水，如冷却水，最好在厂内经过简单处理后回用，以节省水资源消耗量，并减轻下水道和污水处理厂的负荷。性质类似城镇污水的工业废水可按规定排入城镇污水混合处理。一些能生物降解的有毒废水，如酚、氰废水，可按规定排入城镇污水混合处理。一般情况下，污水处理厂的规模越大，其单位基建费和运行费越低，处理水量和水质越稳定。

4. 排水系统的体制规划（管网组合方式）

为及时地排除城镇生活污水、工业废水和天然降水，并按照最经济合理的方案，分别把不同的污水集中输送到污水处理厂或排入水体，或灌溉土地，或处理后重复使用，需要建设排水管网系统。因此必须结合本地区的自然条件和社会条件，考虑地区各分片的污水收集方式：是采用各种污水的分流制（生活污水、工业废水、雨水分建管网系统）还是合流制（各种污水合建管网系统）；或分流和合流适当结合的混合制；排放口位置的选择；近期建设和远期规划的结合；以及管径、坡降、管网附属构筑物、施工工程量和运行维护费等，做出技术经济比较，以制定正确的排水系统规划。对于城镇原有管道系统的扩建和改建，也需要结合已有设施统一安排。

5. 水域污染综合防治工程

许多湖泊、河流、水库和近海海域受到严重的污染，不仅恶化了水环境卫生条件，而且破坏了水资源。因此，水域污染综合防治工程从20世纪80年代起就开展起来，这种防治工程根据城镇和工矿区沿水系分布情况，分段（河川）或分区（湖、海）调查研究它们各自的自净能力和自净规律，确定它们的污染负荷，从而确定它们对污染物的去除程度，以修建相应的处理设施。这些设施包括大规模的区域性联合污水处理厂，以及在一些自净能力小或污染超负荷的区段修建调节水库或污水库，以增加枯水期的水流量或用于储存污水。也可修建曝气设施，以增加水体溶解氧的自净能力，或者引附近水系的水进行稀释。区域内的工业用水要采取措施压缩用水量，实现循环用水，减少排污量。

6. 饮用水的污染去除

在水源被城镇污水、工业废水以及大气沉降、降水、农业废水等携带的多种多样污染物污染的情况下，传统的城镇给水处理工艺，已不能满足饮用水的水质要求，须采用更加有效的处理方法。现在美国已有多座水厂用粒状活性炭滤池，通过活性炭的吸附去除多种污染物，尤其是有机污染物。

7. 综合整治，整体优化

水污染综合整治的发展方向，是按功能水域实行总量控制，优化排污口分布，合理分配污染负荷，实施排污许可证制度，定期进行定量考核，如不能一步到位，可以定出规划，分步实施。要达到上述要求，必须将技术措施与管理措施相结合，集中控制与分散治理相结合，各种方案合理组合，运用优化技术进行整体优化。

四、小城镇固体废物综合整治及其规划

随着经济发展和人民生活水平的提高，固体废物的污染已成为许多城镇影响环境的主要因素之一。国外许多发达国家在控制住大气污染和水污染后，开始把重点转向固体废物污染的防治上。可以相信，我国固体废物的综合整治在今后一段时间内将会越来越重要，而制定固体废物综合整治规划将成为控制和解决固体废物污染的首要手段。

固体废物可分为一般工业固体废物、有毒有害固体废物、城镇垃圾及农业固体废物。随着生产力的发展和人口的增加，一般工业固体废物，如煤矸石、粉煤灰、冶金渣、尾矿渣以及生活垃圾等日益增加；而化学工业、炼油、石油化工、有色冶金和原子能工业等也产生了相当数量的有毒有害固体废物。所以，固体废物来源广且成分复杂，而防治技术又比较落后，因此成为城镇环境污染综合整治的一个难点。在研究编制环境规划时，首先要考虑减少产生量，然后尽可能综合利用、资源化，而对暂无利用可能的进行有效的处理和处置。

（一）固体废物综合整治规划

1. 城镇固体废物的分类、污染现状及其影响趋势分析

（1）城镇固体废物分类

城镇固体废物包括生活固体废物和工业固体废物。其中生活固体废物包括生活垃圾（含污水沉淀污泥）和粪便；工业固体废物包括有毒有害固体废物和一般工业固体废物（含建筑垃圾）。

（2）城镇固体废物现状调查

城镇固体废物的现状调查应从原辅材料消耗、产生工业废物的工艺流程和物料平衡分析、工艺过程分析和固体废物的产出、运输、堆存、处理等主要环节入手，就各类城镇固体废物的性质、数量以及对周围环境中大气、水体、土壤、植被以及人体的危害进行全面、深入的分析调查，以筛选出主要的污染源和主要污染物质。

（3）城镇固体废物的预测分析

在城镇固体废物的预测分析中，对城镇生活固体废物主要采取按人口预测的方法，而对工业固体废物采取按行业划分产值或产量的方法，在此基础上预测城镇固体废物发展趋势，并应特别注意城镇固体废物的可积累性，尤其是工业固体废物。

2．城镇固体废物的环境影响评价

城镇固体废物环境影响评价采用全过程评分法，评价对象包括各类污染物分别占总排放量 80%以上的污染源评分准则，即性质标准分、数量标准分、处理处置标准分和污染事故标准分。各类标准分划分为若干等级，并给予不同的分值。在此基础上进行评分排序，可分别得到重点污染物评分排序、重点污染源评分排序以及不同区域的评分排序。

3．确定规划目标

根据总量控制原则，结合本城镇特点以及经济承受能力确定有关综合利用和处理、处置的数量与程度的总体目标。在此基础上，根据不同时间、不同类型的预测量与城镇固体废物环境规划总目标，可以获得城镇垃圾及工业固体废物在不同时间的削减量。要把城镇垃圾的清运、处理处置及综合利用问题作为城镇环卫系统的目标。对于城镇工业固体废物，要把削减量首先分配到各行各业中去，即确定各行各业的固体废物控制分目标。在分目标确定过程中需要考虑下列因素：

（1）行业性质不同，固体废物的种类及数量也不相同，因此不可能在各行业中推行统一的控制目标。

（2）固体废物污染现状不同的行业也不可能采取统一的控制目标，主要重点应放在整治污染严重的行业。

① 考虑废物量削减技术的可行性；

② 确定各行各业固体废物削减量时，在保证总体目标实现的前提下，要在投资、运行费用、经济效益及环境效益等方面整体优化。

（二）城镇固体废物综合整治措施

1．一般工业物的综合整治

（1）工业废渣的资源化

工业废物是多种多样的，有金属和非金属，无机物和有机物等。经过一定的工艺处理，可使其成为工业原料和能源，较废水、废气易于实现再生资源化。目前各种工业废物已制成多种产品，如制造水泥、混凝土骨料、砖瓦、纤维、铸石等建筑材料；提取铁、铝、铜、铅、锌等金属和钒、铀、锗、铜、钴等稀有金属；制造肥料、土壤改良剂等。此外，还可用于污水处理、矿山灭火以及用作化

工填料等。

通过合理的工业生产链，可以促进工业废渣的资源化，使一个企业的废渣成为另一个企业的原料。作为整个工业体系，就必然较大地提高资源的利用率和转化率，在生产过程中消除污染，这是防治污染的积极办法。

由于固体废物的成分复杂、产生量大、处理难，一般投资很大，所以作为固体废物综合整治的重点就是综合利用，加强企业间的横向联系，促进固体废物重新进入生产循环系统。例如煤矸石可以作为生产硅酸盐水泥的原料（俗称“矸石水泥”），也可替代部分煤使用；又如粉煤灰可作为水泥生产的原料，目前已被广泛应用，此外粉煤灰还可经加工处理制造铸石产品等。

总之，工业固体废物综合利用的前景是广阔的，作为固体废物综合整治应把重点放在综合利用上，对有条件综合利用的，要进行处置、存放，待条件成熟时再作为原料重新利用。

（2）工业废渣处理处置率和利用量的确定

根据一般工业废渣的处理处置率和综合利用率目标及一般工业废渣的预测产生量，计算全镇各行业一般工业废渣的处理处置量和综合利用量。

应根据行业特点，按行业分别计算固体废物的处理处置率和综合利用率目标，在确定时，应考虑下列因素：

① 行业特点。由于行业的性质不同，固体废物的产生种类和数量差别很大，如一般重工业产渣量大，而轻纺工业产渣量小，因此，各行业不可能推行统一控制的目标。

② 固体废物污染现状。在确定固体废物污染现状时，要明确某一种固体废物对全镇固体废物的排量大小。弄清了现状就能明确问题之所在，以便确定全镇固体废物综合整治的重点污染物，这样才能确定各种固体废物的控制分目标。

③ 处理处置和综合利用技术可行性。在确定各行业污染物的处理处置和综合利用分目标时，要充分考虑该行业处理处置和综合利用技术的可行性，对技术成熟的行业，可确定较高的目标，对于技术不太成熟的行业，目标可低一些。

④整体优化。在建立各行业、各种固体废物处理处置和综合利用目标时，要在建立处理处置、综合利用效果与投资、运行费用的函数关系基础上，在保证目标实现的前提下，整体优化。

在确定全镇及各行业一般工业固体废物的处理处置量和综合利用量后，要将处理处置量和综合利用量落实到具体污染源。

2. 有毒有害固体废物的处理与处置

有毒有害固体废物是指生产和生活过程中所排放的有毒、易燃、有腐蚀性的、有传染疾病的、有化学反应性的固体废物。主要采取下列措施进行处理：

（1）焚化处理

废渣中有害物质的毒性如果是由物质的分子结构，而不是由所含元素造成的，这种废渣一般可采用焚化分解其分子结构，如有机物焚化转化为二氧化碳、水和灰分，以及少量含硫、氮、磷和卤素的化合物等。这种方法效果好、占地少、对环境影响小，但是设备的操作较为复杂，费用大，还必须处理剩余的有害灰分。

（2）化学处理

化学处理应用最普遍的是：①酸碱中和法。为了避免过量，可采用弱酸或弱碱，就地中和。②氧化还原处理法。如处理氰化物和铬酸盐应用强氧化剂和还原剂，通常要有一个避免过量的运转反应池。③沉淀化学处理法。利用沉淀作用，形成溶解度低的水合氧化物和硫化物等，减少毒性。④化学固定。常能使有害物质形成溶解度较低的物质。固定剂有水泥、沥青、硅酸盐、离子交换树脂、土壤黏合剂以及硫磺泡沫材料等。

（3）生物处理

对各种有机物常采用生物降解法，包括活性污泥法、滴沥池法、汽化池法、氧化塘法和土地处理法等。

（4）安全存放

安全存放主要是采用掩埋法。掩埋有害废物，必须做到安全填地。预先要进行地质和水文调查，选定合适的场地，保证不发生漏沥、渗漏等现象，不使这些废物或淋溶液体排入地下水或地面水体，也不会污染空气。对被处理的有害废物的数量、种类、存放位置等均应做出记录，避免引起各种成分间的化学反应。对淋出液要进行检测，对水溶性物质的填埋，要铺设沥青、塑料等，以防底层渗漏。

3．城镇垃圾的综合整治

城镇垃圾综合整治的主要目标是“无害化、减量化和资源化”，一般包括如下步骤：

（1）垃圾的清扫

计划安排的垃圾清扫量应该不少于垃圾产生量，包括安排的人力、物力、设备、投资和运行费用等。

（2）垃圾的收集

垃圾收集的容量应该与清扫量相协调。目前采用的垃圾收集容器主要有两类，一类是用容积小的（0.1 m^3 左右）带盖的金属或塑料桶，作为固定容器，长期周转使用。另一类是用纸袋装运，将垃圾装入纸袋，放在指定的收集地点，经过特别设计的垃圾收集车拾取装入运输车辆。还有简单的设备自动将垃圾的体积加以压缩，此法近几年已在欧美各国广为采用，用这种方法比较卫生、方便，但费用较高。

（3）垃圾的运输

根据垃圾的清运率目标，安排垃圾运输工具、运输能力、运输投资和运行费用，收集、运输垃圾的主要工具是专门设计或改装的汽车，其结构形式多样，但必须要求垃圾车厢密闭，装载过程机械化，条件好的还要求装载工具有简单的压缩设备，减少装载体积以增大运输能力。

（4）垃圾卫生填地

填地处理垃圾是一种广泛采用的方法。可利用废矿坑、黏土废坑、洼地、峡谷等，所以投资和处理成本均较低。但是，以往广泛采取的填地方法是无计划而且不卫生的，填地场所恶臭冲天，鼠、蝇孳生繁殖，传染疾病，严重危害周围环境，受到附近居民的强烈反对。遍布美国各地的填地场所，大部分是不卫生的，日本填地场所也多是这种情况。在西欧比较注意采用有计划的卫生填地方法。

卫生填地是正在发展的处理城镇垃圾的方法，其基本操作是铺上一层城镇垃圾并压实后，再铺上一层土，然后逐次铺城镇垃圾和土，如此形成夹层结构，这样就可以克服露天填地造成的恶臭和鼠、蝇滋生问题，大大改善了周围环境。同时，可有计划地将废矿坑、黏土坑等经过卫生填地，改造成公园、绿地、牧场、农田或作建筑用地。

卫生填地也存在两个问题，一个是沥滤作用，另一个是填地层中的废物经生物分解会产生大量气体。卫生填地涉及地质、水文、卫生、工程等许多方面，需要慎重对待，才能收到既处理了城镇垃圾，又不会污染水及空气的效果。

由于沥滤作用，表面水经过废物层而使附近的地下水和河流受到污染。控制沥滤的方法有，填地位置要远离河流、湖泊、井等水源；填地位置避免选在地下水层上；在填地上面加一层不透水的覆盖层；加大坡度使水迅速流出并开沟以使表面水排走等。

大量分解气体中含甲烷、二氧化碳、氮、硫化氢等。其中以甲烷、二氧化碳为主，甲烷聚集会爆炸和引起火灾，而二氧化碳溶于水可形成碳酸。防止大量分解气体聚集的方法是设置排气口使分解气体及时逸入大气。

（5）垃圾灰化

灰化是将城镇垃圾在高温下燃烧，使可燃废物转变为二氧化碳和水，灰化后残灰仅为废物原体积的5%以下，从而大大减少了固体废物量。

灰化法可使废物体积减小，残灰处理比较简单，但其缺点也不少，如投资费用高，要附设防止污染空气的设备，常需要更换由于高温、腐蚀气体和不完全燃烧而损坏的衬里及零件。

近年来，灰化处理的改进主要集中在如何处理城镇垃圾中日益增加的大型消费品废物，满足更加严格的空气污染标准，降低灰化处理费用等。

大型消费品废物的灰化处理，要先经过破碎过程，然后用普通灰化，或在特制的灰化炉中成批灰化。

为了减少灰化污染物的排放，还须在灰化炉上安装各种净化系统，如高效洗涤器、袋式过滤器、静电沉淀器等以收集一氧化碳、飘尘等污染物质。

（6）综合利用

① 城镇垃圾的分选。城镇垃圾的分选指将混在一起的城镇垃圾分离其组成

成分，它是回收利用所必需的预处理工序。

② 城镇垃圾的回收。城镇垃圾的回收指将城镇垃圾中的废纸、废玻璃、废金属回收，从废物中分离出来的有机物，经过物理加工成为再利用的产品。纸及纸制品在城镇垃圾中占有相当高的比重，可回收用于制造纸浆，生产质量较低的纸和纸制品。

③ 城镇垃圾的转化。城镇垃圾的转化是指通过化学、生物化学方法将废物转化为有用物质，这是一种正在发展的新的回收利用途径。

④ 热能回收。城镇垃圾含有大量有机物，这些有机物在灰化处理过程中产生大量热能。近年来，垃圾中废塑料的比重逐渐增加，而塑料具有较高的热值，相当于石油高于煤。所以，回收灰化废物时放出的热能，成为国外比较注意的一项工作，用回收的热能生产蒸汽或发电，可降低处理费用。

总之，固体废物，不管是工业废物，还是城镇垃圾、矿业废物或农业废物正成为日益受到重视的一个环境问题。但是处理固体废物的方法还比较陈旧落后，还存在尚待解决的问题。大规模的回收利用，尚处于初始阶段。

五、小城镇环境综合整治总体分析

在考虑大气、水环境、固体废物等污染综合防治时，应考虑它们之间的相互影响，从总体上进行分析。

（一）大气降水对城镇地面水的污染

在水污染综合整治中，往往把重点放在生产生活活动中向水体直接排污造成的水体污染上。水污染的预测、目标的确定以及对策分析和优化决策等规划的各个环节，都很少考虑大气降水等二次污染造成的地表水污染问题。目前，我国酸雨污染比较严重，酸雨污染已开始北移，很多湖泊、水库、江河因酸雨污染，水体 pH 值下降，直接影响水生生态系统和水质质量。在水污染综合整治规划中如果忽视这一点，就很难保证水质目标的实现，因此在水污染综合整治措施中，应考虑大气降雨对水质的影响。

（二）大气污染治理工程对水体的污染

在一些大气污染治理工程中，有很多技术客观上要产生水污染，如湿式除尘器在降尘时，要产生水污染，如果不同时考虑水污染的后处理问题，就会影响水污染综合整治目标的实现。此外在硫氧化物、氮氧化物以及其他一些大气污染物治理当中，常采用液体吸收、洗涤等湿法技术，这些技术较干法技术大都具有投资省、效果好等优点，如果在考虑方案时只强调大气污染物削减目标的实现，而忽视水污染的后处理问题（这些吸收液后处理往往比较困难）就势必会影响水质目标的实现。

（三）固体废物的处理处置对地下水、地表水的污染

在固体废物的处理处置中，经常采用露天堆存和掩埋等方法，这些方法为实现固体废物的综合整治目标提供了保证。但是应该看到固体废物的堆存和掩埋对地下水和地表水存在着溶出物污染的可能性。固体废物的溶出物比较复杂，根据固体废物性质的不同，一般含有无毒有机物、有毒有机物、“三致”物和重金属（汞、铜、砷、锌、铬等），如果不采取专门措施，这种渗出物的污染会直接影响地下水、地表水。

渗出物对水质一旦造成影响，就很难治理，所以预防是唯一的，也是最为积极的措施，这一点必须在规划方案中体现出来。

（四）固体废物的堆存对大气污染的影响

固体废物一般通过以下途径使大气受到污染：

1．在适宜的温度下，由废物中有害成分的蒸发以及发生化学反应而释放出有害气体污染大气；

2．废物中的细粒、粉末随风力扬散；

3．在废物运输、处理、处置和资源化过程中，产生有害气体和粉尘。

粉煤灰和尾矿堆场遇 4 级以上风力，可剥离 1～1.5 cm，灰尘飞扬高度达 20～40 m，固体废物在焚烧处理时废物中含有的氯、氮、硫及重金属都可能变成氧化物和尘粒污染大气；煤矸石中如含硫大于 1.5%即会自燃，散发大量 SO_2，使周围大气中 SO_2 超标。因此，在固体废物堆存处置时，应充分考虑这一影响，并制定相应的预防措施。

（五）水污染的处置造成的固体废物污染

在很多污水处理的过程中，都含有大量的污泥及其他固体废物，这些固体废物污物种类多、含量大，往往伴有恶臭，若不加以妥善处理，就会增加城镇固体废物的污染，影响固体废物综合整治目标的实现。

（六）气、水、渣处理对环境噪声的影响

在气、水、渣处理过程中，设备运转、固体废物的运输等许多环节会产生噪声污染。因此在综合分析时都应考虑这些因素，并采取相应的对策。

六、小城镇环境质量评价

小城镇环境质量评价前，首先必须有重点地弄清小城镇范围内的污染源分布。在对其产品、工艺、原材料使用、设备、装置等情况调查的基础上，搞清污染物的种类、排放位置、排放方式、排放强度（单位时间内污染物的最大、一般

和最低排放量）等。在此基础上应对污染源对环境影响的大小进行评价，主要从污染量和污染毒性两方面进行评价。通过评价计算，可以了解不同污染源和污染物对城镇环境影响的大小，掌握环境质量的现实状况，分析环境污染与环境质量之间的相互关系，从而确定主要污染源、污染物和主要环境问题，为制定环境保护的目标、措施和规划小城镇布局提供依据、指明方向。

环境质量评价包括组成环境的各个要素评价和环境综合评价。目前国内一般采用环境质量指数作为评价工具，环境质量指数是以国家卫生标准或其他参数值作为评价依据，通过拟定的计算式，将大量原始监测数据和调查数据加以综合，换算成无量纲的相对数，用以定量和客观地评价环境质量。

1．确定参评因子

小城镇的环境包括大气、水、土壤等，这些要素错综复杂地影响着人们的生产和生活，因此要从中选择最主要的要素作为环境质量评价的参评因子。

2．划定地域范围

为充分反映环境污染的空间特性，并方便计算和表达，在需要评价的用地范围的地图上，按纵横坐标方向覆盖方格网，并使其尽量与行政界限吻合。方格网的大小可根据实际需要而定。根据数学上有限单元的概念，当方格面积足够小的时候，可以认为其内部状况是一致的。因此，小城镇内任何方位上的环境质量指数可以进行叠加计算，并根据分级标准将同级别的方格连接起来，得出单项要素或综合要素环境质量的空间分布图，亦即环境质量评价图。

3．单项评价

对方格网内单个污染要素危害程度的评价，即以某种污染物在环境中的实际浓度与相应的评价标准的比值作为该污染物的污染指数，用于评价和比较。

$$P_i = C_i / C_{\Delta i} \qquad P = \sum_{i=1}^{n} = P_i \tag{9-7}$$

式中：P——环境质量指数；

P_i——i 污染物的环境质量指数；

C_i——i 污染物在环境中的浓度；

$C_{\Delta i}$——i 污染物的评价标准。

评价标准（$C_{\Delta i}$）可根据环境质量评价的目的选用。一般根据国家规定的环境标准，并参照当地的实际情况确定。

4．划分质量等级

对能定量分析的因子，根据当地实际情况，将环境质量指数划分成“优”、

“良”、“轻度污染”、“中度污染”、“较重污染”、“严重污染”等若干等级。对不能定量的因子，则可采取相对比较分析的方法，根据实际情况确定等级。

5．综合评价

小城镇环境受各种污染因素的综合影响，且各种污染要素、污染因子对环境和人体健康的影响和危害程度各不相同。为进行环境质量的总体评价，并使评价结果比较符合实际，需要运用加权的方法进行综合评价，即按各要素在相互作用过程中的重要性进行排序，赋予不同的权重，然后对方格网内各个单项要素加权处理，得出各方格的环境质量综合指数。以后可用同样方法对综合指数进行分级，做出质量评价。

6．权重确定

确定各单项污染要素的权重，可采取专家咨询法，也可由当地城建、环保的专业技术人员进行综合评分。不同城镇应针对不同的环境状况和特点，根据实际确定权重，以尽量符合小城镇环境质量的实际。

第三节　生态环境综合规划

城镇生态环境是一个系统，是特定地域内人口、资源、环境通过各种相生相克的关系建立起来的人类聚居地的社会、经济和自然复合体。

伴随着近几年来经济建设的发展，经济结构、空间结构、城镇规模发生了重大的变化，引发了一系列生态环境问题。例如大量优质耕地被占用、环境污染、水土资源破坏严重等，这些问题已经直接影响了城镇居民的生活质量，因此生态环境规划迫在眉睫。

一、生态环境规划的内容

（一）生态环境调查及其分析

这是编制生态环境规划的基础，通过对区域的环境状况、环境污染与自然生态破坏的调研，找出存在的主要问题，探讨协调经济社会发展与环境保护之间的关系，以便在规划中采取相应的对策。

生态环境调查包括环境特征调查、社会环境调查、污染源调查等内容。

1．环境特征调查

根据生态环境综合规划需要进行环境调查，主要内容如下：

（1）地质地貌调查。主要内容有区域地质、岩性、矿产资源、岩浆矿床、沉积矿床和非金属矿床等，以及山地形态、组成、山地高度、山脉走向等。在水质评价中，还应调查河谷形态、河谷横断面、纵剖面、河流的比降等，这些内容可以利用大比例尺地形图来确定。

（2）气象和水文调查。主要包括风向、风速、气温、降水、日照、能见度和大气稳定度等。水文数据主要有流量、流速、水位、水深、含沙量及水质成分等方面的资料。

（3）土壤及生物调查。包括区域的土壤类型、土壤发育、土壤的各种特性、土壤的剖面结构、土壤发生层次、质地层次等。

（4）背景调查。环境背景资料是生态环境规划重要基础资料，其含义是指未受到人类活动污染条件下环境中的各个组成部分，反映了原始自然面貌，如水体、大气、土壤、农作物、水生生物等在自然界的存在和发展的过程中原有稳定的基本化学组成。

2. 生态调查

生态调查主要有：环境自净能力、土地开发利用情况、绿地覆盖率、人口密度、经济密度、建设密度、能耗密度等。

3. 社会环境调查

社会环境调查内容包括：

（1）人口（数量、组成、密度分布）、产业（工业结构、布局、产品种类及产量）、交通及公共设施等；

（2）农业产值、农田面积、作物品种及种植面积、灌溉设施及方法、渔业人口及数量、水产品种类及数量、畜牧业人口数量、牧业饲养种类及数量、牧场面积等；

（3）乡镇企业布局与行业结构、工艺水平、产值、排水量、污染治理设施等。

4. 经济与社会发展规划调查

经济与社会发展规划调查的主要目的是为了掌握环境规划区内在短、中、远期的发展目标，其中包括国民生产总值、国民收入、工农业产品产量、原材料品种及使用量、能源结构、水资源利用、工农业生产布局以及人口发展规划、居民住宅建设规划、交通、上下水、煤气、供热、供电等公用设施等方面的内容都要分门别类地进行调查，收集资料，供生态环境综合规划使用。

5. 污染源调查

污染源调查的主要内容有：

（1）工业污染源调查

①企业概况——企业名称、位置、所有制性质、占地面积、职工总数及构成。工厂规模、投产时间、产品种类、产量、产值、生产水平、企业环保机构等；

② 生产工艺——工艺原理、工艺流程、工艺水平和设备水平，生产中的污染产生环节；

③ 原材料和能源消耗——原材料和燃料的种类、产地、成分、消耗量、单耗、资源利用率、电耗、供水量、供水类型、水的循环率和重复利用率等；

④ 生产布局——原料、燃料堆放场、车间、办公室、厂区、居住区、堆渣区、排污口、绿化带等的位置，并绘制布局图；

⑤ 管理状况——管理体制、编制、管理制度、管理水平；

⑥ 污染物排放情况——污染物的种类、数量、浓度、性质、排放方式、控制方法、事故排放情况；

⑦ 污染防治调查——废水、废气和固体废物处理、处置方法，方法来源，投资、运行费用及效果；

⑧ 污染危害调查——污染对人体、生物和生态系统工程影响调查。

（2）生活污染源调查

① 城市居民人口调查——总人口、总户数、流动人口、年龄结构、密度、流动人口、居住环境等；

② 居民用水排水状况——居民用水类型（集中供水或分散自备水源），居民生活人均用水量，旅馆、餐饮、医院、学校等的用水量，排水量、排水方式及污水出路；

③ 生活垃圾——数量、种类、收集和清运方式；

④ 民用燃料——燃料构成（煤、煤气、液化气等）、消耗量、使用方式、分布情况；

⑤ 城镇污水和垃圾的处理和处置——城镇污水总量，污水处理率，污水处理厂的个数、分布、处理方法、投资、运行和维护费，处理后的水质；城镇垃圾总量、处置方式、处置点分布，处置场位置、采用的技术、投资和运行费。

（3）农业污染源调查

① 农药使用——调查施用的农药品种、数量、使用方法、有效成分含量、时间、农作物品种、使用的年限；

② 化肥使用——施用化肥的品种、数量、方式、时间；

③ 农业废弃物——作物茎、秆、牲畜粪便的产量及其处理和处置方式及综合利用情况。

（4）交通污染源调查

主要有：汽车种类、数量、年耗油量、单耗指标，燃油构成、成分、排气量、NO_x、CO_x、C_mH_n、Pb、S 和苯并（a）芘的含量等。

（5）环境质量调查

环境质量调查主要有：环保部门及工厂企业历年的监测资料、主要产品种类、产量、总产值、利润、职工人数、原料及燃料的种类、消耗总量及定额、生产工艺过程、主要设备和装置、治理现状及计划等。

最后，对以上调查资料进行分析，建立数据库，包括图像数据库（遥感数据、照片）、图形数据库（各类地图数据）、属性数据库（各项指标、质量标准）、文字数据库（法规、规章制度）、经验数据库（已有经验知识）、统计数据库（环保、经济、人口）。

（二）生态环境评价的要求

环境评价要求的内容主要有：

1．环境质量现状评价按主要环境要素、地理单元、功能区或行政管辖范围来进行；

2．环境评价要将源和汇，即污染源与其环境效应结合起来进行综合评价；

3．环境评价的指标体系以环境指标体系为基本要求，区域和城镇可根据实际需要，增加其他评价指标；

4．污染评价突出重大工业污染源评价和污染源综合评价，根据污染类型，进行单项评价，按污染物排放总量排队，由此确定评价区的主要污染物和主要污染源。

（三）生态环境规划指标体系

指标是目标的具体内容、要素特征和数量的表述。环境规划指标是在环境调查的基础上，通过收集资料和整理分析而建立起来的，包括社会、经济、人口、环境等指标。环境规划指标体系是由一系列相互联系、相对独立、互为补充的指标所构成的有机整体。在实际规划中，由于规划的层次、目的、要求、范围、内容等不同，规划指标体系也不尽相同。指标体系的选择宜适当，指标过多，会给规划工作带来困难；指标太少，则难以保证规划的科学性和完整性，须根据规划对象、所要解决的主要问题、情报资料拥有量以及经济技术力量等条件，以能基本表征规划对象的实际状况和体现规划目标内涵为原则来决定生态环境规划指标体系。

（四）生态环境预测

生态环境预测是根据过去和现在所掌握环境方面的信息资料推断未来，预估环境质量变化和发展趋势。环境规划预测的主要目的就是预先推测出经济社会发展达到某个水平年时的环境状况，以便在时间和空间上做出具体的安排和部署。

（五）生态环境功能区划

环境区划是从整体空间观点出发，根据自然环境特点和经济社会发展状况，把规划区分为不同功能的环境单元，以便具体研究各环境单元的环境承载力及环境质量的现状与发展变化趋势，提出不同功能环境单元的环境目标和环境管理对策。

1．基本原则

生态功能区划分应坚持以下原则：可持续发展原则、整体优化的原则、协调共生原则、区域分异原则、生态平衡原则、高效和谐原则。

2．区划的方法

（1）调查与考察。对规划区域内的自然条件、资源状况、社会发展水平、经济发展现状、生态环境质量、自然资源开发利用的强度作全面的调查。

（2）研究与分析。根据调查与考察得到的规划区域内的环境、资源、社会、经济等信息，利用复合生态学的理论，研究与分析不同区域的自然属性，确定其主导功能和功能顺序。

（3）与现状生态叠图，根据自然属性与功能的分异性，确定生态功能区。

3．生态功能区的类型及区划依据

根据规划区域的地质地貌特征，自然资源和生态条件，以及土地资源开发利用的强度，生产效益和环境污染程度等，并按照生态适宜性的观点，一般生态功能区可分为四种类型：生态功能保护区、生态功能健全区、生态功能恢复区和特定生态功能区。

（六）生态环境规划目标的确定

生态环境规划目标是环境战略的具体体现，是进行环境建设和管理的基本出发点和归宿。规划目标的确定是一项综合性极强的工作，是环境规划的关键环节。

1．环境规划目标的概念

所谓环境规划目标是指在一定的条件下，决策者对环境质量所欲达到（或希望达到）的境地（结果）或标准。在“一定条件下”是指规划区内的自然条件、物质条件、技术条件和管理水平等。规划目标是否切实可行是评价规划好坏的重要标志。“决策者”是指各级政府、城镇建设部门、环保部门或具有依法行政职能的单位。有了环境规划目标就可以确定出环境规划区的环境保护和生态建设的控制水平。

2．层次

环境规划目标一般分为总目标、单项目标、环境指标 3 个层次。

（1）总目标，指全国、地区、城镇环境质量所要达到的境地、要求。

（2）单项目标，为实现总目标，依据规划区环境要素和环境特征以及不同环境功能所确定的环境目标。如大气环境、水环境等要求的目标。

（3）环境指标，体现环境目标的指标。可以形成一个指标体系。例如，要求一条河流的某一段达到国家地面水一级标准，即要求达到一级标准的水环境目标，如何反映它的目标可以用 pH 值、DO、BOD_5、COD 等项指标来表示。

（七）生态环境规划方案的设计、报批、实施

1. 生态环境规划方案的设计

生态环境规划方案的设计主要包括：

（1）拟定环境规划草案

根据环境目标及环境预测结果的分析，结合区域或部门的财力、物力和管理能力的实际情况，为实现规划目标拟订出切实可行的规划方案。可以从各种角度出发拟定若干种满足环境规划目标的规划草案，以备择优。

（2）优选环境规划草案

环境规划工作人员，在对各种草案进行系统分析和专家论证的基础上，筛选出最佳环境规划草案。环境规划方案的选择就是对各种方案权衡利弊、选择环境、经济和社会综合效益高的方案。

（3）形成环境规划方案

根据实现环境规划目标和完成规划任务的要求，对选出的环境规划草案进行修正、补充和调整，形成最后的环境规划方案。

2. 生态环境规划方案的申报与审批

生态环境规划方案的申报与审批，是整个环境规划编制过程中的重要环节，是把规划方案要求付诸实施的基本途径，也是环境管理中一项重要工作制度。环境规划方案必须按照一定的程序上报各级决策机关等待审核批准。如果这个环节出现问题，如申报不及时，申报审批程序繁琐，拖延了规划时间，都会影响到整个规划的工作进程，甚至使环境规划方案变成一纸空文，不能付诸实施。

3. 生态环境规划方案的实施

生态环境规划方案的实施要比编制复杂、重要和困难得多。生态环境规划按照法定程序审批下达后，在环境保护部门的监督管理下，各级政府和有关部门，应根据规划中对本单位提出的任务要求，组织各方面的力量，促使规划付诸实施。

二、生态环境规划的依据

编制小城镇生态环境规划的依据要根据具体的情况而定，因不同地区、不

同城镇而异，但一般都要包括以下几类：

《中华人民共和国环境保护法》、《中华人民共和国土地管理法》、《中华人民共和国城市规划法》、《中华人民共和国水污染防治法》、《中华人民共和国大气污染防治法》、《中华人民共和国环境噪声污染防治法》、《中华人民共和国固体废弃物污染环境防治法》、《全国生态环境保护纲要》（国发[2000]38 号）、《国家环境保护“十五”计划和 2010 年的发展规划纲要》、《小城镇环境规划编制导则（试行）》、《全国环境优美乡镇考核验收规定（试行）》等。

三、生态环境规划的原则

1．可持续发展原则

在进行小城镇生态环境规划时，要坚持可持续发展战略，坚持环境保护与社会发展综合决策，坚持以人为本，努力创造良好的人居环境。

2．“三同步”原则

坚持环境建设、经济建设和城镇建设同步规划、同步实施、同步发展的原则，实施环境效益、经济效益和社会效益的统一。

3．小城镇建设服从区域、流域的环境保护规划原则

注意生态环境规划与其他专业规划的相互衔接、补充和完善，充分发挥其在环境管理方面的综合协调作用。

4．污染防治与生态恢复并重，生态环境保护与生态环境建设并举

小城镇生态环境规划要坚持预防为主、保护优先、统一规划、同步实施，努力达到全国环境优美乡镇提出的各项目标，实现城乡环保一体化。

5．突出重点、统筹兼顾原则

小城镇生态环境规划要突出重点、统筹兼顾，既要满足当代经济、社会发展的需要，又要为后代预留可持续发展空间。

6．突出特色，注重保护

坚持将城镇传统风貌与城镇现代化建设相结合，坚持将自然景观与历史文化名胜古迹保护相结合，科学地进行生态环境保护和建设。

7．实事求是，因地制宜

根据所处地理位置、环境特征和功能区划，正确处理经济发展同人口、资

源、环境的关系，合理确定产业结构和布局。

8．坚持前瞻性与可操作性的有机统一

既要立足于当前实际，使规划具有可操作性，又要充分考虑发展的需要，使规划具有一定的超前性。

四、规划范围、规划时限与技术路线

在进行小城镇生态环境规划前，要明确所规划的区域范围，包括区域的面积、人口等。规划期限一般以 5 年为一个规划阶段，分为近期和远期。规划工作技术路线一般包括调查、分析、预测、综合协调、制订方案和优化整合这 6 个步骤（图 9-3）。

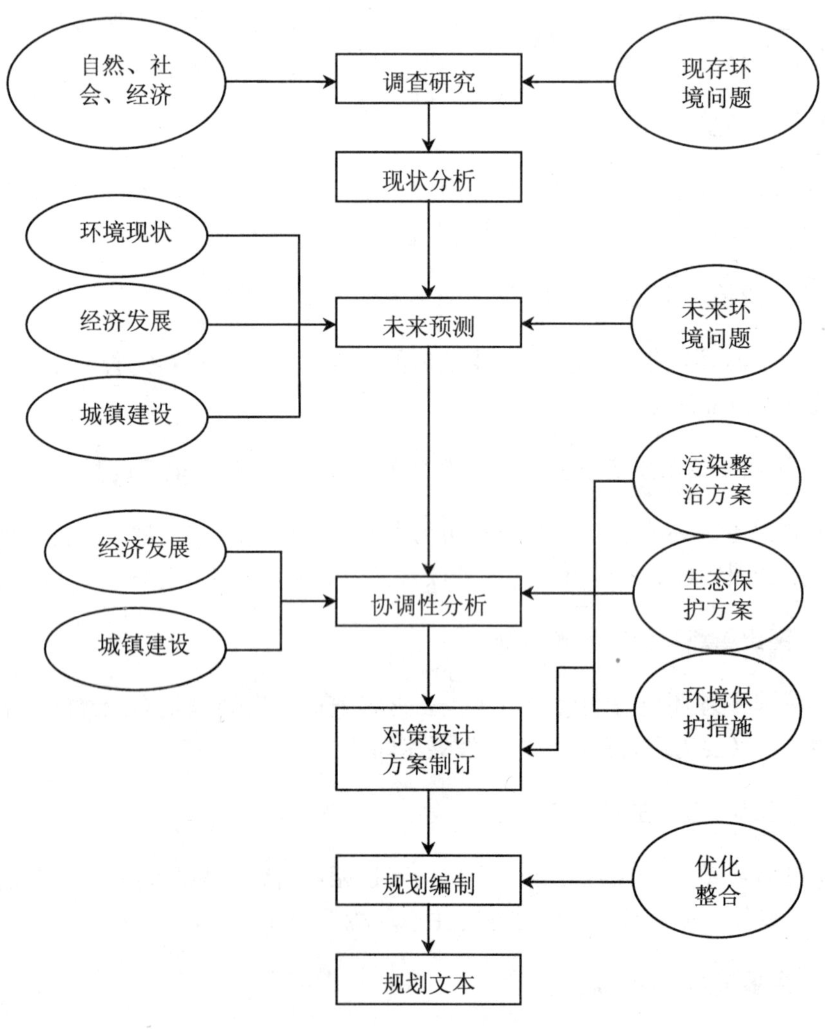

图 9-3　小城镇规划技术路线

第四节 小城镇环境管理

一、小城镇环境管理的范畴

环境管理作为一个工作领域，通常是环境保护工作的一个最重要的组成部分，是政府环境保护行政主管部门的一项重要职能。

狭义的环境管理主要是指采取各种控制污染的行为，例如，通过制定法律、法规、规范，实施各种有利于环境保护的方针、政策、措施，控制各种污染的排放。所谓广义的环境管理就是指运用经济、法律、技术、行政、教育等手段，限制人类损害环境质量的活动，并通过全面规划使经济发展与环境相协调，达到既要发展经济、满足人类的基本需要，又不超出环境容载力的允许权限。广义的环境管理的核心是实施社会经济与环境的协调发展。显然，要实现这一目标仅靠单一的环保部门是不行的。因此，广义的环境管理是政府实施经济、社会发展战略的一个重要组成部分，是政府的一项基本职能。

二、小城镇环境管理的基本手段

1. 法律手段

法律手段是环境管理的一个最基本的手段，依法管理环境是控制并消除污染，保障自然资源合理利用并维护生态平衡的重要措施。目前，我国已初步形成了由《宪法》、《中国环境保护法》、与环境保护有关的相关法律、法规等组成的环境保护法律体系。

2. 行政手段

行政手段是指国家通过各级行政管理机关，根据国家有关环境保护的方针政策、法律法规和标准而实施的环境管理措施。例如，对污染严重而又难以治理的企业实行的关、停、并、转、迁就属于环境管理中的行政手段。

3. 经济手段

经济手段是指运用经济杠杆、价值规律和市场经济理论指导人们的生产、生活活动，遵循环境保护和生态建设的基本要求，其中最主要的调节手段就是税收，同时国家还通过对排污收费、综合利润提成、污染损失赔偿等手段控制污染。

4．技术手段

技术手段是指借助那些既能提高生产率，又能把对环境的污染和生态的破坏控制到最小限度的技术以及先进的污染治理技术等来达到保护环境的目的。例如，国家制定的环境保护技术政策、推广的环境保护最佳实用技术等就属于环境管理中的技术手段。

5．教育手段

教育手段是指通过基础的、专业的和社会的环境教育，不断提高环保人员的业务水平和社会公民的环境意识，实现科学地管理环境，提倡社会监督的环境管理措施。例如，各种专业环境教育、环保岗位培训、环境社会教育等就属于环境管理中的教育手段。

三、小城镇环境管理的主要内容与要求

1．水源管理

保护水源是直接关系到小城镇人民生活水平与身体健康的大事，尤其是对饮用水源及水质的监测、保护与管理。在保证水质的前提下，应当采取各种卫生、安全的取水方式，在有条件的地方应采取集中供水。

2．绿化管理

加强绿化管理是改变小城镇环境，美化小城镇镇容、镇貌的重要内容。加强绿化管理，应从措施入手，积极进行植树造林、严格保护镇域范围内的树木、花卉、草皮、苗圃以及各类绿地。

3．文物古迹与古树名木管理

我国广大的农村和小城镇地区，有众多的文物古迹、古树名木和风景名胜，这是自然和历史留下的宝贵遗产，同时也是许多小城镇经济与建设发展的基础与特色之所在。因此，在进行小城镇建设过程中，应当对其给予相当的重视和保护，任何单位和个人都有义务保护这些自然和历史“财产”。

4．规划区内的环境管理

对规划区范围内街道、广场、市场、车站、码头等场所在修建临近建筑物、构筑物或其他设施时应加强相应的环境管理，以避免对镇容、镇貌的不良影响。

5．镇容、镇貌管理

加强环境卫生与镇容镇貌的管理是小城镇建设管理的基础内容之一。在具体的管理中应注意：

（1）通过制订管理通则、管理规定及镇民公约、居民守则等方式，加强居民自觉维护镇容镇貌、保护环境卫生的意识和行为习惯；

（2）落实镇容卫生包干责任制；

（3）加强经常性的管理与整顿，消除“死角”；

（4）加强对干道两侧及重点地段的环境管理，严管街头设摊、占道经营等行为；

（5）加强对镇域范围道路、桥梁、供水、供电、绿化等设施的管理与维护。

四、小城镇环境管理的基本方法

1．一般方法

环境管理的一般方法按其程序可分为 5 个阶段，即明确问题、鉴别与分析可能采取的对策、制定规划、执行规划、评价反映与调查对策，在实际操作中，各个步骤可用不同的方案进行。各个步骤之间相关性较强，但互相之间并非是依次相连的，如图 9-4 所示。

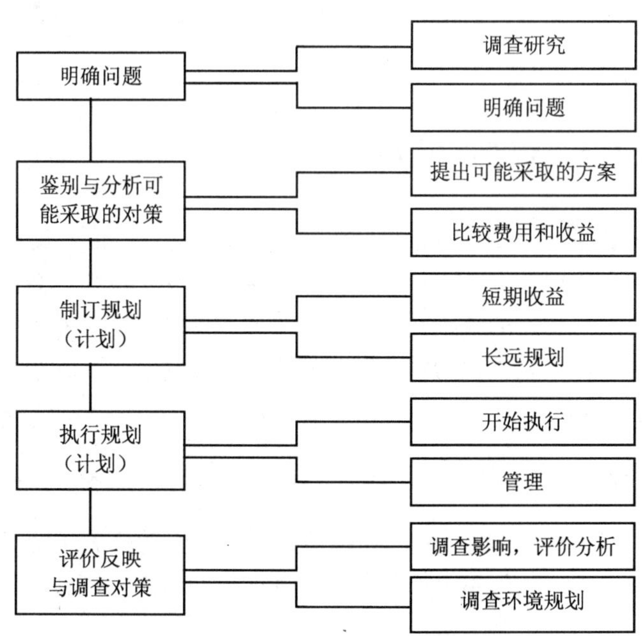

图 9-4　小城镇环境管理的一般方法

2. 决策方法

所谓决策就是根据综合分析，在多种方案中选择最佳方案。它包括：

（1）环境规划决策。这是环境管理决策技术中最常用的方法。环境管理中经常遇到的是环境规划决策，如为达到某一环境目标有几种可供选择的污染控制方案，究竟选择哪一种经济效益最好的方案。

（2）多目标决策。实际决策中究竟选择哪一种最佳方案，或是在制订环境规划时统筹考虑环境效益、经济效益和社会效益，进行多目标决策等，都是制订环境规划时所要进行的决策，常用的数学方法有线性规划、动态规划和目标规划等。此外，还有环境政策的决策方法，以及环境质量管理的决策方法等。

3. 系统分析方法

环境管理的系统分析方法主要包括描述问题和收集整理数据、建立模型以及优化这三个步骤。在系统分析阶段所建立的模型中，主要包括功能模型与评价模型两大类。功能模型能定量地表示系统的性能，如环境质量数学模型、污水处理工程的系统模型、区域环境规划的系统模型等。

由于环境管理的系统分析方法是运用系统的观点去分析问题，因此，对解决涉及面广、综合复杂的环境问题十分有效，应用系统分析的方法管理环境是环境管理向科学化、现代化方向发展的一个重要标志。对于系统进行评价要依据功能、费用、时间、可靠性、可维护性和灵活性等因素加以综合考虑。此外，环境管理中经常采用的方法还有费用—效益分析法、层次分析法、目标管理法等多种方法。

五、小城镇环境管理的国家政策

经过长期的探索与实践，我国制定了“预防为主”、“谁污染谁治理”以及强化环境管理的环境保护政策，从而确立了我国环境保护工作的总纲和总则。上述政策的根本出发点和目的就是要以当今环境问题的基本特点和解决目前环境问题的一般规律为基础，以强化环境管理为核心，以实现经济、社会、环境的协调发展为最终目的。

1.“预防为主”的政策

“预防为主”的基本思想是把消除污染、保护环境的措施实施在经济开发和建设过程之前或之中，从根本上消除环境问题产生的根源，减轻产生环境问题后再治理所要付出的代价。其主要内容包括：

（1）把环境保护纳入到国民经济与社会发展计划中去，进行综合平衡；

（2）实行区域环境综合整治，即将环境保护规划纳入区域总体发展规划，调整区域产业结构和工业布局，建立区域性经济，结成“工业生物链”，实现资源的多次综合利用，改善区域能源结构，减少污染产出和排放总量；

（3）实行建设项目环境影响评价制度；

（4）实行污染防治措施必须与主体工程同时设计、同时施工、同时投产的“三同时”制度。

2．“谁污染谁治理”的政策

“谁污染谁治理”政策的基本思想是治理污染、保护环境是生产者不可推卸的责任和义务，由污染造成的损害以及治理污染所需要的费用，都必须由污染者承担和补偿，从而使“外部不经济性”内化到企业的生产中去。这项政策不仅明确了环境责任，而且解决了治理环境所需的资金。具体内容包括：

（1）企业应将污染防治与技术改造结合起来，技术改造资金要有适当比例用于环境保护措施；

（2）对工业污染实行限期治理；

（3）征收排污费，凡超过国家污染物排放标准的，都要依法缴纳排污费，政府用这笔费用建立污染治理的专项基金，专门帮助企业解决污染问题，开辟了一条筹集环境保护资金的稳定渠道。

3．实行污染集中控制的政策

污染集中控制是基于统一规划，从资源、能源利用率和经济优化的原则出发，为城镇环境规划的优化决策和决策目标的实现奠定基础。

4．排污申报登记与排污许可证制度

排污申报登记与排污许可证制度将污染的“源”与“汇”一体考虑，可增强各级部门排污总量严格控制观念，提高城市环保主管部门自身的管理水平。

5．环境综合整治定量考核制度

运用城镇环境综合整治定量考核制度时须注重以下几点：

（1）城镇环境规划的编制要能够显著改善城市环境质量，能与城镇总体规划相协调；

（2）城镇环境综合整治规划目标应本着从实际出发、量力而行、远近结合、分步实施的原则，得到政府的认可，纳入政府工作年度计划，层层分解落实；

（3）城镇环境污染防治应采取多种途径，因地制宜；

（4）采取灵活的城镇管理政策，使城镇环保工作与城镇经济发展相协调；

（5）城镇环境规划主管部门在技术政策、投资政策、城镇环境管理等方面应提供切实有效的建议并做好城镇环境综合整治考核工作。

6．强化环境管理的政策

强化环境管理政策是环境政策的核心，一方面，通过改善和强化环境管理可以完成一些不需要花很多资金就能解决的环境污染问题；另一方面，强化环境管理可以为有限的环境保护资金创造良好的投资环境，提高投资效益。

参考文献

[1] 金兆森. 村镇规划[M]. 南京：东南大学出版社，1999，6.

[2] 裴杭. 城镇规划原理与设计[M]. 北京：中国建筑工业出版社，1992.

[3] 王宁. 小城镇规划与设计[M]. 北京：科学出版社，2001.

[4] 李德华. 城市规划原理[M]. 北京：建筑工业出版社，2001.

[5] 刘青松，张咏. 小城镇建设与环境保护[M]. 南京：江苏人民出版社，1999.

[6] 房山区人民政府. 房山区长沟镇生态环境规划. 北京市环境保护科学研究院，2003.

[7] 国家环境保护总局. 小城镇环境规划编制技术指南[S]. 北京：中国环境科学出版社，2002.

[8] 孙守谋，燕灏. 我国小城镇环境综合整治[J]. 城市环境与城市生态，2004.

第十章　园林绿地、旅游及文化保护规划

第一节　园林绿地系统规划

园林绿地系统是指城镇中各种类型和功能的园林绿地所组成的生态系统，它用于改善城镇环境，抵御自然灾害，为居民提供生产、生活、工作、学习和休闲娱乐的场所，具有突出的生态效益 、社会效益和经济效益。

一、园林绿地系统规划的原则

编制小城镇园林绿地系统规划一般应遵循以下基本原则：

1. 整体部署，统一规划

我国现有的耕地不多，用地紧张，因此在考虑城镇园林绿地布局时，应整体部署，统一规划。一方面要合理选择绿化用地，使园林绿地更好地发挥改善气候、净化空气、减灾防灾、美化生产和生活环境的作用；另一方面，要注意少占良田，在满足植物生长条件的基础上，尽量利用荒地、山坡地、低洼地、河、湖和不宜建筑的破碎地形等布置绿地。同时在规划时，要使园林绿地规划与工业区布局、公共建筑布局、居住区详细规划、道路系统规划等密切配合、协作。

2. 结合现状，因地制宜

我国地域辽阔，城镇的自然条件差异很大，各地区的风俗习惯、历史文化、经济条件和社区发展水平各不相同，城镇的大小、布局、形式各有特点，绿化的标准选择也不一样，因此，园林绿地系统规划要从小城镇的实际情况出发，切忌生搬硬套。

3. 植物配置，适地适树

我国土地辽阔，土壤、气候和环境条件等各不相同，故树木种类繁多、生

态特性各异。因此，树种选择要从地区的实际情况出发，根据树种特性和不同的生态环境，因地制宜进行树种规划。坚持以适应本地生长的乡土树种为主，引进外来树种为辅的原则，制定合理的乔、灌、花、草比例，以乔木和灌木为主，同时要考虑到植物的观赏性和生态经济价值。

4. 远近结合，突出特色

根据城镇的经济实力、施工技术条件以及项目的轻重缓急，做出近期安排，制订长远目标，使总体规划得以逐步实施。如远期规划为公园的地段，近期可作为苗圃，既为将来改造公园创造条件，又可起到控制用地的作用。各类城镇的园林绿化突出各自特色，如北方城镇的园林绿地规划，以防风沙为主要目的，突出其防护功能；南方城镇则以通风、降温为主要目的，突出透、秀的特色；风景疗养城镇以自然、秀丽、幽雅为主要特色；文化名城，以名胜古迹、传统文化及相应的绿地造型、环境配置为主要特色。

5. 点、线、面相结合，均衡布局

园林绿地系统是构成小城镇总体布局的重要元素之一，规划时应结合其他功能用地的规划布置，统筹安排、均衡分布，与总体功能布局和自然环境条件相协调。城镇内各类各级绿地，如综合性公园、小区绿地、街头绿地、滨河绿地、防护绿地、生产绿地、道路绿带和各种附属专用绿地等要相互连成网络，有机配合，做到点、线、面相结合，构成多层次、多类型的完整系统，以充分发挥绿地的生态功能，丰富镇区景观，改善小气候。

6. 统筹安排，近远期规划相结合

考虑城镇建设和人口规模不断扩大的因素，需要合理制定分期建设规划，确保在小城镇发展过程中，能够保持一定水平的绿地规模，使各类绿地的增加速度不低于城镇发展的速度。随着人们生活水平的逐步提高，对环境绿化的需求也逐渐加大，因此，在规划中不能只看眼前利益，应留出一定的空间，为今后的绿地建设提供条件。

7. 利于管理，创造经济效益与社会效益

园林绿化要考虑有利于经营管理，在发挥游憩、环保、美化等作用的前提下，要从绿化的主题、功能、植物种类方面多做文章，使其在产生良好的环境效益的同时，充分发挥经济与社会效益。

综上所述，小城镇绿地系统规划应做到：点、线、面结合，大、中、小结合，集中与分散结合，重点与一般结合，近期与远期结合，绿地规划与其他用地规划结合。

二、园林绿地的类型和组成要素

（一）园林绿地的类型

目前，国内外园林绿地的分类方法各不相同，有的按所处位置分类，有的按功能用途分类，有的按面积规模分类，有的按服务范围分类。根据我国各城市实际情况，按功能分类比较符合实际，有利于绿地的详细规划与设计工作，也便于反映各城镇的园林绿化特点，其具体分类如下：

1．公共绿地

公共绿地是指向公众开放的具有一定游憩设施的绿地，可以供人们游览、休息、娱乐并且可以美化城镇环境。它包括综合性公园、古典园林、儿童公园、带状绿地（沿河、湖、城垣修建，具有一定宽度和休息游览设施）、小游园（位于城镇广场、路侧、交叉口、公共建筑及居住区附近专门划出的小型绿地）等。

2．生产绿地

生产绿地是指为园林绿化提供苗木、花卉、种子等植物材料的生产基地，包括苗圃、花圃、茶园、果园、竹园、林场等，常位于土壤、水源较好，交通方便的地段，以利植物培育和运输。有些生产绿地也可定期开放供游人参观游览。

3．防护绿地

防护绿地是指用于隔离、卫生和安全的防护林带及绿地。主要具有改善城镇自然条件、卫生条件、通风条件并能防御风沙的功能。如对于夏季炎热的城镇，设置通风绿带，其方向应与夏季盛行风向平行（可结合道路与水系），可形成透风走廊；对于常受大风侵袭的城镇，可建立一定宽度的防风林带，其方向应与主导风向垂直。另外，农田防护林、水土保持林等也属于防护绿地。

4．专用绿地

专用绿地是指具有专门用途和功能要求的绿地，它是专属某一部门或单位使用的不对外开放的绿地。例如，生产建筑用地、仓储用地、公共建筑用地、公用工程设施用地及住宅用地中的绿化等。小城镇参与建设用地平衡的绿地仅包括公共绿地、生产绿地和防护绿地。

（二）园林绿地的组成要素

园林绿地的类型很多，但都是由园林植物、园林建筑、水体等有机组成，它们都是构成园林绿地的物质要素。

1. 园林植物

园林植物就是园林建设中所需的一切植物材料，可以简单地分为乔木、灌木、藤本植物、竹类、花卉和草地 6 类。

① 乔木

乔木具有体形高大、主干明显、分枝点高等特点。根据其体形高矮可以分为大乔木（20 m 以上）、中乔木（8～20 m）和小乔木（8 m 以下）。从叶片脱落状况又可分为落叶乔木和常绿乔木，叶片形状宽大的称为阔叶乔木，叶片纤细如针状的称为针叶乔木。

② 灌木

灌木没有明显主干，自基部分枝，一般呈丛生状态，根据叶片脱落状况也可以分为常绿灌木和落叶灌木。体高 2 m 以上的称为大灌木，1～2 m 为中灌木，1 m 以下为小灌木。

③ 草地

草地是指园林中种植低矮的草本植物，用以覆盖地面，供观赏、休息及体育活动用的草坪。

④ 藤本植物

凡植物不能自立，必须依靠其特殊器官，或靠蔓延作用而依附于其他物体上的植物，称为藤本植物或称攀缘植物。藤本植物也有常绿藤本和落叶藤本之分。

⑤ 竹类

竹类属于禾本科的常绿乔木或灌木，竹干木质浑圆，中空而有节，皮翠绿色。也有呈方形、实心、其他颜色和形状的，不过为数极少。

⑥ 花卉

花卉是指姿态优美、花色艳丽、花香馥郁的草本和木本植物。依其生长期的长短，可分为一年生花卉、二年生花卉和多年生花卉。一年生花卉春天播种，当年开花；二年生花卉秋天播种、次年春天开花；多年生花卉一次栽植能多年生存，年年开花，也称宿根花卉。

2. 园林建筑

① 按传统形式可分为亭、廊、舫、榭、厅、堂、楼、阁、殿、斋、馆、轩、塔等。

② 按使用功能可分为文教宣传类、文娱体育类、服务类、点景游憩类、园林管理类。见表 10-1。

表 10-1 园林建筑按使用功能分类

序号	类别	园林建筑举例
1	文教宣传类	各类展览馆、博物馆、纪念馆、陈列室、阅览室 各类文物保护建筑 动植物展览建筑 展览温室、盆景园、花展园、植物展廊 露天剧场、宣传廊、阅报廊、科普廊
2	文娱体育类	各类文体设施 儿童活动设施
3	服务类	餐厅、冷饮厅、快餐部、摄影服务部
4	点景游憩类	塔、亭、廊、舫、榭、阁
5	园林管理类	办公室、仓库

3．园路、场地、园桥

（1）园路的分类

按其性质和功能可分为以下 3 级：

① 主要园路。从园林入口通向全园各景区中心，各主要广场、建筑、主要景点及管理区，它是大量游人所需行进的路线。其宽度为 4～6 m，一般不超过 6 m，以便形成两边树木交冠的庇荫效果。

② 次要道路。分散在各景区范围内，连接景区内的景点。其路宽为 2～4 m，要求能通行小型服务用车辆。

③ 游憩小路。主要供散步休息之用，引导游人深入到达园林各个角落，多曲折自由布置。考虑两人同行，一般宽 1.2～2 m，小径也可为 1 m。

（2）场地

场地是园林绿地中室外空间的一种主要形式，它既有使用功能，又能构成丰富的空间景观，为人们的游憩提供多种支持。园林场地按其性质和功能可分为交通集散场地，游憩活动场地和生产管理场地。

① 交通集散场地：主要起组织人流、分散人流的作用，不希望游人长久停留。如园林出入口广场、主要园路交叉口广场、有大量人流的建筑广场。

② 游憩活动场地：主要供游人游览休息、散步、打拳做操、儿童游戏、集体活动等用。游憩活动场地可以是草坪、疏林或各类铺装地，也可以配合花坛、水池、亭廊、雕塑等共同组成。

③ 生产管理场地：主要满足园务管理和生产的需要。如晒场、堆场、停车场等。

（3）园桥

园林绿地中的园桥，既有路的特征，又具有建筑特征。园桥不仅联系交通、组织游览，而且还可以分隔水面、构成风景、点缀风景、丰富空间层次。贴临水面的平桥、曲桥等可以看做是跨越水面的园路变形；带有廊的园桥则可以认为是架在水上的园林建筑。

4．水体

水是园林绿地不可缺少的组成部分，水体能使园林产生很多生动活泼的景观，形成开阔的空间和透视线，是造景的重要因素之一。水体的形式可以分为自然式和规则式两种。

自然式水体是天然的或模仿天然水体形态的河、湖、溪、涧、泉、瀑等，在园林中多随地形而变化。

规则式水体是人工开凿成几何形状的水面，如运河、水渠、花坛、喷泉、瀑布等。

水体按动静状态可分为动态水体（喷泉、瀑布）和静态水体（湖泊、池沼）两类。

三、园林绿地的指标与规划指标

判断一个城镇绿化水平的高低，或者评定是否是“园林城镇”、“花园城镇”，首先是要看城镇拥有绿地的数量；其次要看绿地的质量；最后要看绿化效果，即自然环境与人工环境的协调程度。一般有以下几个指标：

1．园林绿地的指标

（1）小城镇公共绿地比例。是指小城镇公共绿地占建设用地的比例。中心镇、一般镇为 2%～6%，邻近旅游区及现状绿地较多的镇，其公共绿地所占比例可大于 6%。

（2）人均公共绿地。是指居民平均每人拥有公共绿地面积。

如集镇的人均公共绿地，则按下式计算：

人均公共绿地（m^2/人）=镇区公共绿地总面积/镇区总人口

（3）绿地率。是指城镇中各类园林绿化用地总面积占城镇总用地面积的比例。

绿地率（%）=（城镇园林绿化用地总面积/城镇用地总面积）×100%

环境学家认为，当城镇绿地率达到 50%以上时，才能提供舒适的休养环境。建设部有关文件规定：城乡新建区绿化用地面积应不低于总用地面积的 30%；旧城改建区绿化用地面积应不低于总用地面积的 25%。

（4）绿化覆盖率。是指各种植物垂直投影面积在一定用地范围内所占面积的比例。

绿化覆盖率（%）=（各类植物覆盖总面积/用地面积）×100%

绿化覆盖率虽不是用地指标，但它是衡量绿化环境效能的重要指标。此外，据林学方面的研究表明，一个地区的绿化覆盖率至少应达到30%以上才能起到改良气候的作用，所以从环境保护的角度出发，绿化覆盖率以不低于30%为宜。

2. 园林绿地规划指标的确定

2001年《国务院关于加强城市绿化建设的通知》提出：到2005年全国城市规划建成区绿地率达30%以上，绿化覆盖率达35%以上，人均公共绿地面积达到8 m^2以上，城市中心区人均公共绿地达到4 m^2以上；到2010年城市规划建成区绿地率达40%以上，人均公共绿地面积达到8 m^2以上，城市中心区人均公共绿地达到6 m^2以上。由于各地的经济、社会发展状况和自然条件差别较大，应根据当地的实际情况确定不同的绿化目标。上述指标是根据我国目前的实际情况，经过努力可以达到的水平标准，距离满足生态环境需要的标准还相差甚远，它“只是规定了指标的下限”，因此小城镇的绿化指标可参考《城市绿化规划建设指标的规定》和《城市道路绿化规划与设计规范》，并结合本地区的自然、社会、经济、环境保护等方面的实际需求来制定，但指标不应低于上述标准。

四、园林绿地系统的规划布局

园林绿地系统布局是小城镇园林绿化的内在结构与外在表现的综合体现，其主要目的是使各类园林绿地合理分布、紧密联系，形成有机结合的园林绿地系统。

一般情况下，小城镇绿地系统的布局有块状、带状、楔状和混合式等基本布局形式。在规划中，绿地布局首先应从功能上考虑，而不是从形式上去考虑。

1. 块状绿地布局

块状绿地布局，可以做到分布均匀，接近居民，但对构成城镇整体的艺术面貌作用不大，对改善城镇小气候的作用也不显著。

2. 带状绿地布局

这种布局多数是利用河湖水系、城镇道路、旧城墙等因素，形成纵横向绿带、放射状绿带与环状绿地交织的绿地网。带状绿地的布局容易表现城镇的艺术面貌。

3. 楔形绿地布局

形状由宽到狭的绿地，称为楔形绿地。一般都是利用河流、起伏的地形、放射干道等结合防护林来布置。优点是可以改善城镇小气候，利于表现城镇的艺术面貌。

4. 混合式绿地布局

这是上述三种绿地形式的综合运用，可以做到城镇绿地点、线、面的结合，组成较完整的体系。其优点是可以使居住区获得最大的绿地接触面，方便居民游憩，有利于小气候的改善，有助于城镇环境卫生条件的改善及美化城镇。

规划时在合理选择布局形式的基础上，还应考虑以下几点：

（1）根据城镇的地形、地貌、水文等情况，充分利用现有河流、湖泊、水库等水体，为居民提供理想的亲水、近绿空间。

（2）尽可能利用破碎地形和不宜建筑的地段布置绿地，这样既能充分利用原有自然条件，节约用地，又能达到良好的绿化、美化效果。

（3）应根据城镇的性质、气候、地形等条件科学绿化，为城镇服务的同时，突出城镇特色。如南方城镇夏季湿热，绿地应以遮阳、降温、改善小气候为主；北方受风沙影响较大的城镇及地区，绿地应着重以防风固沙和水土保持为主，强化生态环境的保护；旅游小城镇的绿地是城镇赖以存在和发展的基础，应加大投资，完善规划，明确方向，做足特色，打造旅游品牌。工业小城镇，特别是有一定污染的城镇，应重视污染防护林地的建设，增加生产防护绿地的比重。

五、园林绿地系统规划的基础资料及文件编制

（一）基础资料

为进行城镇园林绿地规划，需要收集较多的资料，在实际工作中常依据具体情况有所增减。一般除收集有关城镇规划的基础资料外（历代地方志、新中国成立以来有关方针政策），还需要下列基础资料。

1. 自然资料

（1）地形图

图纸比例为1∶5 000或1∶10 000，通常与城镇总体规划图的比例一致。

（2）气象资料

包括历年及逐月的气温、湿度、降水量、风向、风速、霜冻期、冰冻期及冻土层厚度。其中温度包括逐月平均气温、极端最高和极端最低气温及最高气温与最低气温的持续时间。湿度包括最冷月平均湿度，最热月平均湿度，雨季、旱季月平均湿度。降水量包括逐月平均降水量和年平均降水量。风向、风速包括夏、冬季平均风速及主导风向、全年风向。

（3）土壤资料

包括土壤类型、土层厚度、土壤物理及化学性质（土壤的酸碱性），不同土壤分布情况，地下水位深度、冰冻线等。

2．社会条件及人文资料调查

掌握地方区域规划、城镇规划、城镇概况、城镇人口、面积、土地利用、城镇设施、法规等；了解城镇的性质；了解规划建设用地标准的各项指标，规划人均建设用地指标，规划人均单项建设用地，规划建设用地结构。

3．城镇环境质量调查

了解掌握城镇各种污染源的位置，污染范围，各种污染物的分布浓度及自然灾害程度。

4．植被资料

当地现有园林绿化植物的种类及适应程度（包括乔木、灌木、露地花卉、草类、水生植物等），附近地区及城镇的植物种类和适应情况。

5．绿地现状资料

（1）现有各种绿地的位置、范围、面积、性质、质量、可利用程度及各类绿地用地比例；

（2）绿地率、人均绿地面积、绿化覆盖率现状及现有各类公共绿地平时及节假日的游人量；

（3）名胜古迹、重大事件发生地、历史名人故居、各种纪念地的位置、范围、面积、性质、周围可利用的程度；

（4）现有河湖水系的位置、流量、流向、面积、深度、宽度、水质卫生情况及可利用程度；

（5）适于绿化而又不宜修建建筑的用地位置、面积；

（6）当地苗圃面积，现有苗木种类、规格、数量及生长情况；

（7）郊区绿化情况。

（二）文献编制

城镇园林绿地规划的文件编制工作，包括绘制图纸及编写文字说明。通常可选用几个规划方案进行分析评审，经过讨论修改定案，并报各有关部门，待批准后，作为执行依据。

1．图纸部分

包括城镇绿地现状分析图、城镇园林绿地系统规划图、城镇园林绿地近期规划图和城镇园林绿地规划分期实施图。

图纸比例可用1∶1000、1∶3 000、1∶5 000和1∶10 000等。

图纸内容应标明现状与规划的各类绿地的名称、面积、分布情况。图上应附有主要技术经济指标。

2．文字部分

包括城镇概况，绿地现状（包括各项绿地面积、人均占有量、绿地种类、质量、分布、植物种类），城镇园林绿地规划原则，布局形式，规划后的各种技术经济指标、定额，城镇绿地总造价的估算，投资来源及分配和分期实施计划等。

六、园林绿地的树种规划

树种规划是城镇园林绿地系统规划的一个重要内容，它关系到绿化成效的快慢、绿化质量的高低以及绿化效应的发挥等。我国幅员辽阔，南方和北方、沿海和内陆、高山和平原气候条件各不相同，且各地区土壤情况较为复杂，树木种类繁多，生态特性各异，因此树种选择要从本地区实际情况出发，根据树种特性和不同的生态环境，因地制宜、因景制宜进行树种选择。

1．选择观赏价值高的乡土树种

乡土树种对当地土壤、气候等自然条件适宜性能好，具有抗性强、抗病虫害、苗源广、易成活等特点，能体现地方风格，宜作为城镇绿化的骨干树种。对已有多年栽培历史，已适应当地土壤、气候条件的外来树种也可适当选用。为了丰富植物种类及绿化景观，可以有计划地引种一些本地缺少而又能适应当地环境的经济价值和观赏价值高的树种，但必须经过引种驯化的试验，才能推广使用。

2．选择抗性强的树种

抗性强是指对土壤、气候、病虫害以及烟尘、有毒气体等不利于植物生长的因素适应性强，且易栽培、易管理的树种。绿化建设时应尽可能选择抗性强的树种。

3．速生树与慢生树相结合

速生树种早期绿化效果好，容易成荫，但寿命较短，如杨树、桦树等。往往在 30 年后就开始衰老，需要及时更新和补充，否则将影响城镇绿化的效果。慢生树如樟树、柏树、银杏等，早期生长较慢，三四十年后才见效，但寿命长。因此，在进行树种规划时必须注意速生树种和慢生树种的合理搭配。新建城镇应以速生树种为主，搭配一部分慢生树种，有计划地分期、分批逐步过渡。

第二节 旅游资源的保护与开发规划

在我国城镇旅游资源的开发过程中，人们往往只重视眼前的利益，不考虑可持续发展，缺乏长远规划，这些已经造成了对环境资源的严重破坏。因此我们必须认识到资源保护的重要性，合理规划和开发当地的旅游资源。

一、旅游资源规划的主要任务和基本内容

（一）旅游规划的主要任务

1. 旅游规划的历史任务

旅游规划的首要历史任务就是促使旅游系统的进化。旅游系统的进化即旅游现象的内部关系由简单到复杂、由低级向高级的上升性演化，它主要有两大标志，一是旅游系统的发展方向与人类社会的价值指向日趋一致；二是旅游系统内部的组织性、功能整合性日渐提高。旅游系统的结构由旅游者、旅游地和旅游企事业单位三大要素构成。其中旅游者要素汇成旅游动机，旅游目的地要素汇成旅游吸引力，旅游企业要素汇成旅游连接力。三大要素之间通过吸引力—需求、消费—生产和资源—利用连接成为一个有机的结构整体，该结构具有流转、竞争和增益等功能。旅游系统的结构不是孤立的客体，既定的发展方向是否能通过旅游系统的结构和功能得以实现，或者说旅游系统的结构与功能演变方向是否符合社会目的，是判断特定的旅游系统是否健康、是否需要实施规划调控的依据。

旅游规划的第二个历史任务就是引导和控制旅游系统规避发展的风险。规避旅游系统的整体发展风险，是保障旅游系统可持续发展的必要条件。对旅游系统的整体演变做出发展选择，实质上是对旅游系统的发展动态的控制过程。

旅游规划的第三个历史任务是确保旅游系统有目的、合规律地发展。

2. 旅游规划的现实任务

旅游规划是为实现既定的旅游发展目标而预先谋划的行动部署，是一个不断地将人类价值付诸行动的实践过程。旅游规划的依据是建立在未来的不确定性的基础上，建立在对现有“旅游关系之和”尚未完全认识的基础上的。在目前情况下，我国应集中有限资源，确保完成以下几项任务。

（1）合理配置旅游资源

资源是发展旅游的基础，市场是发展现代旅游的手段，效益是发展旅游的目的。从旅游系统发展控制的角度来看，忽视资源条件，旅游市场竞争的风险就

会大大增加；没有需求基础，不能推出适销产品，就无法取得市场的成功。因此，旅游资源及相关资源，必须在市场条件下实现合理配置。

（2）提升旅游“产品”的质量

旅游作为一个完整的经历，其质量与获得该旅游经历所需花费的经济与时间代价，所形成的性能、代价比之优劣，是实现旅游市场交换的根本性因素。旅游者之所以愿意付出经济和时间代价，目的是来旅游目的地获得满意的旅游经历。从经济学的视角看，该旅游经历即产品。然而，旅游“产品”的这种整体性与目前旅游规划技术之间却存在着不小的距离。

（3）落实相关部门间的协作

从一流的旅游“产品”规划设计，到生产出一流的旅游“产品”，还有赖于相关生产资料、生产者和资金三方面的状况。旅游规划的又一重要任务，是根据旅游发展的专门需要，通过规划手段，合理调动社会经济系统中已有的支持力量，或组建新的支持力量。与此同时，指导和强化上述各方面的协同关系，降低成本，减缓波动。

（4）保障旅游可持续发展

旅游可持续发展是以保持生态系统、环境系统和文化系统完整性为前提，在保持和增加未来旅游发展机会的条件下所实现的现时的旅游发展。旅游可持续发展的内部特征，是生态环境压力小于旅游系统的承载力；外部特征则表现为增长连续性、系统稳定性和代际公平性。能否实现旅游可持续发展，在很大程度上取决于可持续发展战略能否落实为旅游规划的具体任务。该任务至少包括，容量控制与旅游流调节、环境保护与生态保护规划、历史文化保护规划以及安全防灾与保险等诸多方面的合理安排。借此，维护生态环境秩序、社会文化秩序和竞争秩序，从而为旅游系统和未来发展储备优异的资源条件，提供持续的发展动力。

总之，旅游发展的主要矛盾，是旅游系统在时间变量中进化与退化的矛盾。旅游规划是旅游资源优化配置与旅游系统合理发展的结构性筹划过程，它所肩负的历史使命，是促使旅游系统的进化，引导和控制旅游系统的发展，规避风险，确保旅游系统有目的、有规律、可持续地发展。旅游规划的总任务，是整体地改善旅游发展的结构有序性、功能协调性、发展和目的性之间的关系。

（二）旅游规划的主要内容

1. 旅游规划的基本内容

根据规划实施的作用、性质、操作途径的要求，旅游规划的主要内容一般包括：

（1）直接管理的约束性内容

旅游发展的目标与指标体系；

旅游资源评价；

劳动教育科技公共投资项目；

安排容量规划与旅游流调节。

（2）委托或联合管理的约束性内容

环境保护与生态保护规划（环保、农业、林业）；

文化保护与社会发展规划（文化、社会事业发展）；

旅游区区划与调整土地利用关系（土地、规划）；

旅游市场维护与管理（工商、公安、旅游）；

投资与资金筹措（经委、招商、旅游）；

形象与营销（宣传、城建、旅游）；

道路与交通（城建、旅游）；

安全防灾（公安、消防、水利、林业）；

基础设施安排（城建、规划）。

（3）引导性内容

产业政策、竞争战略等；

区位分析、市场调查与预测等；

旅游产品（经历）、体系规划（游览观光项目、娱乐项目、旅游接待、购物、游览线路组织）。

2．旅游规划的特征

旅游规划和其他类型的规划相比较，主要具有下述特征，即系统性和综合性、层次性和地域性、基础性和前瞻性。

（1）系统性和综合性

旅游规划从字面上看，即“对旅游的规划”，这里的旅游指现代旅游系统，因此，旅游规划的内容理应包括与旅游系统及其发展谋划有关的全部方面。旅游系统及其发展所涉及的部门、因素繁多，按照人们普遍接受的从旅游综合体的角度界定的“三要素论”的划分，旅游活动是由旅游者（旅游活动的主体）、旅游资源（旅游活动的客体）和旅游业（旅游活动的媒介）三个要素构成的；按照从旅游活动角度界定的“六要素论”的划分，旅游活动是由食、宿、行、游、购、娱六个要素构成的。旅游规划就是在综合分析各部门和各要素发展历史和现状的基础上，提出区域旅游系统的发展目标及为实现既定目标的行动部署，因此旅游规划具有较强的系统性和综合性。

（2）层次性和地域性

任何一个旅游规划都是针对一个具体区域的规划，以中国为例，最大范围的旅游规划为全国旅游发展规划，向下依次为跨省区的大区域旅游发展规划，如西北旅游发展规划、西南旅游发展规划等；省（自治区、直辖市）级旅游发展规划，如北京市旅游发展规划、浙江省旅游发展规划、内蒙古自治区旅游发展规划等；地区（地级市）级旅游发展规划，如皖南地区旅游发展规划、鄂尔多斯市旅游发展规划等；县（县级市）级旅游发展规划，如牙克石市旅游发展规划、凉城县旅游发展规划等；最小范围的应为小城镇和旅游景区（点）规划，如黄山风景区规划、北京市门头沟区妙峰山镇旅游发展规划和凤凰山庄旅游区规划等。旅游规划应针对具体地域范围而有所不同，但不同地域层次的规划之间应是相互联系、相互制约和相互转化的关系，较小区域的规划应该遵循和符合较大区域规划的部署和安排。

（3）基础性和前瞻性

旅游规划工作本身，需要收集大量的基础性资料，需要对影响旅游地发展的自然、社会、经济背景等方面的基本情况进行详细的调查、分析，特别是对规划范围内的旅游资源状况、旅游产品的可能市场需求要认真进行研究。上述工作为旅游规划前期的基础性工作，此项工作的认真扎实与否直接影响旅游规划的质量。同时，旅游规划一般要求对旅游地近期（5 年以内）、中期（5～10 年）、远期（10～15 年）三个阶段的发展目标和行动计划做出部署、安排和规划，使规划方案既能指导近期旅游建设和满足旅游发展需要，又可保持远近结合，实现旅游永续发展。

3．旅游规划和其他规划的关系

（1）与区域规划的关系

区域规划是特定地域的综合性开发规划。它主要源自于对人口和工业集中地区的综合性规划，并不断发展、扩大而形成的。国土规划则侧重于针对土地资源的开发利用、治理保护而展开的全面规划，它是由解决人口、环境、资源问题发展起来的。这两者的作用和内容，在发展过程中正在逐步趋同，即均趋于成为资源开发利用和建设布局等重大内容的综合性规划。与社会经济发展规划主要偏重于社会经济发展目标、预测和方针的制定不同，区域规划主要侧重于用各种技术手段揭示开发、建设、保护的整体性、合理性、可达性。

旅游规划与同级区域规划的关系，如同其他专项规划与区域规划的关系一样，是对区域规划的充实和深化。旅游规划一方面借助区域规划在水利、农林、交通、城镇布局方面所创造的条件，另一方面通过区域旅游资源利用的论证与综合安排，为区域规划的制订提供基础依据。

（2）与城市规划的关系

旅游系统是城镇系统中的一个子系统，旅游业作为国民经济中最具活力的朝阳产业，旅游专项规划和城镇土地利用、道路交通、公用设施、园林绿化系统、环境保护等专项规划成为城镇总体规划中不可或缺的组成部分。旅游专项规划既不能脱离城镇总体规划独立存在，也不能与城镇总体规划合为一体，否则无法保证旅游规划的内容得以付诸实施。

（3）与风景园林规划的关系

风景园林是旅游地的重要旅游资源，由于旅游资源的广泛性和旅游业的综合性，旅游规划的内容要比风景园林规划内容广泛得多。与传统风景园林规划不同的是，在旅游规划中以旅游资源为基础、为满足旅游市场的需求所设计的旅游项目和开发的旅游产品，满足的是旅游者在旅游活动过程整个食、宿、行、游、购、娱的需求，而绝不仅仅是创造优美环境。当然许多旅游地规划中的以优化、美化环境为主要内容的环境规划设计任务，还需要风景园林规划师来承担。

（4）与社会经济发展规划的关系

社会经济发展规划是对某一地区社会经济发展的战略目标、发展模式、主要比例关系、发展速度、发展水平、发展阶段及相互之间的各种关系所做出的谋划或计划。社会经济发展规划一般偏重于经济方面，它对各级各类规划具有指令性的作用，因此也是制定旅游规划的重要依据。反过来，社会经济发展规划的制定是以国民经济各部门规划为基础，通过在更高层次上的综合、协调而形成的，当然旅游规划也是制定更高层次社会经济发展规划的基础。

二、旅游资源的调查与评价

（一）旅游资源的定义与分类

1. 旅游资源的定义

《中国旅游资源普查规范（试行稿）》对旅游资源作了如下的定义："自然界和人类社会凡能对旅游者产生吸引力，能激发旅游者的旅游动机，具备一定旅游功能和价值，可以为旅游业开发利用，并可产生经济效益、社会效益和环境效益的各种事物和因素，都可视为旅游资源。"在《旅游资源分类、调查与评价》（GB/T 18972—2003）国家标准中，对旅游资源作如下定义："自然界和人类社会凡能对旅游者产生吸引力，可以为旅游业开发利用，并可产生经济效益、社会效益和环境效益的各种事物和因素。"可以看出，上述两个定义的基本内容一致，都是从自然界和人类社会两个角度去诠释。

2. 旅游资源的分类

根据旅游资源的定义，可将旅游资源分为自然旅游资源和人文旅游资源两大类。所谓自然旅游资源指天然形成的旅游资源，包括自然景观与自然环境，它处于自然界的一定空间位置、特定的形成条件和历史演变阶段；所谓人文旅游资源则是在人类历史发展阶段和社会进程中由人类社会行为促使而形成的具有人类社会文化属性的事物。其形成和分布不仅受历史、民族和意识形态等因素的制约，而且还受自然环境的深刻影响。

（二）旅游资源的基本特征

从上述旅游资源的定义可见，旅游资源是一种特殊的资源，与其他类型资源相比较，旅游资源主要具有以下特征：

1．美学特征——可观赏性

旅游资源同其他类型资源最主要的区别就在于旅游资源具有美学特征，具有观赏性，可以使旅游者获得美的感觉或者引发美的联想。无论是名山大川、奇石异洞、海湖泉瀑、风花雪月，还是文物古迹、民族风情、城乡风貌、文学艺术等，任何一种旅游资源都应该具备这样的基本功能。旅游资源的美学特征越突出，观赏性越强，对旅游者的吸引力越大。

2．空间特征——区域分异性和不可转移性

旅游资源的空间分布具有明显的区域分异规律，主要原因是任何一种旅游资源的形成都会受到特定地理环境各要素的制约，不同旅游资源，其形成要求的地理环境背景条件不同，因此就造就了旅游资源的区域性特征。如我国北方与南方、东部与西部在地理环境上的差异，造成自然景观、人文景观南北、东西的迥然不同。北方山水浑厚、南方山川秀美、东部山清水秀、西部山高谷深。

旅游资源在空间上的位置是不可以移动的，虽然有些旅游资源个体，如塔、庙等可能会有小尺度迁移发生，但并未从根本上改变旅游资源的不可转移性。同时旅游资源的不可转移性还有一层含义，即当旅游资源开发成旅游产品并被出售时，资源乃至产品的所有权不能转移。

3．时间特征——时代性和变化性

从上述旅游资源的定义当中可以看出，随着时代的变迁，旅游资源概念的外延在不断地变化。过去不是旅游资源的如皇家陵寝现在已经成为了旅游资源，现在不属于旅游资源的在将来也有可能因对旅游者产生吸引力而成为旅游资源。总之，旅游资源随着时代的需求而产生、发展，品种数量在不断增加；旅游资源也因时代的不同而具有不同的功能、价值。旅游资源在时间上会呈现出一定的变化性。比较突出的为自然景物随时间变化的特征，有的表现为周期变化特征，如日出日落、潮涨汐落、四季景色，都有一定的周期变化规律；有的表现为随机变化特征，由于它们的出现具有一定的随机性，因此颇具神秘感。

4．社会特征——民族性或文化性

旅游资源的民族性或文化性的内涵是不同民族或具有不同文化背景的旅游者对旅游资源的价值判断会有不同，换句话说，一种自然存在或社会现象是否会成为旅游资源，会因民族或文化的差异而不同。如对于久居都市的居民来说，大山里的古木怪石、松涛月色，郊区农村的安逸恬静和独特的农家风情，足可以吸引他们前往并使他们获得美的享受，而对长期生活于此的山民来说，面对这一切可能熟视无睹，甚至产生一种厌恶感。反过来，都市风光对于城镇居民和乡村居民来说也会有不同的感受。

5．开发利用特征——永续性和不可再生性

永续性是指旅游资源具有可以重复利用的特点。其他类型的资源如矿产资源、常规能源资源、森林资源等，随着人类的不断开发利用，数量会不断地减少。旅游资源则不同，旅游者付出一定的金钱和代价所购买的是一种经历和感受，而不是旅游资源本身。因此，从理论上讲旅游资源可以长期甚至永远地重复利用下去。

但是，如果开发利用不当，旅游资源也会遭到破坏，而且一旦破坏就难以再生，这就是旅游资源不可再生性的内涵。旅游资源是自然界的造化和人类历史的遗存，是在一定的自然和社会历史条件下产生的，尽管它种类丰富，但数量毕竟有限。因此要求旅游资源的开发，必须以保护性开发为原则，以科学合理的规划为依据，依靠一定的经济、法律手段，切实加强旅游资源的保护和管理。

（三）旅游资源的调查

旅游资源调查是进行旅游资源开发利用、旅游规划编制的基础工作之一，是进行旅游资源评价的前期工作，同时也为后续的旅游产品开发提供前提条件。

1．旅游资源调查的目的和内容

旅游资源调查的目的，是查明规划区内旅游资源的类型、数量、分布、组合状况、成因、价值等，掌握在旅游资源开发、利用和保护中存在的问题，为旅游规划提供可靠的资料。

旅游资源调查的内容主要包括以下几个部分：

（1）旅游资源存在区的环境条件，即旅游资源的背景条件调查；

（2）旅游资源的数量、类型、品质、分布、规模，即针对旅游资源本身的调查；

（3）旅游资源的开发现状和开发条件，即针对旅游资源外部开发条件的调查。

2．旅游资源调查的步骤和方法

（1）调查准备阶段

① 计划制订。旅游资源调查计划主要包括调查的目的、对象、线路、区域的范围、调查工作的时间表和精度要求、主要调查方式和成果的表达方式。

② 资料收集。包括地方志书、乡土教材、旅游区与旅游点介绍、专题报告等；与旅游资源调查区有关的各类图像资料和反映调查区旅游环境和旅游资源的

专题地图及相关的各种照片、影像资料等。

③ 仪器和设备的准备。包括定位仪器、简易测量仪器、影像设备等。

（2）实地调查阶段

这一阶段的主要任务是做准备工作，特别是在第二手资料收集分析的基础上，采取相应的调查方法获得第一手资料。常用的实地调查方法有以下三种：

① 野外实地踏勘。这是实地调查最基本的方法。调查人员通过观察、踏勘、测量、摄像等方式，直接接触旅游资源，获得客观的感性认识，取得宝贵的第一手资料。

② 访问座谈。这是实地调查的辅助方法。调查人员通过走访当地居民或以开座谈会的方式，为实地勘察提供线索、确定重点，提高勘察的质量和效率。

③ 问卷调查。可以通过行政渠道将问卷分发给各有关部门或发放给现场游客和当地居民，填写之后集中收回，这些问卷将对资源调查工作有重要的参考价值。

（3）资料整理阶段

对实地调查所收集的直接和间接资料进行分类整理，最终形成综合性、建设性的旅游资源调查报告和旅游资源分布现状图。调查报告的内容应写明调查区旅游资源的基本类型、开发历史和现状等，并对其存在的问题提出意见和建议。

（四）旅游资源的评价

要使旅游资源优势转化为旅游产品优势，并产生良好的经济效益、社会效益和环境效益，就必须对旅游资源的开发利用价值进行科学的综合评估。旅游资源评价就是在对旅游资源进行全面系统调查的基础上，依据科学的标准和方法衡量旅游地旅游资源的综合开发利用价值，以便为做好旅游规划奠定坚实的基础。

1．旅游资源的评价原则

旅游资源评价工作，涉及面广，情况复杂，为了使旅游资源评价客观、公正，结果准确、可靠，一般应遵循以下基本原则：

（1）全面系统的原则

旅游资源的类型是多种多样的，它的价值和功能也是多层次、多方位的。这就要求在进行旅游资源评价时，不仅要注重对旅游资源本身的数量、质量和特色等因素的评价，还要把旅游资源所处区域的区位、环境、交通、经济发展水平、建设水平等开发利用条件，作为外部条件纳入评价的范畴，全面完整地进行系统评价，准确地反映旅游资源的整体价值。

（2）兼顾“三大效益”的原则

评价旅游资源，要考虑三方面的效益：一是经济效益，即能够增加收入、促进经济发展、调整产业结构、增加就业机会、改变投资环境等；二是环境效益，对自然和人文环境的保护有促进作用，为人类提供有利于身心健康的游览、娱乐场所；三是社会效益，即能使旅游资源所在地的社会环境通过与外界的交流得到提高。总之，要通过充分合理的开发利用旅游资源，获得多方面的综合效益。

（3）尊重事实与动态发展的原则

旅游资源本身及其开发的外部社会经济条件是在不断变化和发展的，这就要求在进行旅游资源评价时，不仅要从旅游资源调查的客观实际出发，做出实事求是的评价，还要用动态发展和进步的眼光看待变化趋势，对旅游资源及其开发利用前景做出积极、全面和正确的评价。

（4）定性与定量相结合的原则

常用的旅游资源的评价方法有定性评价和定量评价两种方法。定性评价，一般只能反映旅游资源的概要状况，主观色彩较浓、可比性较差；定量评价，是根据一定的评价标准和评价模型，将旅游资源的各评价因子经过客观量化处理，其结果具有一定的可比性。在旅游资源评价的实际工作中，应将两种方法密切结合，得出客观的评价结果。

2．旅游资源的评价方法

旅游资源评价的核心问题是评价标准，即评价方法的选择问题。不同的评价方法所采用的标准不同，因此评价结果也会有所不同。在旅游资源基础评价方面，国内目前较具权威性的评价系统是《旅游资源分类、调查与评价》国家标准，该项国家标准对旅游资源分类体系中旅游资源单体的评价，是采用打分评价的方法。

（1）评价体系

该标准依据“旅游资源共有因子综合评价系统”赋分，系统设“评价项目”和“评价因子”两个档次，评价项目为“资源要素价值”、“资源影响力”、“附加值”。其中，“资源要素价值”项目中含“观赏游憩使用价值”、“历史文化科学艺术价值”、“珍稀奇特程度”、“规模、丰度与几率”、“完整性”等五项评价因子；“资源影响力”项目中含“知名度和影响力”、“适游期或使用范围”两项评价因子；“附加值”含“环境保护与环境安全”一项评价因子。

（2）旅游资源评价等级指标

依据旅游资源单体评价总分，将其分为五级，从高级到低级为：

五级旅游资源，得分值域≥90 分；

四级旅游资源，得分值域≥75～89 分；

三级旅游资源，得分值域≥60～74 分；

二级旅游资源，得分值域≥45～59 分；

一级旅游资源，得分值域≥30～44 分；

此外还有未获等级旅游资源，得分≤29 分。

其中，五级旅游资源称为“特品级旅游资源”；五级、四级、三级旅游资源被通称为“优良级旅游资源”；二级、一级旅游资源被通称为“普通级旅游资源”。

（3）计分方法

评价项目和评价因子用量值表示，资源要素价值和资源影响力总分值为 100 分。其中："资源要素价值"为 85 分，含"观赏游憩使用价值"30 分、"历史文化科学艺术价值"25 分、"珍稀或奇特程度"15 分、"规模、丰度与几率"10 分、"完整性"5 分；"资源影响力"为 15 分，含"知名度和影响力"10 分、"适游期或使用范围"5 分；"附加值"中"环境保护与环境安全"，分正分和负分。每一评价因子分为四个档次，其因子分值相应分为四档。

三、旅游规划程序的编制

（一）规划任务确定阶段

1. 委托方确定编制单位

委托方应根据国家旅游行政主管部门对旅游规划设计单位资质认定的有关规定确定旅游规划编制单位。通常有公开招标、邀请招标、直接委托等形式。

公开招标：委托方以招标公告的方式邀请不特定的旅游规划设计单位投标。

邀请招标：委托方以投标邀请书的方式邀请特定的旅游规划设计单位投标。

直接委托：委托方直接委托某一特定规划设计单位进行旅游规划的编制工作。

2. 制订项目计划书并签订旅游规划编制合同

委托方应制订项目计划书并与规划编制单位签订旅游规划编制合同。

（二）规划前期准备阶段

1. 旅游资源调查

对规划区内旅游资源的类别、品位进行全面调查，编制规划区内旅游资源分类明细表，绘制旅游资源分析图，具备条件时可根据需要建立旅游资源数据库，确定其旅游容量。

2. 旅游客源市场分析

在对规划区的旅游者数量和结构、地理和季节性分布、旅游方式、旅游目的、旅游偏好、停留时间、消费水平进行全面调查分析的基础上，研究并提出规划区旅游客源市场未来的总量、结构和水平。

3. 对规划区旅游业发展进行竞争性分析

确立规划区在交通可进入性、基础设施、景点现状、服务设施、广告宣传等各方面的区域优势，综合分析和评价各种制约因素及机遇。

4．政策法规研究

对国家和本地区旅游及相关政策、法规进行系统研究，全面评估规划所需要的社会、经济、文化、环境及政府行为等方面的影响。

（三）规划编制阶段

1．确定规划区旅游主题，包括主要功能、主打产品和主题形象；
2．确立规划分期及各分期目标；
3．提出旅游产品及设施的开发思路和空间布局；
4．确立重点旅游开发项目，确定投资规模，进行经济、社会和环境评价；
5．形成规划区的旅游发展战略，提出规划实施的措施、方案和步骤，包括政策支持、经营管理体制、宣传促销、融资方式、教育培训等；
6．撰写规划文本、说明和附件的草案。

（四）规划征求意见阶段

规划草案形成后，原则上应广泛征求各方意见，并在此基础上，对规划草案进行修改、充实和完善。

四、旅游区规划

（一）旅游区总体规划

城镇旅游区总体规划是旅游区详细规划的基础，是从整体的角度对旅游区的旅游资源进行优化配置，从发展旅游业的长远角度考虑的旅游产业规划设计。旅游区总体规划不仅重视自然景观的设计以及区域范围内路线与设施设计，还从市场的角度规划旅游景观和设施，设计旅游活动项目，强调资源和环境保护对旅游可持续发展的重要性，突出可操作性，尽量做到经济、社会和环境效益的综合兼顾。

1．任务与要求

城镇旅游区总体规划的任务是以区域旅游发展战略规划为依据，分析旅游区客源市场，确定旅游区的主题形象，划定旅游区的用地范围及空间布局，安排旅游区基础设施建设内容，提出开发措施。

旅游区总体规划的基本要求和特点主要有以下方面：

（1）产业链条的完整设计。既然从旅游产业角度出发，对其产业链条就应该有一个具体的完整的规划设计，从资源调查、市场预测、项目设计、设施建设等方面形成完善的产业体系。

（2）投入产出的效益分析。旅游产业的突出特点就是注重经济效益，因此投入产出的效益分析必不可少，在以保护为前提的基础上获取最大经济效益。

（3）规划措施的切实可行。无论是从空间、时间角度的规划，还是旅游区定位、规划实施步骤，都要突出切实可行的较强的操作性。

（4）经营运作的动态规划。具体的经营运作要考虑各种动态因素，如旅游景区中交通车辆的配备、各功能区之间的协调与联系等。

2. 主要内容

为了完成旅游区总体规划的任务，根据《旅游规划通则》，旅游区总体规划的主要内容包括：

（1）对旅游区客源市场的需求总量、地域结构、消费结构等进行全面分析与预测；

（2）确定旅游区的范围，进行现状调查和分析，对旅游资源进行科学评价；

（3）确定旅游区的性质和主题形象；

（4）确定规划旅游区的功能分区和土地利用，提出规划期内的旅游容量；

（5）进行旅游区各专项规划；

（6）研究并确定旅游区资源的保护范围和保护措施；

（7）提出旅游区近期建设规划，进行重点项目策划；

（8）对旅游区开发建设进行总体投资分析。

3. 成果要求

（1）规划文本；

（2）图件，包括旅游区区位图、综合现状图、旅游市场分析图、旅游资源评价图、总体规划图、道路交通规划图、功能分区图等其他专业规划图、近期建设规划图等；

（3）附件，包括规划说明和其他基础资料等；

（4）图纸比例，可根据功能需要与可能确定。

（二）旅游区控制性详细规划

根据《旅游规划通则》，在旅游区总体规划的指导下，为了近期建设的需要，可编制旅游区控制性详细规划。

1. 主要内容

（1）详细划定所规划范围内各类不同性质用地的界线，规定各类用地内适建、不适建或者有条件地允许建设的建筑类型；

（2）划分地块，规定建筑高度、建筑密度、容积率、绿地率等控制指标，并根据各类用地的性质增加其他必要的控制指标；

（3）规定交通出入口方位、停车泊位、建筑后退红线、建筑间距等要求；

（4）提出对各地块的建筑体量、尺度、色彩、风格等要求；

（5）确定各级道路红线的位置、控制点坐标和标高。

2．成果要求

（1）规划文本。主要包括以下四方面内容。

① 总则。制订规划的依据和原则，主管部门和管理权限。

② 地块划分以及各地块的使用性质、规划控制原则、规划设计要点和建筑规划管理通则。如各种使用性质用地的适建要求；建筑间距的规定；建筑物后退道路红线距离的规定；相邻地段的建筑规定；容积率奖励和补偿规定；市政公用设施、交通设施的配置和管理要求；有关名词解释；其他有关通用的规定。

③ 各功能区旅游资源、旅游项目和旅游市场的确定。

④ 各地块控制指标。控制指标分为规定性和指导性两类，前者是必须遵照执行的，后者是参照执行的。规定性指标一般有以下各项：用地性质；建筑密度（建筑基底总面积/地块面积）；建筑控制高度；容积率（建筑总面积/地块面积）；绿地率（绿地总面积/地块面积）；交通出入口方位；停车泊位及其他需要配置的公共设施。指导性指标一般有以下各项：人口容量（人/公顷）；建筑形式、体量、风格要求；建筑色彩要求；其他环境要求。

（2）图纸。包括旅游区综合现状图、各地块的控制性详细规划图、各项工程管线规划图等。

（3）附件包括规划说明及基础资料。

（三）旅游区修建性详细规划

根据《旅游规划通则》，旅游区修建性详细规划的任务是在总体规划或控制性详细规划的基础上，进一步深化和细化，用以指导各项建筑和工程设施的设计和施工。

1．主要内容

（1）综合现状与建设条件分析；

（2）用地布局；

（3）景观系统规划设计；

（4）道路交通系统规划设计；

（5）绿地系统规划设计；

（6）旅游服务设施及附属设施规划设计；

（7）环境保护和环境卫生系统规划设计；

（8）竖向规划设计；
（9）工程管线综合规划设计。

2．成果要求

（1）规划设计说明书

规划说明书包括现状条件分析；规划原则和总体构思；用地布局；空间组织和景观特色要求；道路和绿地系统规划；各项专业工程规划及管网综合规划；竖向规划；主要技术经济指标（一般应包括总用地面积、总建筑面积、容积率、建筑密度、绿地率等）；工程量及投资估算。

（2）图纸

包括综合现状图、修建性详细规划总图、道路及绿地系统规划设计图、工程管网综合规划设计图、竖向规划设计图、鸟瞰或透视等效果图等。

旅游区可根据实际需要，编制项目开发规划、旅游线路规划和旅游地建设规划、旅游营销规划、旅游区保护规划等功能性专项规划。

五、旅游资源的保护与开发

1．城镇旅游资源保护的意义

（1）保护自然生态、社会文化

对于旅游资源中的自然资源，仅有部分资源是可再生的，如植被、水景，若人为干扰强度不大，可以通过自然调节和人为恢复，但耗时久、投资巨大。而更多自然资源是不可再生的，如山岩、溶洞等。对于人文资源，绝大多数是人类历史长河中遗留下来的文化遗产，一旦毁灭，就不可能再生，即使付出极大的代价仿造，其意义也发生了根本性的改变。旅游资源的“易损性”和“难以再生”、“不可再生”的特点，使旅游资源和旅游环境的保护具有深远的历史和现实意义。同时旅游资源的保护不仅是自身的需要，也是保护我们赖以生存的自然生态环境和社会文化环境的需要。

（2）保护旅游资源有利于实现旅游的可持续发展

旅游可持续发展的实现，其关键在于对旅游资源的保护。这是因为“旅游是一个资源产业，一个依靠自然禀赋与社会遗产的产业”，它的发展基础是旅游资源。所以任何一个旅游地欲谋求其旅游业的长久、持续发展，必须首先谋得旅游资源的持续利用，否则由旅游资源及环境的退化而导致的旅游地吸引力的衰竭，将直接威胁着该旅游地“生命”的延续。

（3）保护旅游资源及环境是我国保障旅游业健康发展的重要战略对策

1978 年以来，我国在开发、利用旅游资源，发展旅游业的过程中，把旅游资源和环境保护当做旅游发展战略的重要部分，贯彻资源与环境保护这一基本国策，取得了一些成绩。但同时也存在不少问题，如部分热点旅游地污染严重，局部生态环境遭到破坏，旅游资源受到损害等，这些问题严重影响了当地旅游事业的健康发展。在今后的发展中，旅游业应始终坚持资源与环境保护这一基本国策，促进城镇旅游业的健康、稳定发展。

2. 城镇旅游资源的开发利用

不同的城镇，旅游资源特点也不尽相同。对于当地旅游资源的开发，应充分结合其特点，做到因地制宜，扬长避短，合理开发。下面就小城镇开发利用的几种常见形式作一介绍：

（1）开发利用城镇历史古迹。我国的 5 000 年历史为城镇留下了丰富的历史古迹，有寺庙、宫殿、戏楼、传统民居、城堡、城门、石碑、故居等。因此，可以充分利用现有的历史古迹，加强宣传，扩大影响，开发景点及相关的旅游产品。

（2）因地制宜，结合城镇生产，开发特色旅游。比如一些地区有着良好的气候、土壤条件，适宜种植花卉、水果、蔬菜，可以开发生态旅游，修建采摘园，不仅有助于增加游客对植物的观赏情趣，还可以使他们体会到收获的乐趣。

（3）利用当地的自然资源，开发休闲、疗养旅游型城镇。这类城镇应以优美的环境、方便的交通、充分接触大自然为主要特点。它们所特有的山、水、林、田、阳光、草地、河滩、温泉、矿泉是城市所不具备的，游客们来到这里，可以避开都市的喧闹，放松自己的身心。

（4）发展体育、娱乐型城镇。以当地的某种体育项目为主题，吸引爱好者前来旅游参观，参与其中，使游客从中获得乐趣与享受，如狩猎、钓鱼等。

（5）发展文化旅游型城镇。以当地的特色文化，如地方戏、地方风土人情、名人故事为主题，整合文化资源，突出当地文化特色，发展文化旅游。

（6）开发现代化城镇风貌旅游资源。有许多城镇的建设在全国处于前列，成为其他城镇模仿和借鉴的对象。因此它们可以将其现代化的城镇风貌和成功的建设模式作为旅游看点，来吸引区外游客。

（7）开发商贸旅游城镇。某些城镇经过长期的发展，成为某种产品的重要集散地，会吸引大批游客前来购物。

（8）开发民风、民俗旅游城镇。我国是一个多民族国家，民风、民俗各不相同，因此可以将当地的民俗、民风作为旅游开发的主题，吸引外地游客。

除此之外，各地可根据自身的情况，因地制宜、合理地发展各种特色旅游，但对现有旅游资源进行开发时，应避免盲目人工造景。

第三节　历史文化遗产保护规划

一、历史文化遗产保护的内容

历史文化遗产保护的内容主要包括 4 个方面：文物古迹的保护、历史地段的保护、古城风貌特色的保护与延续、历史传统文化的继承和发扬。

1．文物古迹

文物古迹包括类别众多、零星分布的古建筑、古园林、历史遗迹、遗址、杰出人物纪念地，还包括古木、古桥等历史构筑物。

2．历史地段

历史地段包括文物古迹地段和历史街区。文物古迹地段是指由文物古迹（包括遗迹）集中的地区及其周围的环境组成的地段。历史街区是指保存有一定数量、一定规模的历史建、构筑物且风貌相对完整的生活地区，该地区的整体反映某一历史时代的风貌特色，具有较高的价值。它不仅包括有形的建筑物及构筑物，还包括蕴涵其中的无形文化遗产，如价值观念、生活方式、组织结构、人际关系、风俗习惯等。

3．古城镇风貌特色

古城镇风貌特色包括古城镇空间格局、自然环境、建筑风格。古城镇空间格局指城镇的平面布局、方位轴线、道路骨架、河网水系等。古城镇自然环境指城镇的重要地形、地貌及与重要历史有关的山、水、花、木等。古城镇建筑风格指建筑的式样、高度、体量、材料、平面布局及与周围建筑的关系等。

4．历史传统文化

历史传统文化主要包括传统艺术、民间工艺、民俗精华、名人轶事、传统产业等，是无形的历史文化遗产。

二、历史文化遗产保护规划

1．文物古迹保护区的划定

对现有的文物古迹，根据自身价值和环境特点，一般分为绝对保护区与建设控制地带两个层次，对有重要价值或对环境要求十分严格的文物古迹可增设环境协调区为第三个层次。

（1）绝对保护区

指国家、省、市级的文物古迹、建筑、园林等用地范围内，所有的建筑与环境均要按文物保护法的要求进行保护，不允许随意改变原状、面貌及环境。如需要进行必要的修缮，应在专家指导下按原样修复，做到“修旧如旧”，并严格按审核手续进行报批。对绝对保护区内现有的影响文物风貌的建筑物、构筑物必须拆除。

（2）建设控制地带

指为了保护文物本身的完整和安全所必须控制的周围地段，即在文物保护单位的范围（即绝对保护区）以外划一道保护范围，一般视历史建筑、街区布局等具体情况而定，用以控制文物古迹周围的环境，使这里的建设活动不对文物古迹造成干扰。一般而言，要控制建筑的高度、质量、形式、材料、色彩等。

（3）环境协调区

对有重要价值或对环境要求十分严格的文物古迹，在其建设控制区的外围可再划一道界线，并对这里的环境提出进一步的保护控制要求，以求得保护对象与现代建筑之间的合理空间与景观的过渡。

2. 历史文化城镇保护规划

历史文化城镇保护应注重保护城镇的文物古迹和历史地段，保护和延续古城、古镇的风貌特点，继承和发扬传统文化。

编制保护规划应当分析城镇的历史演变及性质、规模等相关特点，根据历史文化遗存的性质、形态、分布等特点，确定保护内容和工作重点，并且突出保护重点。对于具有传统风貌的商业、手工业、居住以及其他街区，需要保护整体环境的文物古迹、纪念建筑集中连片的地区，或在城镇发展史上有历史、科学、艺术价值的近代建筑群等，要划定为“历史文化保护区”予以重点保护。特别要注意濒临破坏的历史实物遗存的抢救保护，但对已不存在的文物古迹不提倡重建。

保护规划成果一般由规划文本、规划图纸和附件三部分组成：

（1）规划文本

表述规划意图、目标和对规划有关内容提出的规定性要求，文本表达应当规范、准确、肯定、含义清楚。它一般包括以下内容：城镇历史文化价值概述；历史文化城镇保护原则和保护工作重点；各级重点文物保护单位的保护范围、建设控制地带以及各类历史文化保护区的范围界线，保护和整治的措施要求；对重要历史文化遗存修缮、利用和展示的规划意见；重点保护、整治地区的详细规划意向方案；保护规划的实施管理措施等。

（2）规划图纸

一般包括文物古迹、传统街区、风景名胜分布图；历史文化城镇保护规划总图，比例尺 1∶5 000～1∶10 000，图中标绘各类保护控制区域，各级重点文物保护单位、风景名胜、历史文化保护区的位置、范围和其他保护措施示意；重点保护区域界线图，比例尺 1∶500～1∶2 000，在现状图上，逐个、分张画出重点文物的保护范围和建设控制地带的具体界线；逐片、分段画出历史文化保护区、风景名胜保护的具体范围；重点保护、整治地区的详细规划意向方案图。

（3）附件

附件包括规划说明书和基础资料汇编，规划说明书的内容包括现状分析、规划意图论证、规划文本解释等内容。

3. 历史街区的保护规划

（1）历史街区的划定原则

① 历史街区的范围划定应符合历史真实性、生活真实性及风貌完整性原则

街区内的建筑、街巷及环境建筑物等反映历史面貌的物质实体应是历史遗存的原物，而不是仿造的。年代久远的建、构筑物成片保护至今，即使后代有所改动，但改动的部分不多，而且风格基本上是统一的。

② 历史街区的范围划定应兼顾两个方面的要求

一方面，历史街区范围内的建设行为将受到严格限制，同时该范围也是实施环境整治、施行特别经济优惠政策的范围，所以划定的规模不宜过大；另一方面，历史街区要求有相对的风貌完整性，要求能具备相对完整的社会结构体系，因此划定范围也不宜过小。之所以强调有一定规模、在一定范围内环境风貌基本一致，是因为只有达到一定规模才能形成历史环境地区，人们从中才能感受到历史文化的气氛。

③ 考虑到保护管理条例的可操作性，保护层次的设定不宜过多

范围划定应考虑历史建筑、构筑物边界或建筑物所在地块的边界、地貌、植被等自然环境的整体性，风貌景观的完整性，并结合道路、河流等明显的地物地貌标志，兼顾行政管辖界线划定。

（2）历史街区保护范围的划定

历史街区的保护范围必须根据历史城镇不同地段的不同特征进行划分，并制定相应的整治要求与整治对策。

为保护各级、各类文物并协调周围环境，保护历史城镇的传统风貌，一般可划分为三级保护区。

① 绝对保护区（一级保护区）

为已经公布批准的各级文物保护单位（包括待公布的文物保护单位）其本身和其组成部分的边界线以内。在此范围内，不得随意改变现状，不得施行日常维护以外的任何修理、改造、新建工程及其他任何有损历史景观的建设项目。

② 重点保护区（二级保护区）

为了保护历史景观和历史环境的完整性，必须控制的周围地段以及街区内

有代表性的传统建筑群、街巷空间等。在此范围内，各种建设行为须在城镇建设、文物管理等有关部门审批下进行，其建设活动应以维修、整理、修复及内部设施更新为主。建筑的外观造型、体量、材料、色彩、高度都应与传统风貌相适应，较大的建筑活动和环境变化应实行专家委员会审定制度。

③ 一般保护区（三级保护区）

为保护和协调城镇的风貌完好所必须控制的地区。该范围内各种建设活动，应在城镇规划、文物管理等有关部门的指导下进行，以取得与保护对象之间合理的空间景观的过渡与环境形象的统一。

（3）建筑高度控制规划

历史文化城镇内确定的历史街区，一般都有较好的传统特色风貌，而传统特色地段内建筑都不高，要维护这种宜人的尺度和空间轮廓线，就要在保护区内制定建筑高度的控制规划，在保护区外有时也有高度控制的要求，这是城镇保护中的环境景观要求，因此就需要对城镇有高度控制的规划。许多城镇由于没有控制住新建筑的高度，造成了原有优美的传统风貌或天际轮廓线的破坏。

对建筑高度的控制，除了定出檐口的高度外，还要规定建筑或构筑物的总高度，并注明包括屋顶上的附属设施如水箱等的高度。将各文物古迹、历史建筑、标志景观的保护范围所要求的高度控制，以及各点之间的视廊控制，以及传统街巷、河道两侧的高度控制都统一标记在城镇用地图上。再依据城镇保护总体要求，对历史街区、自然风景区的高度层次进行控制规划，两项内容叠加综合，并参照现状地形、地貌，以及其他建设开发控制规划进行适当调整，即可做出城镇保护的高度控制规划图。

三、历史文化遗产保护的法律制度

随着《中华人民共和国宪法》、《中华人民共和国文物保护法》及相关法律的颁布实施，标志着以文物为中心的保护制度在我国已趋于成熟。目前，历史文化城镇保护以地方法规制定为主，同时国家也已颁布了历史文化城镇保护规划编制及审批方面的有关文件。我国历史文化遗产保护制度在现有的法律框架中，可分为全国性保护法律、法规及法规性文件和地方性法规及法规性文件两个层次。依照内容分为文物保护、历史文化保护区保护、历史文化城镇保护三个方面。

1．全国性的法律、法规

（1）文化、历史文化保护区及历史文化名城都适用的法律：1979 年《中华人民共和国宪法》第 22 条，1982 年《中华人民共和国刑法》第 174 条，1989 年《中华人民共和国城市规划法》，1989 年《中华人民共和国环境保护法》。

（2）关于文物保护的主要法律、法规与文件：1982 年《中华人民共和国文物保护法》和 1992 年《中华人民共和国文物保护法实施细则》。

（3）关于历史文化名城保护的相关法规与文件：1982 年《关于保护我国历史文化名城的指示的通知》；1983 年《关于加强历史文化名城规划工作的通知》；1986 年《关于公布第二批国家历史文化名城名单通知》；1984 年《关于审批第三批国家历史文化名城和加强保护管理的通知》；1994 年《历史文化名城保护规划编制要求》。

2．地方性法规及规章

由于我国地域广大，各地情况千差万别，因而在全国性法律法规的框架下制定地方性法规及规定很有必要，在现实操作中取得了良好的效果。

总而言之，历史文化遗产的保护工作是一项长期性的工作，是延续历史之脉，实现社会稳定和可持续发展的需要，切实保护与合理利用历史文化遗产是世界各国城镇建设的战略性发展方向。

参考文献

[1] 王宁. 城镇规划与管理[M]. 北京：中国物价出版社，2002.

[2] 骆中钊，李宏伟，王炜. 小城镇规划与建设管理[M]. 北京：化学工业出版社，2004.

[3] 王雨村，杨新海. 小城镇总体规划[M]. 南京：东南大学出版社，2002.

[4] 袁中金，王勇. 小城镇发展规划[M]. 南京：东南大学出版社，2001.

[5] 金兆森. 村镇规划[M]. 南京：东南大学出版社，1999.

[6] 同济大学. 城市规划原理[M]. 2 版. 北京：中国建筑工业出版社，1991.

[7] 华中科技大学建筑城规学院，等. 城市规划资料集[M]. 北京：中国建筑工业出版社，2004.

[8] 郑强，卢圣，等. 城市园林绿地规划[M]. 北京：气象出版社，1999.

[9] 黄东兵. 园林规划设计[M]. 北京：高等教育出版社，2002.

[10] 杨赉丽. 城市园林绿地规划[M]. 北京：中国林业出版社，2002.

[11] 何丽，等. 旅游规划概论[M]. 北京：旅游教育出版社，2004.

[12] 颜亚玉. 旅游资源开发[M]. 厦门：中国厦门大学出版社，2001.

[13] 王宁，王炜，赵荣山. 小城镇规划与设计[M]. 北京：科学出版社，2001.

[14] 杨赉丽. 城市园林绿地规划[M]. 北京：中国林业出版社，2002.

[15] 窦志清，邓清南，等. 中国旅游地理[M]. 重庆：重庆大学出版社，2003.

[16] 胡开林，叶燎原，王云珊. 城镇基础设施工程规划[M]. 重庆：重庆大学出版社，1999.

[17] 杜白操，张万方. 小城镇规划设计施工指南[M]. 北京：中国建筑工业出版社，2004.

[18] GB 50188—93 村镇规划标准. 北京：中国计划出版社，1994.

[19] GB/T 18971—2003 旅游规划通则.

[20] CJJ 75—97 城市道路绿化规划与设计规范.

[21] 城建[1993]784 号. 城市绿化规划建设指标的规定.

[22] GB/T 18972—2003 旅游资源分类、调查与评价国家标准.

内容简介

本书系统地阐述了小城镇规划的基本原理、规划设计的原则和方法。内容详实，图文并茂，主要内容分十章叙述，包括绪论，小城镇的性质和规模，小城镇总体布局，小城镇规划的工作内容，基础设施工程规划，道路交通工程规划，居住区规划，公共中心区规划，生态环境建设规划，园林绿地、旅游及文化保护规划。前四章着重叙述了小城镇的总体规划，后六章叙述了小城镇专项规划。

本书为高等学校本科生及研究生小城镇规划课程教材，也可供相关专业及从事小城镇规划设计的工作人员参考。

作者感谢

本书参考引用了某些教材书籍的图表内容，在此谨向这些资料的作者表示感谢，特别是对以下作者致以衷心的感谢：金兆森、王雨村、杨海新、王宁、裴杭、骆中钊、汤铭潭、海热提、王文兴、李德华、刘亚臣、袁中金、杜白操、胡开林。